天然气文集

2021 年上卷

马新华　主　编

魏国齐　李熙喆　李　剑　贾爱林　郑得文　副主编

石油工业出版社

内 容 提 要

本文集主要围绕天然气工业的发展，报道天然气工业各领域的法律法规、政策与管理、战略规划，旨在反映我国在天然气工业所取得的科技进步与成就，探讨所面临的挑战和相应的对策。内容包括：天然气地质与勘探、天然气开发与开采、天然气储层改造、天然气储存与运输等内容。

图书在版编目（CIP）数据

天然气文集 . 2021 年 . 上卷／马新华主编 .
— 北京：石油工业出版社，2021. 12
ISBN 978-7-5183-5161-9

Ⅰ.①天… Ⅱ.①马… Ⅲ.①采气-文集 Ⅳ.①TE37-53

中国版本图书馆 CIP 数据核字（2021）第 163994 号

出版发行：石油工业出版社
　　　　　（北京安定门外安华里 2 区 1 号　100011）
　　网　　址：www. petropub. com
　　编辑部：（010）64523589
　　图书营销中心：（010）64523633
　　经　　销：全国新华书店
印　　刷：北京晨旭印刷厂

2021 年 12 月第 1 版　2021 年 12 月第 1 次印刷
889×1194 毫米　开本：1/16　印张：9. 25
字数：266 千字

定价：80. 00 元

天然气地质勘探

天然气文集
2021年上卷

目次

Natural Gas
2021 No. I

Contents

NATURAL GAS GEOLOGY AND EXPLORATION

Natural Gas

2021　No. I

Contents

NATURAL GAS DEVELOPMENT AND PRODUCTION

SCIENTIFIC RESEARCH MANAGEMENT

伊拉克艾哈代布油田孔隙型碳酸盐岩生物扰动对储层非均质性的影响

王根久[1]，徐　玮[2]，徐　婕[2]

1 中国石油勘探开发研究院，北京 100083；2 中国石油渤海钻探公司，河北任丘 062552

摘　要： 生物扰动可对碳酸盐岩储层的物性产生重要影响，增强了储层的非均质性。对伊拉克艾哈代布油田生物扰动储层进行了归纳和对比分析，将生物扰动储层划分为双重孔隙度储层与双重渗透率储层。利用岩心、薄片资料，研究了生物扰动作用对艾哈代布油田储层非均质性的影响。伊拉克艾哈代布油田 Khasib 组储层为双重渗透率储层，因开放型潜穴被粗粒颗粒主动或被动充填，或受潜穴相关的成岩作用改造形成。生物扰动作用导致艾哈代布油田 Khasib 组储层岩石组构明显差异，该类储层主要分布于 Kh2-1-2U 小层；生物扰动作用导致溶蚀作用差异，使得潜穴物性较基质得到改善，该类储层纵向上主要分布于 Kh2-1-2L 小层；生物扰动作用导致岩石抗压实强度差异，该类储层纵向上主要分布在 Kh2-3L 小层。Khasib 组储层共识别出 3 种主要遗迹组构，分别为海生迹 *Thalassinoide*、蛇形迹 *Ophiomorpha*，以及管状古藻迹 *Paleophycus*。研究认为，发育强烈生物扰动的部位具有明显高渗特征，岩心及测试资料佐证了高渗层的存在。

关键词： 生物扰动；潜穴；遗迹学；岩石组构；Khasib 组；溶蚀；高渗层

Effect of Bioturbation of Porous Carbonate Rocks on Reservoir Heterogeneity in Ahdeb Oilfield, Iraq

Wang Genjiu[1], Xu Wei[2], Xu Jie[2]

1 PetroChina Research Institute of Petroleum Exploration & Development, Beijing 100083, China;
2 Bohai Drilling Engineering Company Limited of CNPC, Renqiu, Hebei 062552, China

Abstract: Bioturbation may have important effect on physical properties of oil/gas carbonate reservoirs and it will enhanced reservoir heterogeneity. In this paper, the classification of bioturbated reservoirs is summarized and compared. According to the permeability difference between burrows and matrix, the bioturbated reservoir is divided into dual-porosity reservoir and dual-permeability reservoir. The reservoir of Khasib Formation in Ahdeb Oilfield, Iraq is a dual-permeability reservoir. It is formed by active or passive filling of coarse particles or by diagenesis related to the burrow. Based on the significance of sedimentology, ichthyology, diagenesis and sequence stratigraphy, a comprehensive classification method of bioturbated reservoirs is proposed. Based on the classification of bioturbation reservoir, the influence of Bioturbation on the reservoir heterogeneity in Ahdeb Oilfield is studied by using core and thin section data. The results show that the bioturbation leads to the obvious difference of rock fabric in Khasib Formation of Ahdeb Oilfield. This kind of reservoir is mainly distributed in Kh2-1-2U layer. Biological disturbance improves the physical properties of

第一作者简介：王根久，1966 年生，男，高级工程师，主要从事石油地质方面的研究工作。

邮箱：wgji@ petrochina. com. cn

burrows compared with the matrix, This kind of reservoir is mainly distributed in Kh2-1-2L layer. Difference of rock anti-compaction strength caused by biological disturbance. This kind of reservoir is mainly distributed in Kh2-3L layer. The physical properties of the burrows are better than that of the matrix due to the dissolution. There are three major trace fabrics identified in Khasib reservoir. They are *thalassinoide*, *ophiomorpha* and *paleophycus*. The layers with strong biological disturbance have high permeability. Core data and point Permeability test data confirm the existence of high-permeability zone.

Key words：bioturbation；burrows；ichnology；rock fabric；Khasib Formation；erosion；high-permeability zone

生物扰动可对油气储层的物性产生重要影响[1-9]。据2017年台北召开的第14届国际遗迹组构专题研讨会，目前的遗迹学研究热点主要包括遗迹化石高精度系统分类、定量遗迹学、遗迹组构分析、遗迹学与进化。

古生物学及遗迹学与地球微生物学5个分支方向与油气勘探开发相关的遗迹组构学分析是当今石油地质学家密切关注的问题[10]。生物扰动可以理解为生物体与沉积物之间的相互作用，是动植物、微生物通过混合或重新分布颗粒的方式，使沉积物变得均质或因压实、脱水、分选(生物分层)、侵位(生物沉积)、清除(生物侵蚀)等作用产生新构造[11-13]。潜穴是生物扰动作用形成的最常见的遗迹化石种类，是生物在软而未固结的沉积物中形成的穴道或构造，不同潜穴的结构与构造可存在较大差异[11-15]。当生物潜穴建立起较复杂的三维分支结构、潜穴内壁发育胶结物或被其他物质充填时，储层的非均质性增强，孔隙度与渗透率得到改善或损伤，储集与渗流性能随之发生变化[16-19]。

迄今为止，石油地质学家在世界范围内发现了多套生物扰动储层，大多分布在北美、中东、挪威海域等地，主要集中在中—新生界，对应的储层岩性特征、沉积环境存在差异(表1)。有关上述地区的生物扰动储层研究日渐完善，例如：加拿大艾伯塔大学的Gingras与Pemberton教授带领的研究团队在北美地区中生代遗迹组构、三维模拟与油气的运移与储藏等方面取得一系列对油气藏实际生产具有指导意义的研究成果，以及挪威国家石油公司的Knaust在如何利用遗迹化石识别沉积环境及岩心尺度的遗迹组构鉴定方面取得了研究进展等。

根据伊拉克艾哈代布油田潜穴与基质的渗透率差异，可将生物扰动储层划分为双重孔隙度储层与双重渗透率储层。当生物扰动储层的潜穴与基质渗透率相差2个以下数量级时，为双重孔隙度储层；当二者渗透率相差3个(及3个以上)数量级时，为双重渗透率储层(图1)。

双重孔隙度储层成因为动物在沉积物中的活动或食土生物对沉积物的选择性消化、改造，伴生有*Macaronichnus*、*Thalassinoides*、*Ophiomorpha*、*Skolithos*、*Areicilites*等隐生物扰动成因遗迹组构。该类型储层通常发育于前滨、砂质潮间带、潮汐坝、下临滨等沉积环境，对应海侵底部沉积。流体更倾向于在高渗潜穴区域流动，流动速度可比低渗基质区域快10~100倍。由于毛细管力的作用，高渗区可能对储层的细粒区域造成渗流屏蔽。但由于二者渗透率相差不大，对油气运移均可起到一定贡献，储层中流体的主要流动方式为平流而非扩散。

双重渗透率储层常发育于碳酸盐岩地层中，因开放型潜穴被粗颗粒主动或被动充填，或受潜穴相关成岩作用改造形成，伴生生物遗迹主要包括*Zoophycos*、*Thalassinoides*、*Planolites*等。该类型储层主要发育于局限台地、低能缓坡等沉积环境。由于双重渗透率储层的潜穴与基质渗透率相差大，岩石中对流体起主要通道作用的是高渗潜穴区域，低渗基

表 1 世界生物扰动对储层研究实例表

国家/地区	地层/界面名称	地质年代	岩性特征	沉积环境	孔渗特征
威拉帕湾，美国	Glossifungites界面	更新世	泥岩基质和砂质充填潜穴	潮间带	生物潜穴显著提高基质渗透率
加瓦尔油田，沙特阿拉伯	Glossifungites界面	侏罗纪	基质泥晶灰岩和潜穴为砂糖状白云岩	滨岸	潜穴区域为高渗区
不列颠哥伦比亚省，加拿大	Baldonnel组	三叠纪	生物碎屑细粒泥岩—粒泥灰岩	缓坡	界面下组构选择与非组构选择孔隙广泛发育
挪威海	Lysing组	白垩纪	细粒砂岩、粉砂岩、泥岩	大陆架—外陆架	潜穴渗透率可达基质渗透率2个数量级
东爪哇海	Paciran组	中新世	砂岩（晚中新世）/石灰岩（上新世）	深海远洋碳酸盐岩沉积	潜穴连通性好，遭迹化石增强白渗率基本高于基质
挪威近海	Ula组	侏罗纪	砂岩	风暴影响，断裂控制滨岸	强烈生物扰动提高孔隙度5%~10%
纽芬兰，加拿大	Ben Nevis组	白垩纪	砂岩	海湾	高渗区沿替孔穴分布生物扰动可以增强孔渗6倍或降低1/3
库西亚纳，哥伦比亚	Mirador组	始新世	石英砂屑砂岩	下切谷	生物迹孔隙度基本高于基质
艾伯塔，加拿大	Niobrara组 Medicine Hat段	白垩纪	泥岩基质和砂质充填潜穴	（三角洲控）外滨	砂质潜穴渗透率可达2个数量级别的泥岩基质渗透率
艾伯塔，加拿大	Alderson组	白垩纪	含薄泥质夹细层砂岩	三角洲海岸	潜穴渗率显著增高，为油气运移主要通道
艾伯塔，加拿大	Bluesky组	白垩纪	隐蔽生物扰动砂岩	滨岸	生物扰动砂岩的孔隙度、渗透率略有提升目区间更集中
萨斯喀彻温省曼尼托巴，加拿大	Red River组	奥陶纪	斑状白云化灰岩	陆缘碳酸盐台地	基质平均渗透率为1.65mD，潜穴平均渗透率19.2mD
艾伯塔，加拿大	Palliser组	泥盆纪	潜穴白云化灰岩	浅水碳酸盐缓坡	潜穴渗透率高于基质
西北地区，加拿大	Lonely Bay组	泥盆纪	方解石/白云石胶结潜穴	滨岸沉积远岸沉积	白云化使晶内孔发育，孔隙度增加

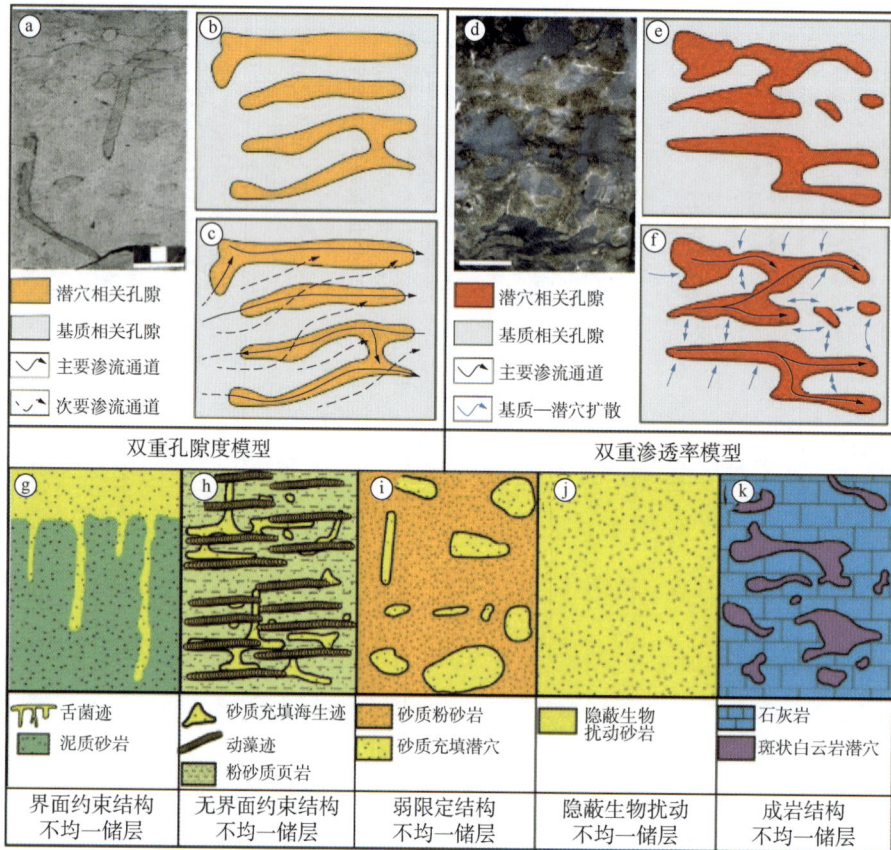

图 1　生物扰动非均质储层分类方法（修改自文献[6]）

a—f—基于渗流特征生物扰动非均质储层分类，其中 a—c—双重孔隙度模型，d—f—双重渗透率模型；a、d—岩心切片照片；
b、e—双重介质储层示意图；c、f—储层渗流模式示意图；g—k—基于综合特征生物扰动非均质储层分类方法

质区域仅通过扩散作用渗流，这可能会导致储层水淹现象的发生及二次开采驱油效率降低。由于气体分子小，扩散能力强，双重渗透率储气层比储油层受到高渗区域的屏蔽影响小，故仍可成为优质储层。

1　地质背景

艾哈代布油田位于伊拉克东南部，区域构造上位于阿拉伯板块北缘，现今的扎格罗斯山前前陆盆地，即美索不达米亚盆地的南部。艾哈代布油田白垩系自上而下发育 4 个含油层系：Khasib 组、Mishrif 组、Rumaila 组、Mauddud 组。Khasib 组含油层分布最广，储量最大。Khasib 组岩性整体为一套含生屑的颗粒灰岩及泥晶灰岩，自上而下可划分为 4 个岩性段，依次为 Kh1、Kh2、Kh3、Kh4，进

一步可划分为 11 个小层，其中 Kh2 是主要的油气富集层，也是目前主要的开发层位。

白垩纪时期阿拉伯板块位于中、低纬度，暖湿气候有利于碳酸盐岩的沉积，这也是中东地区大范围发育碳酸盐岩沉积岩的重要古气候条件。

Khasib 组划分为一个三级层序 SQ6，层序底界面为 Khasib 组与下伏 Mishrif 组之间的不整合，界面上下测井响应特征具有明显差异（图 2）。海侵体系域相当于 Kh4 下段，岩性为泥质灰岩、浮游有孔虫灰岩，测井曲线具有波动起伏特征；最大海泛面对应 Kh4 中部泥灰岩段，测井响应特征明显，明显的高自然伽马、低电阻、低密度、高声波时差；海侵体系域由 Kh3、Kh2 组成，岩性为浮游有孔虫灰岩、生屑泥晶灰岩、绿藻灰岩、生屑—砂屑灰岩。顶界为 Kh2-1 顶部及 Kh1 顶部发育的多个

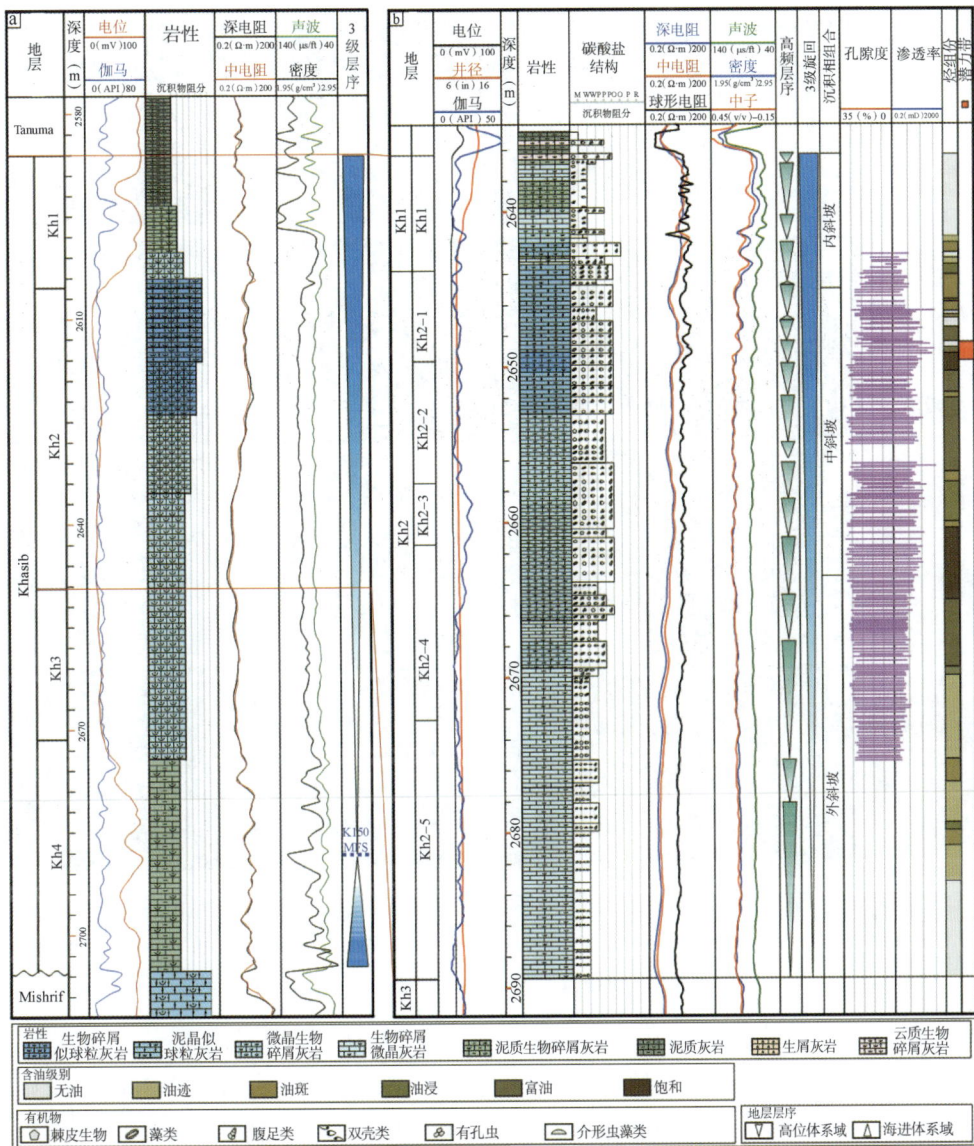

图 2　Khasib 层序界面及测井响应特征图

侵蚀冲刷界面，在测井曲线上具有明显的响应特征，4 口取心井之间也具有很好的对比性。

2　生物扰动对储层控制作用

2.1　生物扰动导致岩石组构差异

　　沉积岩石结构是成岩作用的物质基础，岩石结构不同，则成岩的初始物质不同，即使在相同成岩环境下，经历相似的成岩作用，成岩产物也必然具有明显的非均质性。生物扰动作用对储层非均质性的控制作用首先体现在对初始沉积岩石

结构非均质性的控制作用。物质成分类型组构差异的非均质生物扰动储层对应中缓坡中—低能浅滩环境的松散底质泥晶生屑砂屑灰岩，主要遗迹组构是主动充填的 *Ophiomorpha*，遗迹相类型为 *Skolithos*。*Ophiomorpha* 的造迹生物主要为滤食性生物。初始环境下，内碎屑、泥质物、生物碎屑均匀沉积。造迹生物在生命活动过程中摄食悬浮有机质与泥质物，形成 *Ophiomporpha* 遗迹的同时，逐渐使潜穴与基质的物质产生差异（图 3a、b）。潜穴泥质含量降低，被粪球粒充填，粒间孔隙发育（图 3c）；基质部分则保留了原始沉积环境

天然气文集

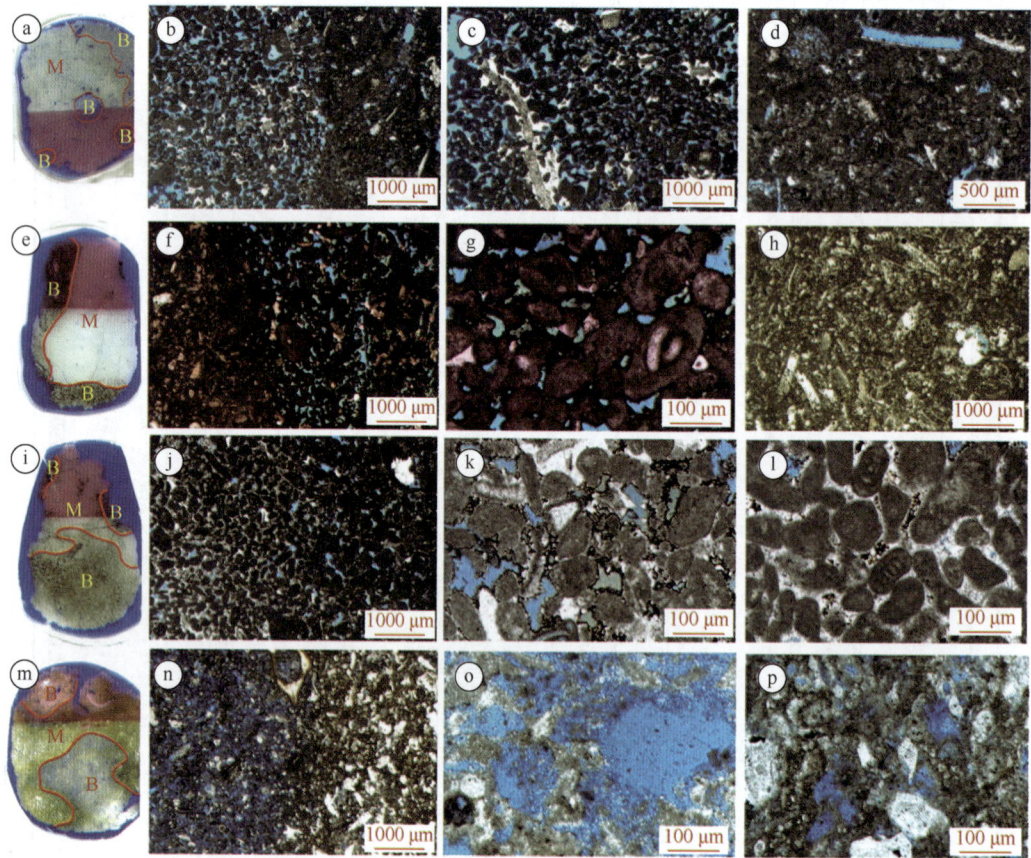

图 3　Kh2 段各生物扰动非均质储层典型薄片及对应显微特征图

a、e、i、m—铸体薄片扫描照片，B—生物潜穴，M—基质部分；a—d—AD-16，2636.7m，Kh2-1-2L；e—h—AD1-12-8H，2664.1m，
Kh2-1-2U；i—l—AD1-12-8H，2665.4m，Kh2-1-2L；m—p—AD1-22-1H，2657.5m，Kh2-3

中的灰泥含量，孔隙发育程度较低（图 3d）。点渗透率测试表明，潜穴部分渗透率较高，为 21.85~27.83mD；基质—潜穴交界部分渗透率中等，为 8.43~13.42mD；基质部分渗透率较低，为 1.2~6.67 mD（图 3a）。

该类储层主要分布于 Kh2-1-2U 小层，生物扰动作用使得潜穴物性较基质得到改善，储层非均质性增强（图 4）。

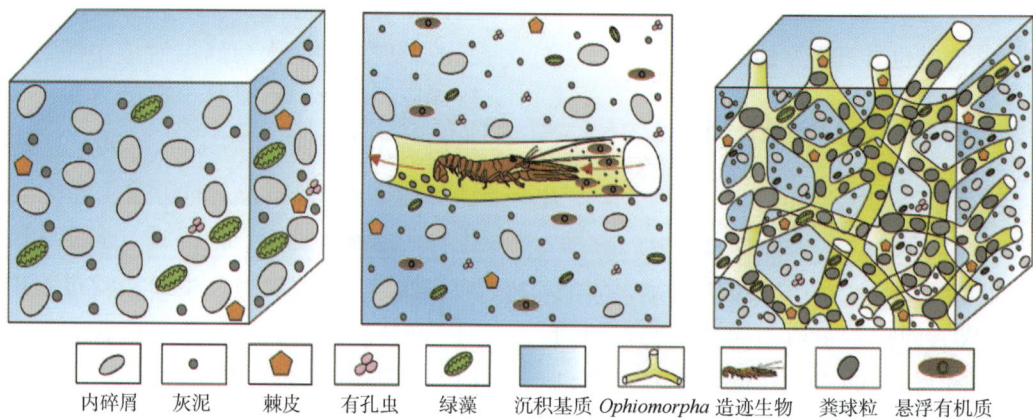

内碎屑　灰泥　棘皮　有孔虫　绿藻　沉积基质 Ophiomorpha 造迹生物　粪球粒　悬浮有机质

图 4　Kh2 段生物扰动物质成分差异组分非均质储层成因示意图

2.2 生物扰动导致溶蚀作用差异

在多种碳酸盐岩成岩作用类型中，溶蚀作用在储层储集空间的形成和改造中所起作用是最直接和显著的，也是国内外学者最关注的成岩作用类型，溶蚀作用可以发生在碳酸盐岩沉积后的所有成岩阶段和成岩环境中。差异溶蚀非均质生物扰动储层对应中缓坡中—低能浅滩环境沉积的松散底质泥晶生屑砂屑灰岩，主要遗迹组构是被动充填的 *Ophiomorpha*，遗迹相类型为 *Skolithos*。该类储层潜穴与基质物质组成基本一致，受溶蚀作用改造的程度存在差异（图3i、j）。初始环境下，内碎屑、泥质物、生物碎屑均匀沉积。造迹生物产生的 *Ophiomorpha* 潜穴受到组分同基质基本一致，更加疏松的沉积物被动充填，潜穴与基质均发生早期胶结。后期成岩环境变化，发生溶蚀作用。由于早期生物扰动对储层的改造作用，流体优先进入潜穴构成的三维网状通道对胶结物进行溶蚀，潜穴部分形成较多溶蚀残余孔（图3k）；基质受到的溶蚀作用微弱，颗粒周缘保留先前形成的致密亮晶胶结物（图3l）。该类储层纵向上主要分布于 Kh2-1-2L 小层，生物扰动基础上发生的溶蚀作用使得潜穴物性优于基质，储层非均质性增强（图5）。

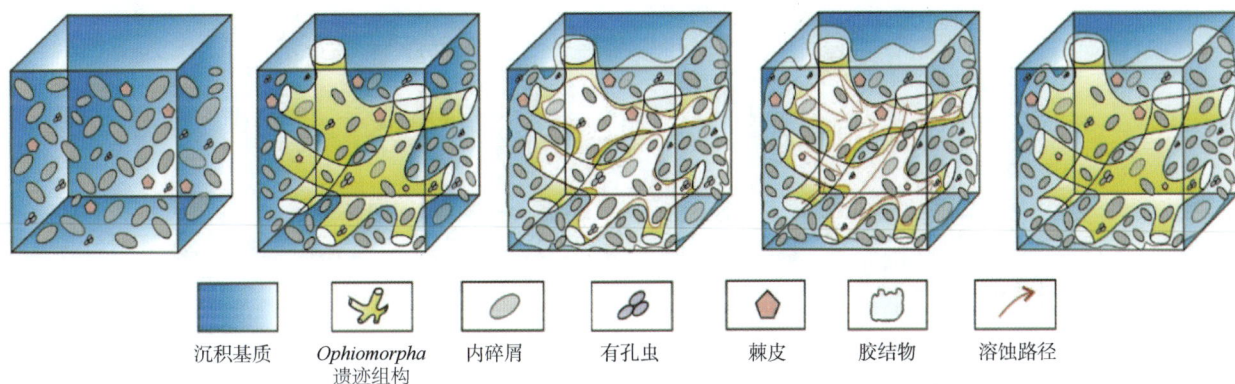

图5 Kh2段生物扰动溶蚀作用差异非均质储层成因示意图

沉积基质　　*Ophiomorpha* 遗迹组构　　内碎屑　　有孔虫　　棘皮　　胶结物　　溶蚀路径

2.3 生物扰动导致岩石抗压实强度差异

岩石强度差异的非均质生物扰动储层对应中缓坡滩间洼地沉积的泥晶生屑灰岩，主要的遗迹组构是被动充填的 *Thalassinoide*，遗迹相类型为 *Cruziana*。该类储层潜穴与基质的生屑组成及储集空间存在差异，潜穴富集藻类生屑，铸模孔隙发育；基质富集棘皮生屑，相对致密（图3m、n）。

初始环境下，生物碎屑均匀沉积，藻类与棘皮生屑的含量相对均衡。造迹生物产生的 *Thalassinoide* 潜穴被动充填较基质疏松、成分无明显差异的上覆沉积物。高位晚期沉积体受到表生大气淡水淋滤作用，此时流体优先进入潜穴构成的三维网状通道进行溶蚀。由于文石质藻类生屑的成分不稳定，易受到溶蚀作用改造，潜穴富集藻类铸模孔隙。随着时间推进与埋深增加，压实作用不断增强。潜穴内部孔隙储存有较多流体，抵抗压实能力强，先前形成的藻类铸模孔隙得以保存。基质则受到强烈压实作用，藻类铸模孔隙被压缩而变得致密，相对富集棘皮生屑。棘皮生屑周缘易发育次生加大胶结的特性使得基质更为紧密（图6）。点渗透率测试表明，高渗区域主要分布在潜穴部分，低渗区域主要对应基质部分。该类储层纵向上主要分布在 Kh2-3L 小层，生物扰动使得潜穴物性优于基质，储层非均质性增强。

2.4 生物扰动导致固底胶结作用差异

固底胶结的差异非均质生物扰动储层对应中缓坡中—低能浅滩的固底底质泥晶生屑砂屑灰岩，主要的遗迹组构是被动充填的 *Thalassinoide*，遗迹相类型为 *Glossifungite*。该类储层基质与潜穴部分的胶结程度及组成成分存在明显差异（图3e、f）。初始环境下，内碎屑与生物碎屑均匀沉积。生物扰动产生的 *Thalassinoide* 潜穴被动充填上层粗粒颗粒沉积物，岩石组构发生变化的同时抑制早期胶结，粒间孔隙发育，储层物性较好；基质部分则受到由钙质结核逐步发展的胶结作用形成固底，孔隙发育程度低，相对致密。点渗透率测试表明，潜穴部分渗透率较高，为15.26~668.24mD；基质部分渗透率较低，为0.07~26.81mD（图3c）。该类储层纵向上主要分布于Kh2-1-2U、Kh2-1-2L、Kh2-3小层，生物扰动作用使得潜穴物性较基质得到改善，储层非均质性增强（图7）。

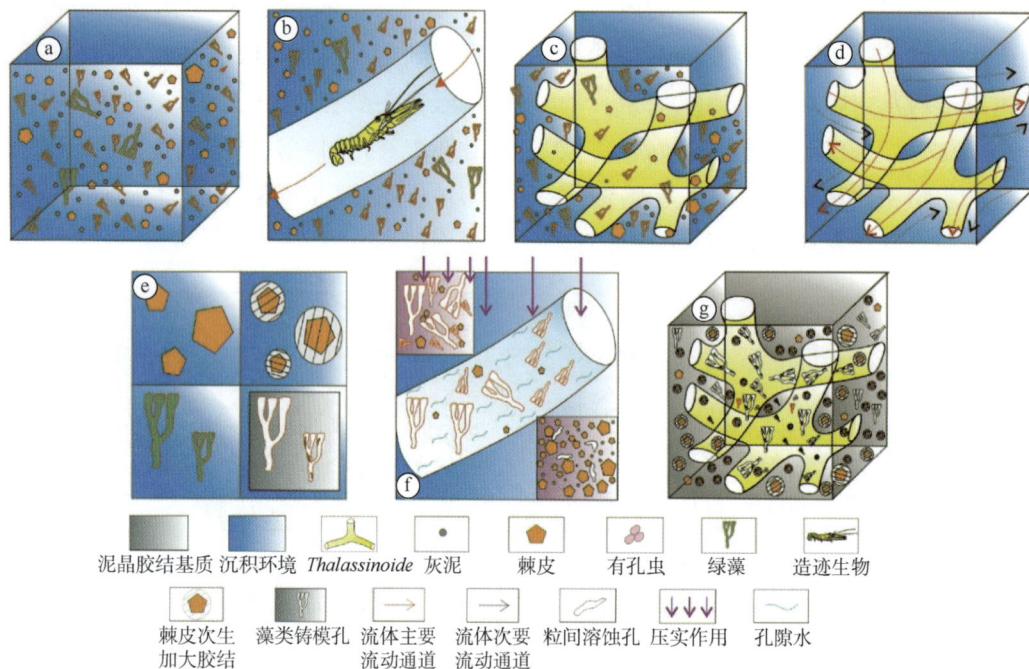

图6 Kh2段生物扰动差异抵抗压实非均质储层成因示意图

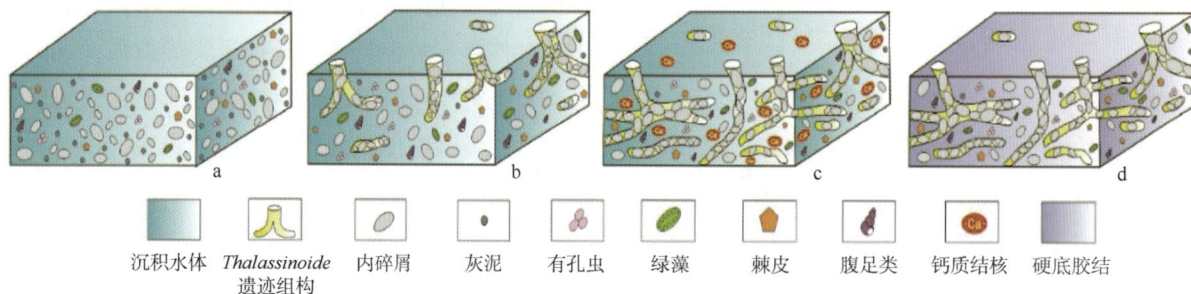

图7 Kh2段生物扰动抵抗差异固底化胶结非均质储层成因示意图

3 Kh2 段生物特征

3.1 生物遗迹组构类型

遗迹组构是地质历史时期的造迹生物通过潜穴、钻孔、爬痕、足迹、移迹、生物扰动，在沉积物表面或内部留下的各种生物活动行迹构造经历充填、埋藏、成岩而形成的最终记录，是生物过程与物理过程相互作用的产物[20-21]。艾哈代布油田Kh2段共识别出3种主要遗迹组构，分别为海生迹 *Thalassinoide*，蛇形迹 *Ophiomorpha* 及管状古藻迹 *Paleophycus*。

3.1.1 *Thalassinoide* 遗迹组构

海生迹 *Thalassinoide* 由 Ehrenberg 于1944年命

名，见于多种海相沉积环境，如浅滩、河口与扇三角洲、深水白垩岩沉积等。*Thalassinoide* 分布时代广泛，从奥陶纪到全新世均有发现，造迹生物随时代不同而有所差异。二叠纪以来的 *Thalassinoide* 造迹生物与 *Ophiomorpha* 类似，以美人虾科为主；古生代的 *Thalassinoide* 则与节肢动物、蠕虫等的生命活动密切相关[22]。*Thalassinoide* 遗迹组构在油气储层方面具有重要研究意义。*Thalassinoide* 分布广泛，具独特的三维网状空间结构，当受到物性优于基质的沉积物被动充填时，潜穴可以转化为优势通道，改善储层的渗流性能。如世界第一大油田——加瓦尔油田的固底沉积层受到 *Thalassinoide* 遗迹组构的改造，形成了著名的阿拉伯高渗层(Arab-D)。

研究区 *Thalassinoide* 受到油气充注的影响，潜穴与基质部分含油性不同。潜穴为棕色，而基质部分为颜色较浅的泥晶生屑灰岩或强烈胶结的灰白色亮晶生屑砂屑灰岩，使得 *Thalassinoide* 潜穴呈现出较为清晰的形态。*Thalassinoide* 潜穴不具有衬壁，呈三维网状连通管形，单个潜穴直径为 5~25mm。潜穴的三维连通性随生物扰动程度的增加而逐渐增强(图 8 a—d)。*Thalassinoide* 在 Kh2 段分布广泛，同时发育在 Kh2-3、Kh2-4 上部中缓坡潮下绿藻礁沉积的泥晶绿藻生屑灰岩，Kh2-2 下段、Kh2-3L、Kh2-4 中部中缓坡中—低能滩前沉积的泥晶生屑灰岩，以及 Kh2-1-2L、Kh2-3U 上部中缓坡中—低能滩固底沉积对应的亮晶生屑砂屑灰岩层段，对应微相类型为 MFT3、MFT2、MFT5。

3.1.2 *Ophiomorpha* 遗迹组构

蛇形迹 *Ophiomorpha* 最早由 Lundgren 于 1891 年命名，是一种广为人知且易于识别的遗迹组构，主要出现在中生代以来的高能海洋沉积环境，在指示古沉积环境方面有着广泛应用[23-24]。*Ophiomorpha* 遗迹组构的造迹生物是摄食沉积物、悬浮物的侏罗虾。研究区 *Ophiomorpha* 遗迹组构潜穴呈直径为 5~15mm 的管状形态，分布方式以水平为主。随着扰动程度增加，*Ophiomorpha* 遗迹组构由相对孤立转变为具有一定连通性的空间。受油

图 8 Kh2 遗迹组构特征图

a—d—*Thalassinoide* 遗迹组构，*Cruziana* 遗迹相；a—AD1-12-8H，2674.8m，Kh2-3U；b—AD1-12-8H，2656.8m，Kh2-3U；c—AD1-22-1H，2657.5m，Kh2-3；d—ADMa-4H，2619.8m，Kh2-3U；e—i—*Ophiomorpha* 遗迹组构，*Skolithos* 遗迹相；e—AD1-22-1H，2649.5m，Kh2-2；f—AD1-22-1H，2656.4m，Kh2-2；g—AD1-22-1H，2653.1m，Kh2-2；h—AD1-12-8H，2662.78m，Kh2-1-2U；i—AD1-12-8H，2666.8m；j—AD1-12-8H，2663.2m，Kh2-1-2U；k—n—*Thalassinoide* 遗迹组构；k—l—AD1-22-1H，2647.77m，Kh2-1-2U；m—ADMa-4H，2609.2m，Kh2-1-2U；n—AD1-12-8H，2665.25m，Kh2-1-2L

气充注影响，潜穴与基质含油性存在差异，二者颜色存在反差，加之 *Ophiomorpha* 遗迹组构潜穴发育泥质衬壁，使潜穴个体明显可辨(图 8e—j)。Kh2 段 *Ophiomorpha* 遗迹组构主要发育于 Kh2-1-1 及 Kh2-2 层段中缓坡浅滩沉积的泥晶生屑砂屑灰岩，对应微相类型为 MFT4，指示较为高能的水体环境。

3.1.3 *Paleophycus* 遗迹组构

管状古藻迹 *Paleophycus* 遗迹组构由 Hall 于 1847 年首次命名，发育于陆相与海相的多种沉积

环境，如河湖相、滨岸相[25]、大陆坡、深海扇等。*Palaeophycus* 遗迹组构在地质历史时期分布广泛，显生宙以来各时代均有发现。造迹生物主要为蠕虫状动物，如环节动物及节肢动物等。研究区 *Palaeophycus* 遗迹组构潜穴主要呈水平分布，剖面上呈轻微弯曲—直管状、截面为圆形—椭圆形态，直径为 2.5~10mm。潜穴之间未显示出较好的连通性，相对孤立分布（图 8k、n）。Kh2 段 *Paleophycus* 遗迹组构常与海生迹 *Thalassinoide* 遗迹组构伴生出现，其分布同 *Thalassinoide* 遗迹组构具有相似规律，在 Kh2-2 下部、Kh2-3 及 Kh2-4 上中部均有发现。同时，*Paleophycus* 遗迹组构潜穴亦大量出现于目的层 Kh2 的上覆 Kh1 层段，对应相对深水环境的生屑泥晶灰岩及泥质生屑灰岩沉积。

3.2 生物遗迹相类型

遗迹化石广泛发育于陆相、海相、海陆过渡相的多种沉积环境。1967 年，Seilacher 基于深度是控制造迹生物分布与丰度的重要因素，提出遗迹化石形态与空间展布受沉积相带控制的理论，将遗迹化石形成的具有一定规律的组合称为遗迹相[26-27]。随着研究深入，有关遗迹相的研究逐步得到完善。最初的遗迹相模式基于海相滨岸碎屑岩沉积建立，认为深度是主控因素，而如今盐分、底质类型等也被认为是控制遗迹相展布的重要因素；多种沉积环境的遗迹相被区分开进一步深入研究，如湖泊遗迹相、三角洲遗迹相、深海扇遗迹相等。碳酸盐岩与碎屑岩相比，在沉积环境、形成过程、伴生生物、结构组分、成岩作用等方面均存在较大差异，基于此，Knaust 于 2012 年提出了碳酸盐岩缓坡环境的遗迹相模式。*Psilonichnus*、*Skolithos*、*Cruziana* 被认为是浅海碳酸盐岩沉积的主要遗迹相类型，当沉积间断或岩化作用增强时，主要受底质类型控制的 *Glossifungites* 遗迹相及 *Trypanite* 遗迹相可叠加于先前的 3 种遗迹相之上。

基于艾哈代布油田 Kh2 段各层位的微相分析、主要遗迹组构识别工作，结合 Knaust 提出的浅海碳酸盐岩遗迹相模式，认为 Kh2 段主要发育 *Cruziana*、*Skolithos* 及 *Glossifungites* 这 3 种遗迹相，各类遗迹相发育的典型遗迹组构分布特征如表 2 及图 9 所示。

表 2　艾哈代布油田 Kh2 段主要遗迹组构及遗迹相类型分布特征表

主要遗迹组构	遗迹相	微相类型	沉积环境	分布层位
Thalassinoide	*Cruziana*	泥晶绿藻生屑灰岩微相（MFT3）	中缓坡绿藻滩	Kh2-3、Kh2-4 上部
		泥晶生屑灰岩微相（MFT2）	中缓坡绿藻滩滩间	Kh2-2 下部、Kh2-3、Kh2-4 中部
	Glossifungites	亮晶生屑砂屑灰岩微相（MFT5）	中缓坡砂屑滩固底底质	Kh2-1-2L、Kh2-1-2U
Ophiomorpha	*Skolithos*	泥晶生屑砂屑灰岩微相（MFT4）	中缓坡砂屑滩松散底质	Kh2-1-1、Kh2-2
Paleophycus	*Glossifungites*	亮晶生屑砂屑灰岩微相（MFT5）	中缓坡砂屑滩固底底质	Kh2-1-2L、Kh2-1-2U
	Cruziana	泥晶绿藻生屑灰岩微相（MFT3）	中缓坡绿藻滩	Kh2-3、Kh2-4 上部
		泥晶生屑灰岩微相（MFT2）	中缓坡绿藻滩滩间	Kh2-2 下部、Kh2-3、Kh2-4 上部

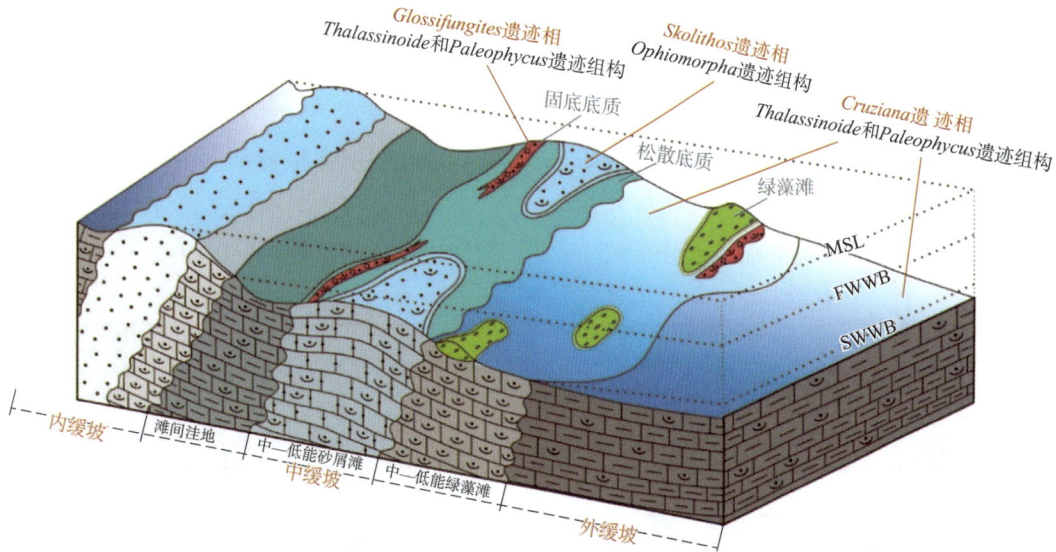

图 9 Kh2 段遗迹相及主要遗迹组构类型与沉积环境对应关系图

3.2.1 *Cruziana* 遗迹相

Cruziana 是现代遗迹学之父 Dolf Seilacher 于 20 世纪 60 年代中期最先建立的 6 种遗迹相之一，是一种分布范围广泛、底质为未固结沉积物的典型浅海遗迹相[26-27]。*Cruziana* 常见于晴天浪基面—风暴浪基面之间的多种中—低能浅海碳酸盐岩沉积环境，发育由沉积食性生物、爬行生物产生的多种横向、纵向生物扰动构造，遗迹丰度和分异度均较高。研究区 *Cruziana* 遗迹相主要发育于中缓坡潮下滩前绿藻礁及中缓坡低能滩前环境，分别对应 MFT3 泥晶绿藻生屑灰岩微相及 MFT2 泥晶生屑灰岩微相，纵向上主要分布在 Kh2-3、Kh2-4 上部及 Kh2-2 下部、Kh2-3L、Kh2-4 上部。Kh2 段 *Cruziana* 遗迹相的主要遗迹组构为 *Thalassinoide* 与 *Paleophycus*。

3.2.2 *Skolithos* 遗迹相

Skolithos 同样为 Seilacher 早期建立的遗迹相类型，主要发育在沉积松散底质的高能海洋环境。*Skolithos* 常见于潮间带沙滩至潮下带远端的碳酸盐岩，发育滤食性生物产生的垂直或倾角较大的潜穴。造迹生物在沉积物表面的快速定殖活动，使得 *Skolithos* 遗迹相具有低遗迹丰度、高生物扰动强度的特点。研究区 *Skolithos* 遗迹相主要发育于 MFT4

泥晶生屑砂屑灰岩微相，对应中缓坡的中—低能滩松散底质沉积，纵向上主要分布在 Kh2-1-1 及 Kh2-2 小层。该类遗迹相的主要遗迹组构为 *Ophiomorpha*，以衬壁为典型识别特征。

3.2.3 *Glossifungites* 遗迹相

Glossifungites 是一种受控于沉积底质类型，主要发育于半固结—固结底质的遗迹相。*Glossifungites* 遗迹相可发育于碳酸盐岩的多种沉积环境，如浅海潮下—潮间带或潮上带的潟湖、滨、滩等，在层序地层学研究及识别不整合面有广泛应用[28]。*Glossifungtes* 遗迹相主要发育垂直的悬浮滤食生物栖息潜穴及构造，具有被动充填、潜穴边界明显、造迹生物数量多种类少的特征[29]。研究区 *Glossifungites* 遗迹相主要发育于 MFT5 亮晶生屑砂屑灰岩微相，对应中缓坡环境的中—低能滩固底底质沉积，纵向上主要分布在 Kh2-1-2 及 Kh2-3 小层。该类遗迹相的主要遗迹组构为 *Thalassinoide*、*Paleophycus*，潜穴具有明显外壁而区分于围岩基质。同时，*Glossifungites* 遗迹相发育的固底沉积段与层序显示出较好的联系性，如 4 口取心井的 Kh2-1-2U、Kh2-1-2L 及 Kh2-3 对应层段均发育 *Glossifungites* 遗迹相，具有横向可对比性，分别对应四级高频海退旋回的顶部沉积，为研究区域的

小型重要不连续面，指示小型沉积间断事件的发生。

4　Khasib 组非均质性特征

艾哈代布油田 Khasib 组岩心表现出明显的非均质斑块状结构特征，潜穴与基质在岩性、含油性等方面存在较大差异。不同含油级别区域分布与生物遗迹的形态及空间展布相关，例如：Kh2-3 小层广泛发育 Thalassinoide 海生迹，潜穴部分富含油，局部存在有机质富集现象；基质部分则为不含油—油浸级别，局部发育溶孔；Kh2-2 小层发育具有泥质衬壁典型特征的 Ophiomorpha 蛇形迹，潜穴部分含油级别为油浸，遗迹周缘含油级别可达富含油，基质则呈油浸(图 10)。

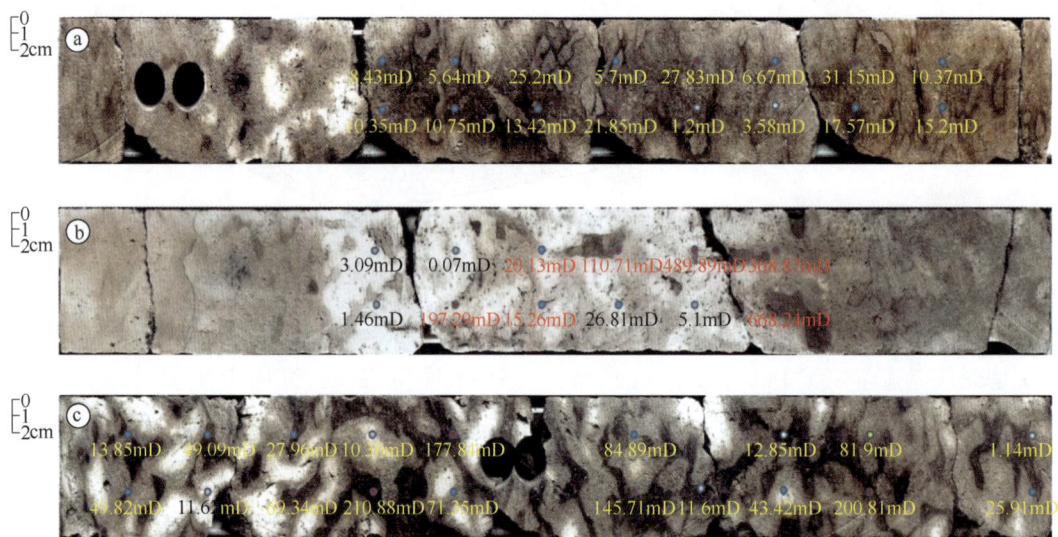

图 10　Kh2 段各生物扰动非均质储层点渗透率测试结果图

a—Ophiomorpha 遗迹组构，Skolithos 遗迹相，AD1-22-1H，Kh2-2，2649～2650m;

b—Thalassinoide 遗迹组构，Glossifungites 遗迹相，AD-16，Kh2-1-2L，2638～2639m;

c—Thalassinoide 遗迹组构，Cruziana 遗迹相，AD1-22-1H，Kh2-3，2657～2658m

基于达西渗流定律的常规岩心渗透率测试无法区分潜穴与基质部分的渗透率差异，而利用压力衰减特征谱渗透仪的点渗透率测试可以分别测试潜穴与基质部分的渗透率，达到定量研究生物扰动作用对储层物性影响的研究目的，近些年点渗透率测试被广泛应用于定量表征潜穴与基质的渗透率差异。艾哈代布油田 Kh2 段储层点渗透率测试表明，渗透率分布规律同生物潜穴密切相关。将样品点渗透率数据绘制成等值线，发现其规律同生物遗迹空间展布存在较强相关性，渗透率高值区域为遗迹的中心区域，由内向外呈环带状递减(图 11)。

Ophiomorpha 及 Thalassinoide 是影响 Kh2 段储层非均质性的主要遗迹组构类型，Kh2-1-1 及 Kh2-2 泥晶生屑砂屑灰岩层段主要发育 Ophiomorpha，Kh2-1-1U、Kh2-1-2L、Kh2-3 小层则主要发育 Thalassinoide。Ophiomorpha 的潜穴充填方式既可以是主动充填，也可以是被动充填；Thalassinoide 则主要为被动充填。基于岩石薄片及点渗透率测试资料，结合沉积—成岩—遗迹学研究，认为生物扰动主要造成了潜穴与基质的组成成分及成岩作用差异，从而增强 Kh2 段储层的非均质性。其中，成岩差异非均质性又可分为差异溶蚀非均质性、差异抵抗压实非均质性、差异固底化胶结非均质性(图 11、图 12)。不同类型的生物扰动非均质储层对应的沉积环境、岩石类型、遗迹相、主要遗迹组构类型存在差异。

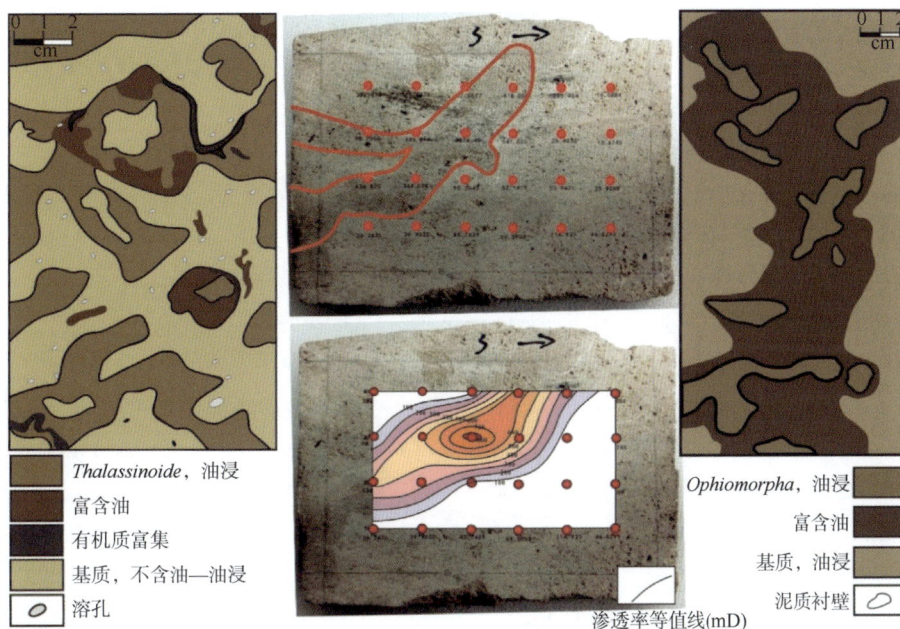

图 11　岩心尺度含油区域非均质性示意图

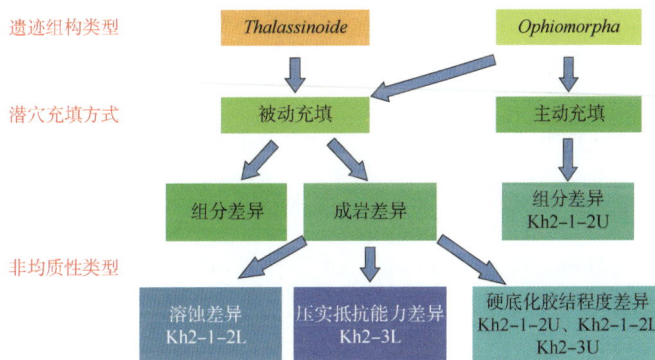

图 12　Kh2 段生物扰动非均质储层类型图

5　结论

（1）生物扰动导致艾哈代布油田白垩系 Khasib 组 Kh2 段储层岩石组构差异及后期成岩差异，潜穴中岩石组构变好，同时抑制潜穴中胶结作用，从而形成较强的非均质性；后期与高频旋回伴生的准同生期溶蚀程度差异加剧了非均质性程度。

（2）发育强烈生物扰动的部位具有明显高渗特征，研究发现，Kh2-1-2L 高渗层特征明显，岩心资料及测试资料佐证了 Kh2-1-2L 高渗层的存在。

参考文献

[1]　Abdel-Fattah Z A, Gingras M K, Caldwell M W, *et al.* The Glossifungites Ichnofacies and Sequence Stratigraphic Analysis：A Case Study from Middle to Upper Eocene Successions in Fayum, Egypt[J]. Ichnos-an International Journal for Plant & Animal Traces, 2016, 23（3-4）：157-179.

[2]　Abdel-Fattah Z A, Gingras M K, Pemberton S G. Significance of hypoburrow nodule formation associated with large biogenic sedimentary structures in open-marine bay siliciclastics of the Upper Eocene Birket Qarun Formation, Wadi El-Hitan, Fayum, Egypt[J]. Sedimentary Geology, 2014, 233（1）：111-128.

[3]　Pemberton S G, Maceachern J A, Gingras M K, *et al.* Biogenic Chaos：Cryptobioturbation and the work of sedimentologically friendly organisms[J]. Palaeogeography

Palaeoclimatology Palaeoecology, 2008, 270（3）: 273-279.

[4] Lemiski R T, Hovikoski D J, Pemberton D S G, et al. Sedimentological ichnological and reservoir characteristics of the low-permeability, gas-charged Alderson Member（Hatton gas field, southwest Saskatchewan）: Implications for resource development[J]. Bulletin of Canadian Petroleum Geology, 2011, 59(1): 27-53.

[5] Pemberton S G, Frey R W. The Glossifungites ichnofacies: modern examples from the Georgia coast, USA[M]. Special Publications, 1985: 237-259.

[6] Pemberton S G. Classification and characterizations of biogenically enhanced permeability[J]. AAPG Bulletin, 2005, 89(11): 1493-1517.

[7] Pemberton S G. Ichnology & Sedimentology of Shallow to Marginal Marine Systems[M]. Geological Association of Canada. 2001: 15.

[8] Pemberton S G, MacEachern J A, Frey R W. Trace fossil facies models: environmental and allostratigraphic significance[C]//Walker R G, James N P. (Eds.), Facies Models. Geological Association of Canada, 1992: 47-72.

[9] Cunningham K J, Sukop M C, Huang H, et al. Prominence of ichnologically-influenced macroporosity in the karst Biscayne aquifer: Stratiform "super-K" zones[J]. Geological Society of America Bulletin, 2009, 121(1—2): 164-180.

[10] 范若颖, 龚一鸣. 21世纪遗迹学热点与前沿: 第14届国际遗迹组构专题研讨会综述[J]. 古地理学报, 2017, 19(5): 919-926.

[11] Richter R. Marks and traces in the Hunsrück slate（Ⅱ）: Stratification and basic life[J]. Senckenbergiana, 1936, 18: 215-244.

[12] Tarhan L G. The early Paleozoic development of bioturbation—Evolutionary and geobiological consequences[J]. Earth-Science Reviews, 2018, 178: 177-207.

[13] Ben-Awuah J, Eswaran P. Effect of bioturbation on reservoir rock quality of sandstones: A case from the Baram Delta, offshore Sarawak, Malaysia[J]. Petroleum Exploration & Development, 2015, 42(2): 223-231.

[14] 杨式溥. 古遗迹学[M]. 北京: 地质出版社, 1990.

[15] 杨式溥. 遗迹化石的古环境和古地理意义[J]. 古地理学报, 1999, 1(1): 7-19.

[16] 杨式溥. 中国遗迹化石[M]. 北京: 科学出版社, 2004.

[17] Hubbard S M, MacEachern J A, Bann K L, Slopes. Trace fossils as indicators of sedimentary environments[C]//Developments in Sedimentology. 2012, 64: 607-642.

[18] Knaust D. Atlas of Trace Fossils in Well Core[M]. Springer International Publishing, 2017.

[19] Knaust D. Ichnology as a tool in carbonate reservoir characterization: a case study from the Permian-Triassic Khuff Formation in the Middle East[J]. Geoarabia Manama, 2009, 14(3): 17-38.

[20] Knaust, Dirk. Trace fossils as indicators of sedimentary environments[M]. Oxford: Elsevier Science, 2012.

[21] 龚一鸣, 胡斌, 卢宗盛, 等. 中国遗迹化石研究80年[J]. 古生物学报, 2009, 48(3): 322-337.

[22] 龚一鸣. 从原型遗迹相到遗迹组构: 第三届国际遗迹组构专题研讨会综述[J]. 地质科技情报, 1995(4): 101-103.

[23] Cherns L, Wheeley J R, Karis L. Tunneling trilobites: Habitual infaunalism in an Ordovician carbonate seafloor[J]. Geology, 2006, 34(34): 657-660.

[24] Lundgren B. Studier öfver fossilförande lösa block[J]. Geol Foren Stockh Forh, 1891, 13: 111-121.

[25] Leaman M, Mcilroy D, Herringshaw L G, et al. What does Ophiomorpha irregulaire, really look like[J]. Palaeogeography Palaeoclimatology Palaeoecology, 2015, 439: 38-49.

[26] Uchman A, Wetzel A, Deep-sea fans. Trace fossils as indicators of sedimentary environments[J]. Developments in Sedimentology, 2012, 64: 643-670.

[27] Seilacher A. Bathymetry of trace fossils[J]. Marine Geology, 1967, 5(5): 413-428.

[28] Seilacher A. Trace Fossil Analysis[M]. Springer Berlin Heidelberg, 2007.

[29] Taylor A, Goldring R, Gowland S. Analysis and application of ichnofabrics[J]. Earth Science Reviews, 2003, 60(3): 227-259.

渤海湾盆地特低渗—致密砂(砾)岩天然气成因及成藏模式

国建英[1,2]，齐雪宁[1,2]，侯连华[2]，郝爱胜[1,2]，曾 旭[2]，林世国[2]，

蒲秀刚[3]，谢增业[1,2]，王义凤[1,2]，王晓波[1,2]，陈大伟[2]

1 中国石油天然气集团有限公司天然气成藏与开发重点实验室，河北廊坊 065007；

2 中国石油勘探开发研究院，北京 100083；3 中国石油大港油田公司，天津 300280

摘　要：特低渗—致密砂(砾)岩气是国内外天然气勘探的重要领域，渤海湾盆地作为我国重要油气勘探盆地，在各坳陷均发现了特低渗—致密砂(砾)气；但以坳陷层面研究工作为主，盆地范畴系统认识气藏的分布、天然气成因及成藏模式的工作欠缺。研究表明，特低渗—致密砂(砾)岩气藏在渤海湾盆地广泛分布，涵盖各个坳陷，古生界、新生界多个层段，涉及上古生界煤型气和古近系油型气两种天然气类型。上古生界特低渗—致密砂岩气藏主要分布在残留上古生界的黄骅、临清和济阳等坳陷，气藏位于凹陷隆起区，多属于构造型气藏，因地层曾深埋，储层物性总体致密程度高；天然气主要为来自石炭系—二叠系煤型气，部分为来自古近系油型气。古近系特低渗—致密气藏在各坳陷均有分布，包括沙河街组三段、四段和孔店组多个层段；气藏在凹陷的隆起、斜坡和陡坡带均有分布，涵盖岩性、岩性—构造、构造等多种圈闭类型；沙河街组三段主要为砂岩储层，分布于缓坡区，沙河街组四段和孔店组包括砂岩和砂砾岩储层，砂砾岩主要分布于陡坡区，由于古近系属连续型沉积，储层物性受埋深控制作用明显，不同坳陷致密门限深度不同，介于3200~4000m；天然气主要为古近系油型气，部分为上古生界煤型气。依据气源层和储层相互关系，该区发育新生新储近源聚集、古生古储远源输导、古生新储断层输导和新生古储断面疏导模式四种成藏模式，其中前两者为主要成藏模式。渤海湾盆地发育石炭系—二叠系和古近系两套气源层，天然气剩余资源潜力大，石炭系—二叠系二次生烃有利区、古近系生气中心周缘的构造、甜点岩性体是下步特低渗—致密砂(砾)岩气勘探重点区带。研究认识对渤海湾盆地的致密砂(砾)岩气勘探有一定的指导意义。

关键词：致密气；天然气成因；成藏模式；渤中凹陷；黄骅坳陷；济阳坳陷；临清坳陷；渤海湾盆地

Origin and Accumulation Model of Ultra Low Permeability-tight Sandstone(gravel) Gas in Bohai Bay Basin

Guo Jianying[1,2], Qi Xuening[1,2], Hou Lianhua[2], Hao Aisheng[1,2], Zeng Xu[2], Lin Shiguo[2],

Pu Xiugang[3], Xie Zengye[1,2], Wang Yifeng[1,2], Wang Xiaobo[1,2], Chen Dawei[2]

1 Key Laboratory of Gas Reservoir Formation and Development, CNPC, Langfang, Hebei 065007, China;

2 Petrochina Research Institute of Petroleum Exploration & Development, Beijing 100083, China;

3 PetroChina Dagang Oilfield Company, Tianjin 300280, China

Abstract：Ultra low permeability-tight sandstone (conglomerate rock) gas reservoir is an important explora-

基金项目：国家科技重大专项(2016ZX05007)；中国石油天然气股份有限公司科技项目(2019B-0601，2019B-0602)；中国石油天然气股份有限公司科技重大专项(2018E-11-02)资助。

第一作者简介：国建英，1971年生，男，博士，高级工程师，长期从事石油、天然气地球化学及成藏的研究工作。

邮箱：gjy_17711224@petrochina.com.cn

通信作者简介：齐雪宁，1989年生，女，硕士，工程师，长期从事油气地球化学及成藏的研究工作。

邮箱：qixuen69@petrochina.com.cn

tion target of natural gas at home and abroad. As a crucial oil and gas exploration basin in China, Bohai Bay basin has discovered tight sand (conglomerate rock) gas in many depressions. However, the current research only focuses within oilfields, lacking of systematic study on the distribution, origin and reservoir pattern of tight sandstone (conglomerate rock) gas reservoirs from the whole basin perspective. The research conclusively demonstrates that tight sand (conglomerate rock) gas reservoirs are mainly distributed in Upper Paleozoic and Paleogene strata in Bohai Bay Basin. Most of Upper Paleozoic tight gas reservoirs are structural gas reservoirs distributed in the uplift zone of the depression, the lithology is mainly sandstone, and the physical properties are not basically affected by burial depth; natural gas primarily generated from Carboniferous-Permian coal, and the rest of gas is originated from Paleogene source rocks. Tight gas reservoirs of Paleogene are distributed in the third and fourth members of Shahejie Formation (Es$_3$ and Es$_4$) and Kongdian Formation; The types are lithology, lithology-structure, structure reservoir etc.; Gas reservoirs are located in the uplift, slope and steep slope zone of the sag, forming a gas-bearing sag condition; the lithology is sandstone and conglomerate rock, sandstone reservoirs are distributed in every formation, while sandy conglomerate reservoirs are mainly distributed in the Es$_4$ and Kongdian Formation, the physical properties of the reservoir are controlled by burial depth, the densification threshold depth varies from 3200m to 4000m in different depressions; natural gas mainly generated from Paleogene source rocks, and part of which comes from coal measures. Four patterns of reservoir formation was proposed and are new-generation and new-reservoir, paleo-generation old-reservoir, new-generation and old-reservoir and paleo-generation and new-reservoir, among which the first two patterns are the major ones. Two sets of Carboniferous-Permian and Paleogene stratum and many gas source formations are developed, and the natural gas resource has high potentiality in the Bohai Bay Basin. The next targeted exploration area of tight sandstone (conglomerate rock) gas would be situated in the beneficial zone of secondary hydrocarbon generation in Carboniferous-Permian System, structures adjacent to the edge of Paleogene gas generation center, and the sweet spot in lithology reservoirs. The research is of instructive significance for tight sandstone (conglomerate rock) gas exploration in Bohai Bay basin.

Key words: tight gas; natural gas origin; hydrocarbon reservoir pattern; Bozhong Sag; Jiyang Depression; Huanghua Depression; Linqing Depression; Bohai Bay Basin

2011年中国国家能源局正式发布《致密砂岩气地质评价方法》，制定了致密砂岩气的行业标准[1]，致密砂岩气指覆压基质渗透率不大于0.1mD的砂岩气层，单井一般无自然产能，或自然产能低于工业气流下限，但在一定经济条件和技术措施下，可以获得工业天然气产量；覆压基质渗透率为0.1~1mD的为特低渗储层。魏国齐等[2]通过吐哈盆地山前带柯柯亚、塔里木盆地库车坳陷克深2、松辽盆地深层断陷长深、鄂尔多斯盆地苏里格上古生界气藏的储层物性研究发现，这些气田储层主要产层孔隙度普遍小于8%，岩心测试空气渗透率主要分布于0.1~1mD，划为致密砂岩气范畴。综上所述，覆压基质渗透率和地面岩心测试空气渗透率在储层评价中存在一定差异，后者约为前者的10倍。

中国自"十一五"以来大力发展致密砂岩气，2016年中国致密砂岩气地质资源量达36.54×10^{12} m$^{3[2]}$，致密砂岩气年产量为406×10^8 m^3，占总产气量的31.6%[3]，成为仅次于美国、加拿大的致密砂岩气生产大国，展示了致密砂岩气在中国天然气勘探开发中的重要地位。

我国发现的特低渗—致密砂岩气大气田主要分布在鄂尔多斯、四川、塔里木等中西部盆地[2-7]，研究工作也主要集中在这些地区。目前为止东部渤海湾盆地发现大的特低渗—致密砂（砾）岩气田较少，研究工作相对薄弱。马洪等[8]通过评价渤海湾盆地深层致密砂岩气的成藏条件，初步估算歧口凹陷歧北斜坡、辽河西部凹陷清水洼陷、霸县凹陷文安斜坡等区带致密砂岩气资源量为（6000~7000）×10^8 m^3，表明渤海湾盆地深层特低渗—致密砂岩气具有较好的勘探前景。勘探实践证明，特低渗—致密砂岩气在渤海湾盆地广泛分布，涵盖渤海海域的渤中凹陷[9]、黄骅坳陷的歧口凹陷[10]、板桥凹陷[11]、沧东凹陷[12-13]、北大港构造带[14-15]、南堡凹陷[16]、辽河坳陷的东部凹陷[17-18]、西部凹陷[19]、济阳坳陷的东营凹陷[20]、沾化凹陷（渤南洼陷）、惠民凹陷[21]、临清坳陷的东濮凹陷[22-23]等。渤海湾盆地特低渗—致密砂（砾）岩气的研究较为零散，集中坳陷（或凹陷）层面，缺乏盆地级的系统性研究，本文拟对渤海湾盆地特低渗—致密砂（砾）岩气藏的天然气地球化学特征、成因及成藏过程进行分析，明确渤海湾盆地特低渗—致密砂（砾）岩气成藏模式与主控因素，以期对该区的天然气勘探提供理论支撑。

1 特低渗—致密砂（砾）岩气藏储层特征

1.1 储层分级标准

《致密砂岩气地质评价方法》采用覆压基质渗透率对砂岩储层气藏进行分类，指出覆压基质渗透率不大于0.1mD为致密储层，0.1~1mD为特低渗储层[1]。但目前资料中渗透率数据主要为常压下空气渗透率，胡勇等[24]实验发现，覆压对岩心的孔隙度测定影响较小，但对常压下小于1mD的空气渗透率测定影响较大，50MPa时的渗透率只有常压的1/10甚至更小，根据文中提供覆压渗透率与空气渗透率相关曲线，测算结果见表1。

表1 岩石空气渗透率与覆压渗透率对比表（据文献[24]公式测算）

测试条件	中渗储层	低渗储层	特低渗储层	致密储层
覆压基质渗透率（mD）	>10	1~10	0.1~1	≤0.1
空气渗透率（mD）	>10	1.5~10	0.4~1.5	≤0.4

1.2 储层评价

根据上述储层分级标准，梳理渤海湾盆地的天然气藏储层物性，发现特低渗—致密砂岩气在渤海湾盆地广泛分布，涵盖所有坳陷，岩性主要为砂岩，部分砾岩也达到特低渗标准，层系包括古近系和上古生界，具体为古近系沙河街组三段的特低渗—致密砂岩、沙河街组四段—孔店组低渗—致密砂砾岩和石炭系 二叠系特低渗—致密砂岩。平面上，石炭系—二叠系特低渗—致密砂岩气藏主要分布在盆地中南部残留上古生界的黄骅、临清和济阳坳陷，沙河街组四段—孔店组低渗—致密砂砾岩气藏主要分布在东部济阳坳陷和渤中坳陷，沙河街组三段砂岩气藏则主要位于黄骅、冀中、临清和辽河坳陷（图1）。

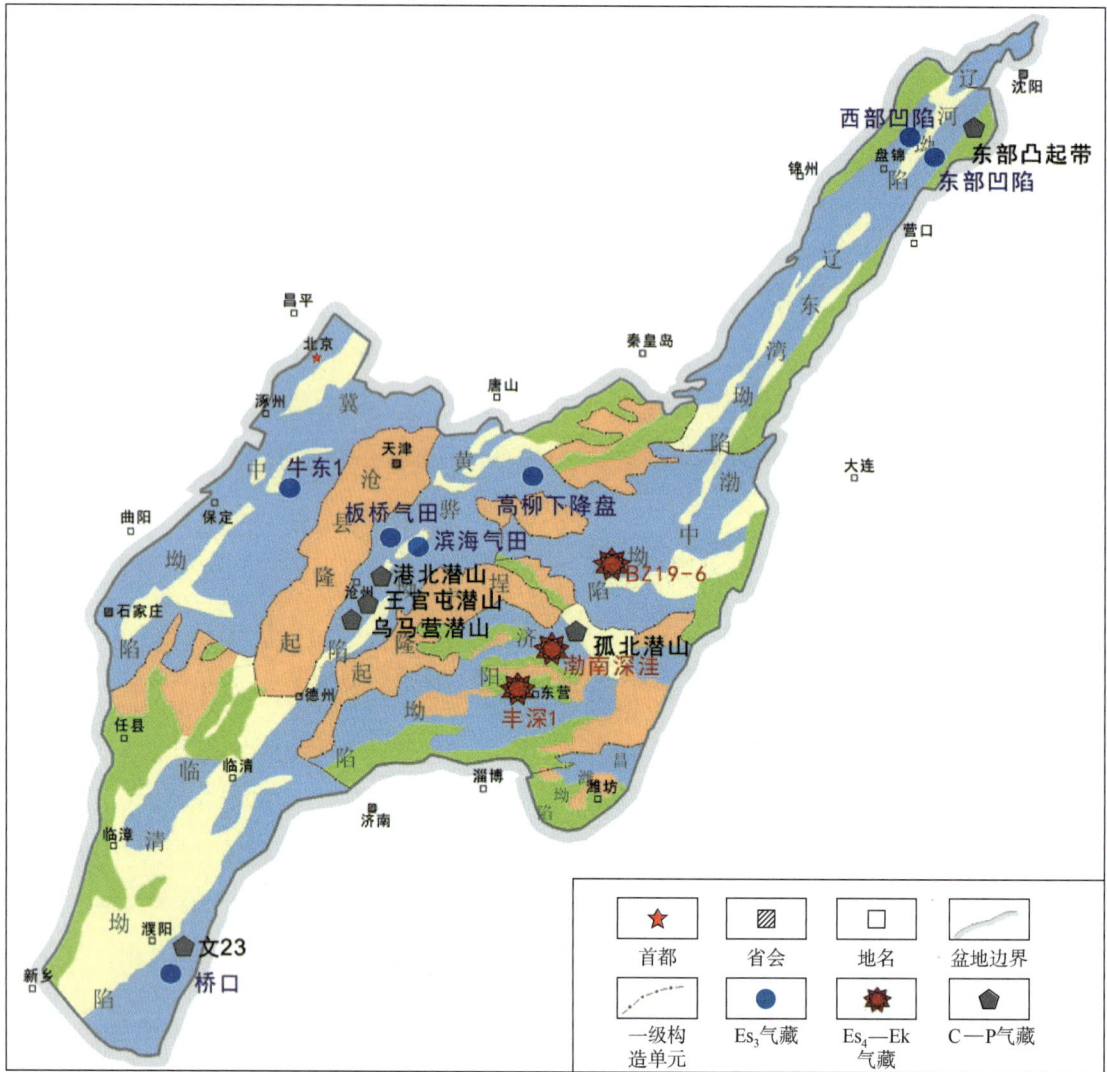

图1　渤海湾盆地特低渗—致密气藏平面分布示意图

石炭系—二叠系主要分布在残留上古生界的黄骅、临清和济阳坳陷，储集岩以砂岩为主，储层物性在各层系中最差，渗透率均值以小于 1.5mD 为特征，主体属于特低渗—致密砂岩储层。黄骅坳陷沧东凹陷乌马营潜山下石盒子组河流相砂岩渗透率介于 0.01~6.47mD，主体介于 0.12~3.17mD，平均为 1.28mD[12-13]，属于特低渗储层；黄骅坳陷北大港构造带港北潜山二叠系、石炭系储层渗透率均值分别为 0.13mD 和 0.15mD，为致密储层[14-15]。辽河坳陷东部凸起上古生界砂岩储层渗透率介于 0.01~0.10mD，属于致密储层[18]；临清坳陷东濮凹陷渗透率均值介于 0.029~0.304mD，属于致密

储层[23]；济阳坳陷沾化凹陷、惠民凹陷、东营凹陷渗透率多小于 1mD，东营凹陷略高，为 1.45mD，属于特低渗—致密储层[21]（表2、图2）。目前发现的上古生界特低渗—致密砂岩主要分布在构造高部位，多属于构造油气藏，因地层曾深埋，储层已致密化，后经历抬升，使储层物性受埋深控制较小[14]，如黄骅坳陷乌马营潜山埋深 4800~5000m，港北潜山埋深 1700~2300m，后者储层物性甚至小于前者。

沙河街组四段（简称沙四段）—孔店组储层岩石类型包括砂岩和砾岩，在各层系中储层物性最好，渗透率均值大于 1.5mD 为特征，主体属于低

渗储层。渤中 19-6 气田孔店组砂砾岩储层渗透率介于 0.02~14.50mD，平均为 4.93mD，主体属于低渗储层[9]。济阳坳陷东营凹陷北部民丰地区、利津地区陡带沙四段下亚段埋深超过 3500m 的砂砾岩储层渗透率介于 0.001~45.00mD，主要分布于 0.10~10.00mD，平均为 1.78mD，主体属于低渗、部分属于特低渗储层[20]。济阳坳陷沾化凹陷渤南洼陷沙四段上亚段大于 3500.0m 深洼区储层渗透率为 0.01~10.00mD，平均为 3.30mD；属于低渗—特低渗储层[20]（表 2、图 2）。东营凹陷沙四段致密砾岩主要分布在陡带，渤中 19-6 孔店组致密砾岩主要分布在构造高部位。

沙河街组三段（简称沙三段）砂岩储层物性介于上古生界和沙四段—孔店组，渗透率均值以 0.5~1.5mD 为特征，主体属于特低渗砂岩储层。黄骅坳陷板桥凹陷在 3500m 以下渗透率以小于 1.0mD 为主[10-11]；辽河坳陷东部凹陷 3300m 以深所有储层渗透率均小于 0.5mD，主要为 0.01~0.10mD[17]；冀中坳陷古近系砂岩埋深大于 4000m、渗透率小于 2.55mD；临清坳陷东濮凹陷前梨园洼陷及洼陷斜坡带的沙三段中、下亚段渗透率主体介于 0.01~0.5mD，其中洼陷带渗透率主要介于 0.001~1mD，为特低渗—致密储层，斜坡带渗透率主要介于 0.1~10mD，为低渗—致密砂岩储层[22-23]（表 2、图 2）。沙河街组特低渗—致密砂岩储层分布有两个重要特征：一是致密储层主要分布洼陷区；二是不同坳陷特低渗—致密门限深度（即储层渗透率达到特低渗/或致密标准所对应的储层埋藏深度）不同，介于 3200~4000m。其中，临清东濮凹陷为 3200m，辽河坳陷东部凹陷为 3300m，歧口凹陷、板桥凹陷沙三段为 3500m，冀中坳陷为 4000m。

表 2 渤海湾盆地特低渗—致密砂岩气藏分布特征表

序号	坳陷	构造带	层位	岩性	代表气藏或分布区带	油气藏特征
1	黄骅坳陷	歧口凹陷	Es_{1-3}	砂岩	滨深 22、滨海 4、滨深 3x1[10]	滨海 4 井 Es_1 下段孔隙度为 8%，渗透率为 1.52mD
2		板桥凹陷	Es_3、$Es_{1下}$	砂岩	板深 35、板 1711[10-11]	板 1711 井大于 3500m 储层孔隙度小于 10%，渗透率小于 1.0mD
3		南堡凹陷	Es_3	砂岩	高柳断层下降盘深层[16]	孔隙度为 7.66%，渗透率为 2.89mD
4		北大港构造带	C、P	砂岩	港北潜山[14-15]	P 孔隙度为 10%，渗透率为 0.13mD；C 孔隙度为 8%，渗透率为 0.15mD
5		沧东凹陷	C、P	砂岩	乌马营、王官屯潜山[12-13]	构造高部位，孔隙度为 5.79%，渗透率为 1.28mD
6	辽河坳陷	东部凹陷、西部凹陷	Es_3	砂岩	中央深陷带[8,17,19]	深度大于 3300m，孔隙度小于 10%，渗透率小于 0.5mD
7		东部凸起带	C、P	砂岩	东部凸起带[18]	孔隙度为 1%~7%，渗透率为 0.01~0.10mD
8	渤海海域	渤中凹陷	Ek	砂砾岩	渤中 19-6[9]	披覆于低潜山之上，孔隙度为 7.8%，渗透率为 4.93mD
9	济阳坳陷	东营凹陷	$Es_4^下$	砂砾岩	丰深 1 等[20]	孔隙度为 3.80%，渗透率为 1.78mD
10		沾化凹陷	$Es_4^上$	砂砾岩	渤南深洼、渤深 5 等[20]	深洼区（大于 3500.0m）储层孔隙度为 8.5%，渗透率为 3.30mD
11			C、P	砂岩	孤北潜山[21]	孔隙度小于 10% 为主，渗透率小于 1mD 为主
12	临清坳陷	东濮凹陷	$Es_3^{中、下}$	砂岩	桥口、马厂、白庙、文西、杜寨气田[22-23]	深度大于 3200m，孔隙度为 9.32%，渗透率为 0.01~0.5mD
			C、P	砂岩	文 23、马厂地垒	孔隙度为 5.38%~7.5%，渗透率为 0.029~0.304mD

注：表中渗透率数据为空气渗透率数据。

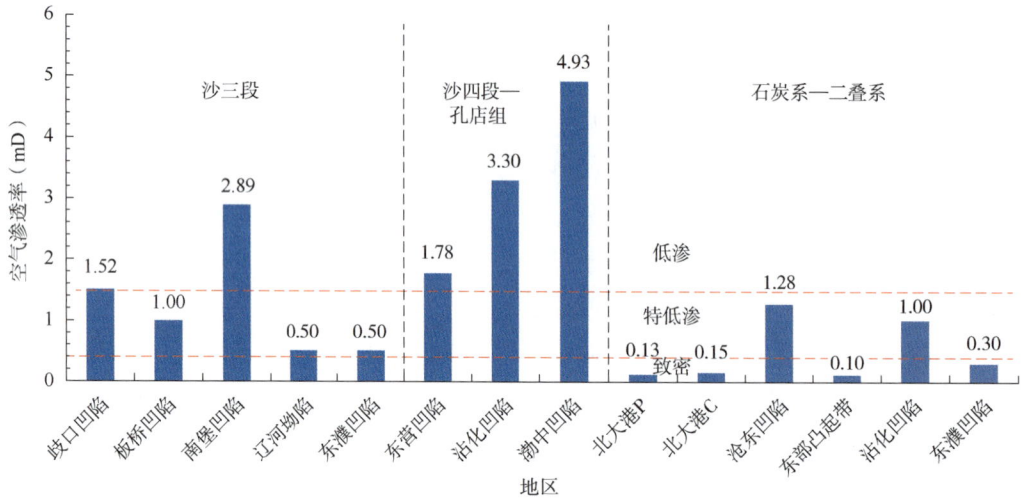

图 2　渤海湾盆地砂(砾)气藏储层空气渗透率均值特征图

2　天然气地球化学特征

整理了渤海湾盆地特低渗—致密砂(砾)岩气藏天然气地球化学数据，数据主要分布在黄骅坳陷、临清坳陷、济阳凹陷，渤中凹陷仅有渤中 19-6 井孔店组天然气满足条件，冀中坳陷仅有牛东 1 井、兴隆 1 井沙四段等少数天然气满足条件[25-41]，辽河坳陷满足条件的数据较少。

2.1　天然气组成

渤海湾盆地特低渗—致密砂(砾)岩气以烷烃气为主，含量一般大于 90%，非烃气以二氧化碳和氮气为主[25-33]。烃类气体干燥系数（C_1/C_{1-5}）分布范围较宽，分布在 0.70~0.98，主要分布在 0.80~0.95，以湿气为主。

不同地区或者同一地区不同层位天然气干燥系数存在较大差异。总体上东濮凹陷、沾化凹陷渤南洼陷天然气较干，冀中、黄骅坳陷的天然气较湿。渤南洼陷沙四段天然气以干气为主，5 个样品中 4 个样品属于干气，石炭系—二叠系干燥系数略小于古近系，8 个样品中 6 个干燥系数大于 0.90，其中 2 个为干气。东濮凹陷天然气干燥系数主要介于 0.90~0.95，古近系占 61.5%（39 件样品），二叠系的占 100%。冀中坳陷天然气最湿，3 件样品干燥系数均小于 0.85。黄骅坳陷古近系天然气干燥系数主要介于 0.80~0.90，板桥、歧口、南堡凹陷分别占总样品的 61.5%、57.6% 和 62.5%；大港探区石炭系(C)—二叠系(P)—中生界(Mz)天然气干燥系数主要介于 0.85~0.95，占总样品的 61.6%，干气占 15.4%（图 3、表 3）。

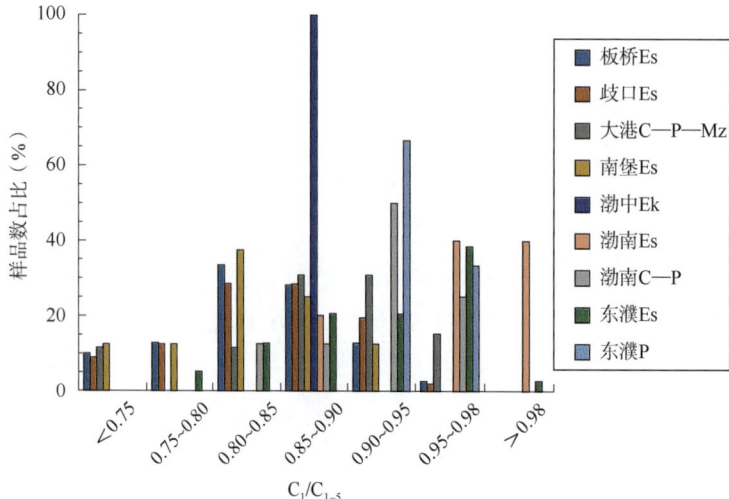

图 3　渤海湾盆地特低渗—致密天然气干燥系数图

表3　渤海湾特低渗—致密天然气组成数据表（部分数据）

坳陷名称	凹陷名称	井号	深度(m)	层位	$\delta^{13}C_1$(‰, PDB)	$\delta^{13}C_2$(‰, PDB)	$\delta^{13}C_3$(‰, PDB)	干燥系数	CH_4(%)	C_2H_6(%)	C_3^+(%)	备注
黄骅坳陷	板桥凹陷	板深35	4719.6~4743.9	Es_3	−44.90	−24.90	−19.00		84.33	0.01	—	
		滨深62	4686.8	Es_3^3	−39.80	−28.20	−23.70	0.84	83.81	11.78	3.68	
		板43−36	4720~4736	Es_3^1	−44.50	−29.70	−25.90	0.80	76.75	11.94	7.14	
		板1711	5101.7~5131.9	Es_3^2	−44.10	−28.10	−24.00	0.81	77.74	11.28	7.07	
		板1711	4239.1~4257.7	Es_3^1	−42.50	−27.00	−23.60	0.85	82.48	10.8	4.19	
	歧口凹陷	歧深8x1	5011.7~5077.3	Es_3	−34.60	−26.20	−22.30	0.87	80.88	6.23	5.74	本文
		歧深8x1	4728.3~4746.9	Es_3^1	−35.50	−27.34	−23.99	0.90	86.55	5.73	3.65	
		歧深1	5084	Es_3	−35.40	−19.00	−15.90	0.92	90.99	5.83	2.45	
		歧深6	4432~4494.2	Es_3	−41.80	−27.45	−23.72	0.82	78.32	11.637	5.62	
		滨海6	4535.3	Es_2	−35.60	−29.50	−27.50	0.88	83.95	7.26	4.23	
		滨深22	4456.63~4469.33	Es_2	−37.80	−25.20	−22.00	0.80	77.67	9.96	9.39	
		滨深22	4493.50~4547.50	Es_2	−41.60	−26.90	−23.70	0.86	83.42	6.79	6.55	
		滨深22	4615.1~4663.4	Es_2	−41.50	−26.80	−23.90	0.45	42.17	22.20	29.51	
		歧北1701	4398.7~4416.1	Es_2	−42.50	−28.00	−25.20	0.67	63.46	13.00	18.47	
		歧探1井	4927.8~5084	Es_3^2	−38.00	−20.90	−19.10	0.88	82.61	7.19	4.27	
		埕59	4564.4~4574.0	Es_3	−37.50	−27.40	−24.00	0.83	76.39	9.69	6.25	
		张27x1	4178.3~4191.3	Es_3	−38.70	−27.40	−27.20	0.87	83.10	6.31	6.42	
		张海21−23L	5042.09	Es_2	−39.45	−29.36	−28.13	0.77	74.98	9.39	12.94	
		张海17101	5552.4~5661.9	$Es_2^{中}$	−39.10	−29.00	−28.00	0.79	68.2	9.14	8.63	
		滨90	4351.8~4380.8	$Es_1^{下}$	−41.10	−27.30	−27.60	0.84	78.65	8.31	6.55	
	沧东凹陷	营古1	4738~4760	P	−33.40	−21.90	−22.10	0.93	85.72	4.72	2.18	
		营古1	4959.4~4987.7	P	−36.40	−20.90	−21.20	0.90	80.56	5.59	3.71	
		营古2	4702.8~4734.2	P	−33.86	−24.38	−23.22	0.86	79.30	6.57	5.93	
		乌探1井	4958.2~4997.2	P	−35.72	−22.18	−20.33	0.91	84.69	5.77	2.19	
		王古1	3867	P	−35.5	−25.40	−23.50	0.89	84.09	6.29	3.68	
	北大港构造带（港北潜山）	港古1503	2310.6~2330	Mz	−37.00	−26.90	−27.10	0.89	85.75	5.25	5.73	
		港古1507	2013.1~2020.9	Mz	−43.00	−28.30	−26.50	0.84	79.59	7.98	7.34	
		港古1501	1868.1~1925.9	Mz	−42.60	−28.60	−27.90	0.88	77.86	5.17	5.64	
		中1502	2477.7~2536.3	P_1x	−39.10	−28.40	−27.40	0.90	83.43	5.59	3.93	
		港古1505	2338~2363.3	P_1s	−43.40	−29.10	−27.20	0.83	81.59	9.27	7.71	
		港古1507	2079.9~2105.9	C_3t	−42.20	−29.10	−27.40	0.71	61.32	13.38	11.59	
	南堡凹陷	南堡5−10	4290.4~4682.1	Es_{2+3}	−35.00	−24.40	−21.50	0.90	88.33	6.92	3.05	文献[31]
		南堡5−80	4842.5~4851.3	Es_{2+3}	38.50	−24.90	−21.60	0.83	82.42	7.28	9.79	
		南堡5−81	4758.2~4763.2	Es_{2+3}	−37.24	−27.09	−24.90	0.85	83.95	9.69	5.57	
		南堡5−85	4786.6~4792.5	Es_{2+3}	−35.71	−23.99	−20.35	0.92	90.94	5.86	2.39	
		高17−15	3630.4~3924.0	Es_3	−37.95	−27.58		0.77	75.94	9.06	13.68	

续表

坳陷名称	凹陷名称	井号	深度(m)	层位	$\delta^{13}C_1$(‰,PDB)	$\delta^{13}C_2$(‰,PDB)	$\delta^{13}C_3$(‰,PDB)	干燥系数	CH$_4$(%)	C$_2$H$_6$(%)	C$_3^+$(%)	备注
临清坳陷	东濮凹陷	白3	2609.4~2701.2	Es$_2^F$	−34.10	−26.30	−25.10	0.91	88.24	6.65	2.25	本献[29]
		文31	2985.0~2987	Es$_4$	−27.98	−25.72	−25.720	0.98	96.59	1.71	0.43	
		白3	3135~3139	Es$_3^1$	−34.90	−25.10	−24.70	0.90	88.36	7.32	2.14	
		白8	3372.4~3401.4	Es$_3^2$	−34.70	−25.40	−25.50	0.88	86.51	9.62	2.18	
		桥69-2	3719.3~3753.8	Es$_3^2$	−43.10	−26.70	−24.40	0.88	85.91	8.06	3.38	
		桥14	3759.2~3769.4	Es$_3^3$	−45.10			0.80	77.59	10.47	8.61	
		白13	3779.2~3886.4	Es$_3^2$	−36.10	−30.70	−29.30	0.85	79.97	6.59	7.01	
		白9	3906.2~3913.4	Es$_3^3$	−39.90	−29.70	−25.40	0.96	90.15	2.27	1.24	
		桥76	3919.4~3963.9	Es$_3^3$	−45.00	−28.20	−25.10	0.77	74.13	11.65	10.41	
		白11	3990~4005.5	Es$_3^3$	−39.20	−27.90	−27.10	0.90	88.15	9.05	0.69	
		桥58	4301.4~4306.4	Es$_4$	−39.90	−27.40	−27.8	0.92	87.00	5.63	2.45	
		文242	4426.5~4374.1	Es$_3$	−40.09	−26.09	−24.13					
		桥20	4530~4649	Es$_3^4$	−40.03	−26.70	−24.10	0.79	78.66	10.56	10.77	
		开33		P	−31.10	−22.10	−20.60	0.92	91.67	5.25	3.08	
		开33		C—P	−35.50			0.95	94.58	2.23	2.81	
		文古2		P	−29.60	−24.30	−21.40	0.97	93.36	2.58	0.51	
渤海海域	渤中凹陷	渤中19-6-1	3566.8~3634.0	Ek	−38.50	−27.00	−25.50	0.87	76.75	8.68	2.98	本献[29]
冀中坳陷	霸县	兴隆1	4607.4~4655	Es$_4$	−48.30	−32.20	−28.00	0.77	69.80	12.00	8.77	本文
		牛东1	5290	Es$_4$	—	—	—	0.85	79.00	11.00	3.42	
	廊固	兴9	3980~4124	Es$_3$	−43.20	−27.90	−25.10	0.84	77.80	10.00	4.65	
济阳坳陷	沾化凹陷（渤南洼陷）	孤北古2	3689~3731	C—P	−41.00	−25.80	−23.60	0.80	75.87	19.48		文献[40]
		孤北古2	3517.70~3534.20	C—P	−41.00	−25.80	−23.60	0.96	95.01	2.94	0.62	
		义132	3374~3387	C—P	−38.00	−25.40	−25.00	0.85	82.10	8.10	6.11	
		义155	4528~4574	C—P	−32.20	−22.00	−21.50	0.95	87.64	3.31	1.54	
		渤93	3120~3136	C—P	−37.10	−19.10	−17.10	0.94	92.10	5.88		
		渤93	3230.00~3249.40	C—P	−38.05	−22.67	−21.25	0.92	88.99	6.30	1.51	
		渤930	3546~3650	C—P	−35.50	−16.80	−16.10	0.94	92.88	5.76		
		孤北古1	4020~4139	C—P	−35.90	−23.10	−21.20	0.92	86.67	6.44	1.91	
		渤深3	4450~4472	Es$_4$	−39.10	−26.70	−23.40	—	—	—		
		渤深5	4491.9~4587.3	Es$_4^\perp$	−38.00	—	—	0.86	79.55	13.07		文献[20]
		义115	5144.0~5163.4	Es$_4^\perp$	−35.90	−24.90	−21.80	0.99	89.63	0.40		
		义121	4426~4438	Es$_4^\perp$	−38.00	−22.00	−19.30	0.97	91.10	2.58		文献[40]

2.2 天然气碳同位素

与天然气组成相似，不同地区或者同一地区不同层位天然气碳同位素存在较大的差异。碳同位素分布范围宽，甲烷碳同位素分布在 −48.3‰~−27.98‰，乙烷碳同位素分布在 −32.2‰~−16.8‰，丙烷碳同位素分布在-30.3‰~-15.9‰。不同坳陷间，东濮凹陷天然气碳同位素最重，沾化凹陷次之，黄骅、冀中坳陷较轻；不同层位间，上古生界总体重于古近系(表3、图4、图5)。

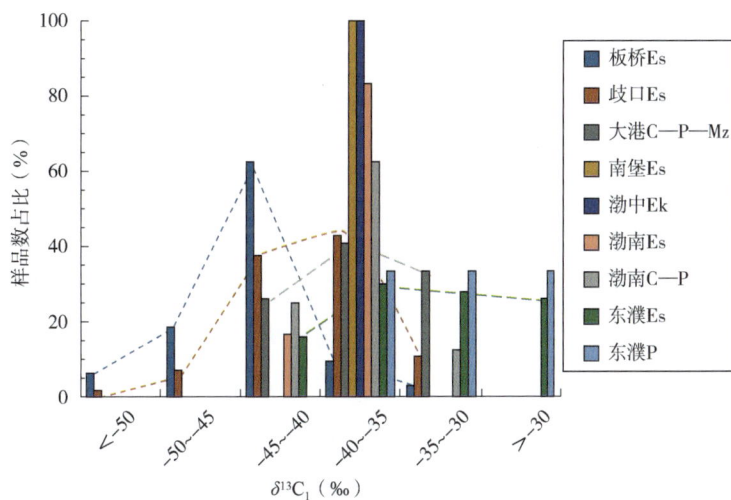

图4 渤海湾盆地特低渗—致密天然气甲烷碳同位素特征图

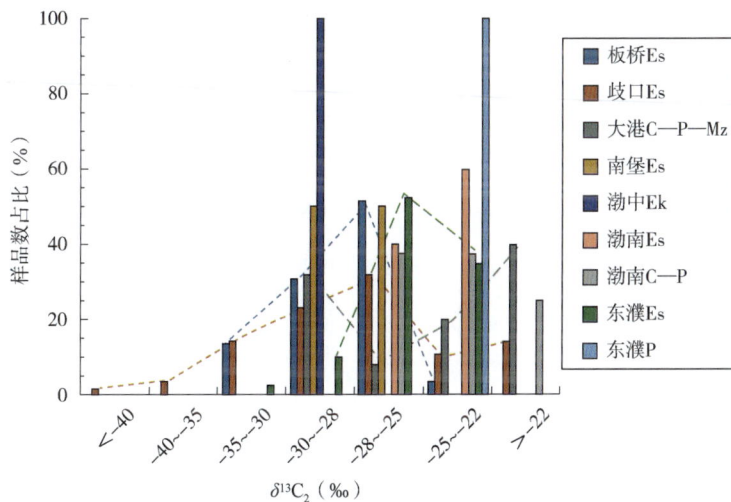

图5 渤海湾盆地特低渗—致密天然气乙烷碳同位素特征图

东濮凹陷上古生界天然气甲烷碳同位素主要分布在-35.5‰~-29.6‰，平均为-32.07‰；古近系介于-45.1‰~-27.98‰，平均为-37.79‰，主体分布在-40‰~-28‰，占84%。渤南洼陷上古生界天然气甲烷碳同位素主要分布在-41.0‰~-32.2‰，平均为-37.34‰，主体分布在-40‰~-35‰，占62.5%；古近系介于-40.0‰~-35.9‰，平均为-38.12‰，主体分布在-40‰~-37.7‰，占83.3%。黄骅坳陷南堡凹陷古近系介于-38.5‰~-35.0‰，平均为-36.87‰，全部在-40‰~

-30.0‰。大港探区的C—P在不同区域差别较大，沧东凹陷乌马营地区介于-36.4‰~-30.96‰，平均为-33.74‰，主体大于-35.0‰；北大港构造带的港北潜山天然气碳同位素介于-43.4‰~-37.0‰，平均为-42.22‰，主体小于-42.0‰。歧口凹陷古近系介于-42.5‰~-34.6‰，平均为-38.31‰，主体分布在-45‰~35‰，占80.4%。板桥凹陷古近系介于-44.9‰~-39.8‰，平均为-43.16‰，主体分布小于-40‰，占87.5%，轻于歧口凹陷，也轻于大港探区C—P—Mz天然

23

气(表3、图4、图5)。

东濮凹陷上古生界天然气乙烷碳同位素大于-25.0‰，平均为-23.2‰；古近系介于-30.7‰~-23.1‰，平均为-25.93‰，主体分布在-28‰~-22‰，占87.5%。渤南洼陷上古生界主要分布在-25.8‰~-16.8‰，平均为-22.58‰，全部大于-28‰，大于-25‰占62.5%；古近系介于-26.7‰~-22.0‰，平均为-24.12‰，主体不小于-25.0‰。黄骅坳陷南堡凹陷古近系介于-27.58‰~-23.99‰，平均为-25.59‰。大港探区的C—P在不同区域差别较大，沧东凹陷乌马营地区介于-25.4‰~-18.17‰，平均为-22.09‰，以大于-25.0‰为主；北大港构造带的港北潜山则介于-29.1‰~-26.9‰，平均为-28.4‰，主体分布在-30‰~-25‰。歧口凹陷古近系介于-31.4‰~-19.0‰，平均为-26.70‰，主体分布于-30‰~-25‰，占55.3%。板桥凹陷古近系介于-29.70‰~-24.90‰，平均为-27.58‰，主体分布于-30‰~-25‰，占82.7%(表3、图5)。

3　天然气成因

由天然气 $\delta^{13}C_1$—C_1/C_{1-5} 关系图可见，渤海

湾盆地特低渗—致密气主要为热成因气，部分落在生物改造气区间。天然气以成熟气和高熟气为主。其中，东濮凹陷 C—P 天然气全部落在高熟油型气/煤成气区间，古近系天然气主要落在高熟油型气/煤成气区间，部分落在成熟油型气区间；渤南洼陷 C—P 天然气主要落在煤成气区间，义132和孤北古2井 C—P 天然气落在成熟油型气区间，古近系天然气主要落在生物改造气区间，这些天然甲烷碳同位素与石炭系—二叠系天然气相当，但干燥系数明显偏大，重烃气碳同位素明显偏重，与生物改造重烃气有关，如义121井天然气干燥系数为0.98，丙烷碳同位素为-19.3‰佐证了这一观点，但该井埋深已经达到4426m(表3)，为什么还能有生物改造气的成因，对此还需进一步探讨，渤深5井天然气则落在成熟气区间。沧东凹陷二叠系及孔店组天然气全部落在高熟油型气/煤成气区间，板桥凹陷古近系、歧口凹陷港北潜山的中—上古生界天然气主要落在成熟油型气区间，歧口凹陷古近系主要落在成熟油型气区间，部分落在高熟油型气/煤成气区间。南堡凹陷、渤中凹陷古近系天然气全部落在成熟油型气区间(图6)。

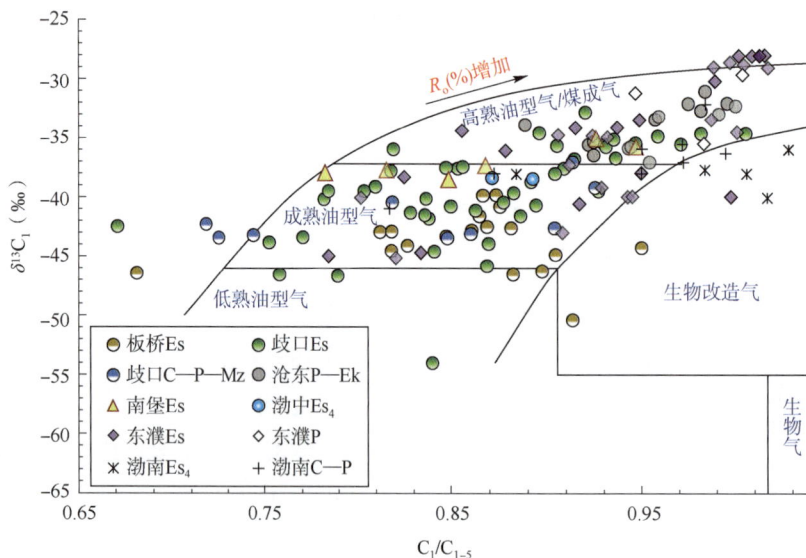

图6　渤海湾盆地特低渗—致密天然气 C_1/C_{1-5} 与 $\delta^{13}C_1$ 关系图

由天然气 $\delta^{13}C_2$—$\delta^{13}C_1$ 关系图(图7)可看出，东濮凹陷上古生界天然气落在了腐殖型天然气区

间；古近系天然气部分落在了腐殖型气区间，部分落在了腐殖型气和腐泥型气混合区间。渤南洼陷

C—P 天然气主要落在腐殖型气区间，部分落在了腐殖型气和腐泥型气混合区间；沙四段天然气在腐殖型气和混合气区间均有分布。渤中凹陷沙四段天然气落在混合气区间。南堡凹陷古近系天然气腐殖型气和混合气区间均有分布，鉴于该区煤系烃源岩分布局限，落入腐殖型气区间的天然气应为成熟度高的混合型母质生成的天然气。沧东凹陷的二叠系和孔店组天然气主要落在腐殖型气区间；歧口凹陷 C、P 和 Mz（港北潜山）天然气主要落在偏腐泥混合型气区间；板桥凹陷和歧口凹陷古近系天然气主要落在腐泥型和混合型区间，部分落在腐殖型气区间，这部分数据点主要来自歧深 1 井，国建英等[34]研究认为，该井重碳同位素天然气主要来自该区沙三段高过成熟阶段的偏腐泥型天然气（图7）。

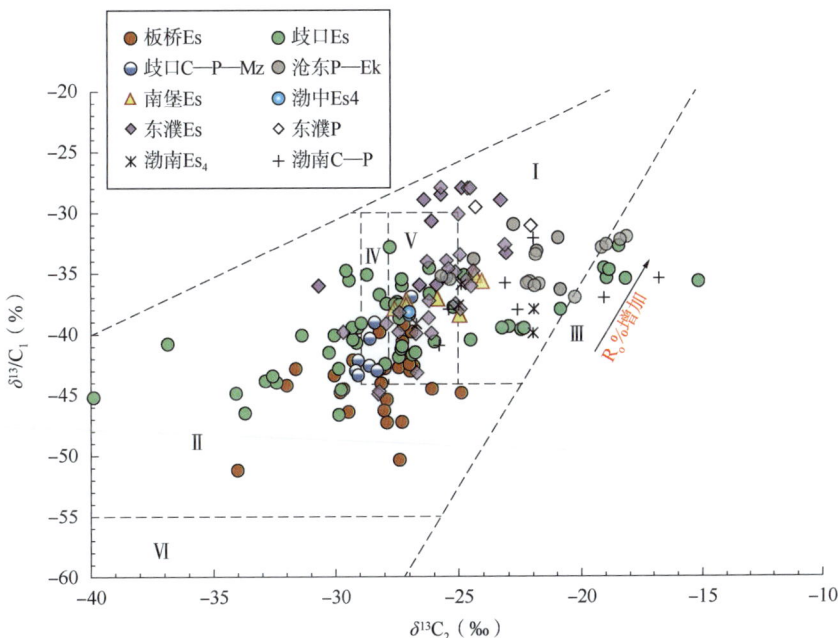

图 7　渤海湾盆地特低渗—致密天然气 $\delta^{13}C_2$ 与 $\delta^{13}C_1$ 关系图（图版引自文献[36]）

Ⅰ—腐殖型气；Ⅱ—腐泥型气；Ⅲ—碳同位素系列倒转混合气区；

Ⅳ—腐殖型气和腐泥型气；Ⅴ—腐殖型气和腐泥型气混合区；Ⅵ—生物气和亚生物气

如上所述，渤海湾盆地不同凹陷、同一凹陷不同层位天然气成因差别较大，为了进一步分析其差异的原因，建立重点凹陷的天然气碳同位素纵向分布图（图8），由图所见，碳同位素在不同凹陷纵向呈有规律变化，但不同凹陷变化趋势不同。东濮凹陷古近系天然气碳同位素由下而上呈逐渐变重趋势，不符合埋深越大、烃源岩成熟度越高、天然气碳同位素越重的热演化规律，说明深浅层天然气来源不同，结合图7鉴别的成因，3500m 以浅天然气碳同位素较重，甲烷碳同位素主要分布在-34.9‰～-27.98‰，乙烷碳同位素主要分布在-26.30‰～-24.90‰，应主要来自 C—P 煤系烃源岩；3500m 以深天然气碳同位素相对较轻，甲烷碳同位素主要分布在-45.1‰～-36.1‰，乙烷碳同位素主要分布在-30.7‰～-26.70‰，则来自古近系烃源岩（图8a）[29]。

由图9可见，上古生界煤系烃源层埋深大于古近系烃源层，生气时间自然早于后者，生成油气通过古生界—中生界之间的不整合面和断层疏导，在构造高部位聚集成藏（文23），形成了煤型气气藏；随着地层持续深埋，凹陷区古近系进入生油气门限，生成油气就近进入斜坡区岩性气藏（文9井区西），断裂发育的地层，古近系油气则运移至构造较高部位（文9井区）。渤南注陷的 C—P 和 Es4 天然气碳同位素在纵向上不在同一演化趋势线上，指示二者天然气来源不同，结合前文鉴别成因，Es4 天然气应主要来自古近系烃源岩，C—P 天然气主要来自 C—P 烃源岩，部分区域混入古近系来源天然气(图 8b)。

黄骅坳陷 C—P—Mz 与古近系天然气纵向变化趋势不同，古近系由上而下有干燥系数变大、碳同位素变重的特点，符合热演化规律，其中，歧口凹陷和板桥凹陷古近系天然气在同一深度，无论是干燥系数还是碳同位素都很接近，但前文所述板桥凹陷天然气干燥系数均值小于歧口凹陷，碳同位素均

值轻于歧口凹陷，应主要与其数据点埋深较浅有关，板桥凹陷数据点主要在 3500～4000m，而歧口凹陷则分布在 3500～5200m(表 3)；沧东凹陷 P—Ek 天然气碳同位素重于同一深度古近系天然气，纵向上则表现出向上略有变重的趋势(图 8c)，结合前文成因鉴别，黄骅坳陷古近系天然气应主要来自古近系烃源岩，沧东凹陷 P 应主要来自 C—P 煤系烃源岩。

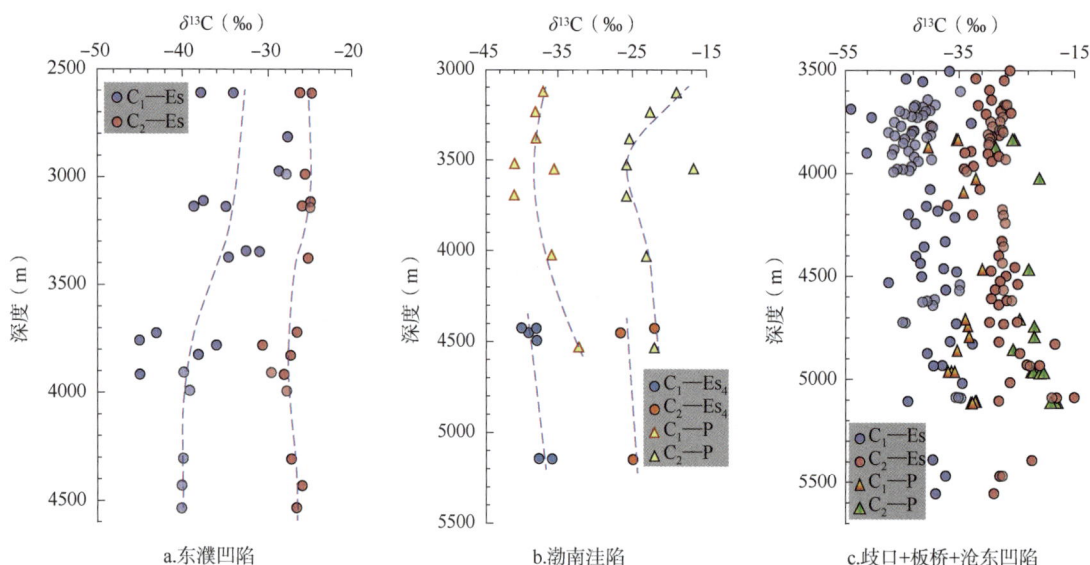

图 8　渤海湾盆地重点凹陷特低渗—致密天然气地球化学参数纵向变化图

综上所述，渤海湾盆地特低渗—致密气主要包括来自 C—P 腐殖型气(煤成气)和来自古近系烃源岩的混合气(偏腐殖型气)两种类型。其中，C—P 天然气主要来自前者，部分(港北潜山、孤北潜山第二排构造)来自后者；古近系天然气主要来自古近系烃源岩，部分(如东濮凹陷中浅层、渤南深洼义 115 井)来自 C—P 烃源岩。

4　天然气成藏模式

成藏模式是描述油气藏形成过程中，生、储、盖、圈、运、聚、保的基础地质要素在时空关系上的匹配关系的重要方式，可以更直观、概括地反映研究区的油气成藏机制和油气成藏过程，成藏模式兼有描述和预测作用，即一方面提供对已知油气藏的形成机理和时空分布进行分析和综合的样板，另

一方面是作为进行未知油气藏预测的类比参考。基于研究对象和研究目的的差异，成藏模式研究方式各不同，可以从构造背景、成藏动力、各成藏要素的匹配、断层控藏、充注方式、成藏机理、成藏时间、成藏期次和油气藏特征等开展研究。本文主要结合供气层与储层相互关系，建立渤海湾盆地特低渗—致密砂(砾)岩气藏主要发育 4 种成藏模式：新生新储近源聚集、古生古储远源输导、古生新储断层输导和新生古储断面输导模式。

4.1　新生新储近源聚集成藏模式

新生新储是渤海湾盆地特低渗—致密砂(砾)岩气藏的主要成藏模式，也是近年取得天然气勘探实效最重要的领域。新生新储以古近系沙河街组和孔店组烃源岩为源，通过储层、不整合面、断层输

导，在沙河街组和孔店组砂（砾）岩中成藏。气藏圈闭类型以岩性—构造、岩性为主，构造为辅，前者如黄骅坳陷的板桥气田[11]、歧口凹陷的滨深22气田，东濮凹陷的文西、桥口—马厂东翼、白庙、杜寨等气田[37]，东营凹陷民丰地区、利津地区的沙四段砂砾岩和渤南深洼的沙四段砂岩等[38]；后者如渤中19-6孔店组砂砾岩凝析油气藏[9]。岩

性—构造、岩性气藏主要分布在凹陷的斜坡带或陡坡带，紧邻烃源灶，属于源内或近源成藏，成藏模式如图9中的文9井以西地区、图10中渤深5井区，该类气藏储层有效性是气藏富集高产最主要的控制因素；构造油气藏也属于近源聚集，但运移距离远于前者，断层在输导过程中发挥了更重要的作用。

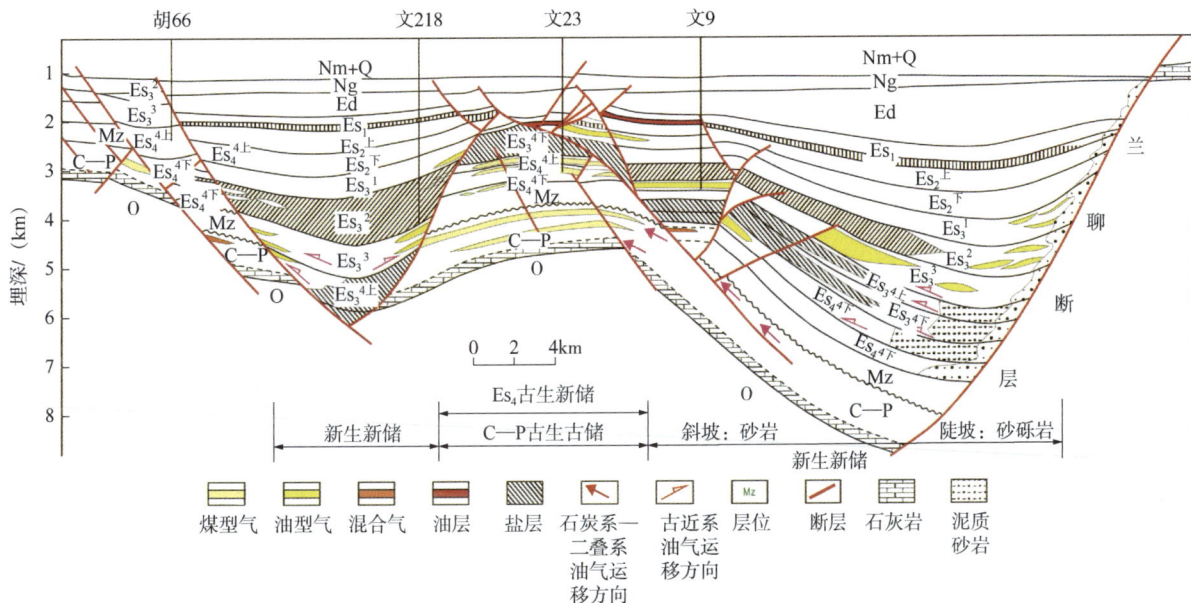

图9　临清坳陷东濮凹陷油气成藏模式图（底图引自文献[37]，有修编）

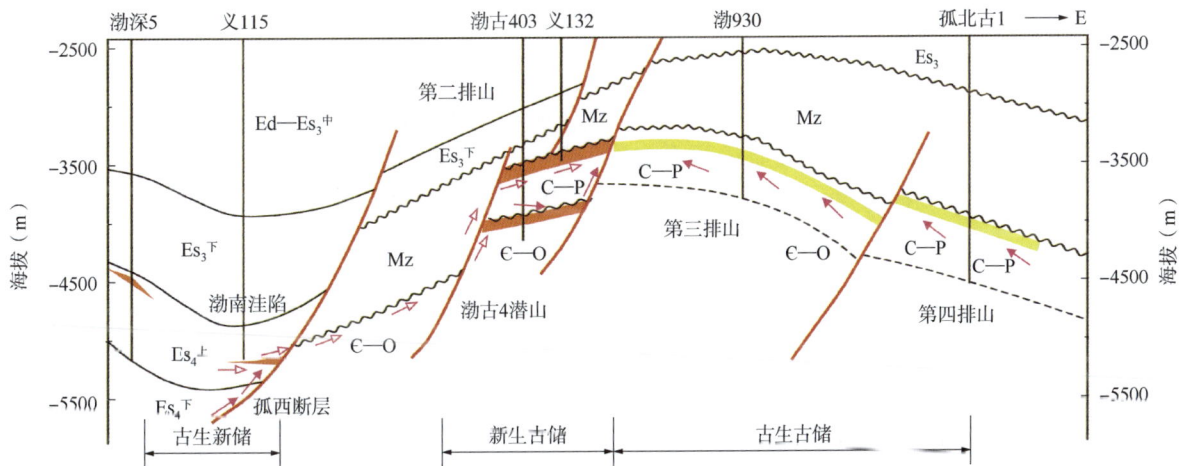

图10　济阳坳陷沾化凹陷油气成藏模式图（底图引自文献[38]，有修编）

4.2　古生古储远源输导成藏模式

古生古储是渤海湾盆地特低渗—致密砂（砾）

岩的另一主要成藏模式，以C—P煤系烃源岩为气源，以C、P、Mz的特低渗—致密砂岩为储层，通过断层、不整合面、储层输导，圈闭类型以背斜和

高部位断块为主。典型气藏包括东濮凹陷文 23 井区的 C-P 气藏（图 9）、马厂地垒的 C—P 气藏，沾化凹陷孤北潜山的第 3 排、第 4 排 C—P 气藏（图 10），黄骅坳陷的乌马营潜山、王官屯潜山 C—P 油气藏，以及辽河坳陷的中央深陷带气藏。该类气藏主要分布在凹中隆部位，由于三叠纪末期，渤海湾盆地大部分抬升，古生界遭受大面积剥蚀，生烃热演化中止[12~14]，C—P 烃源岩能否有效二次生烃是该类气藏主要控制因素。

4.3 古生新储断层输导成藏模式

古生新储成藏模式以 C—P 煤系烃源岩为气源，以古近系特低渗—致密砂岩为储层，主要通过断层输导。典型气藏包括东濮凹陷文 23 井（图 9）、户部寨、马厂地垒沙四段气藏，沧东凹陷乌马营潜山带营 110H 和乌探 1 井孔店组砂岩气藏，沾化凹陷渤南深洼的义 115 井沙四段气藏（图 10）。该类气藏圈闭类型可以是背斜、断块气藏（如前两个地区），也可以是岩性气藏（如义 115 气藏），由源到藏需要通过 C—P，甚至中生界地层，故 C—P 烃源岩能否有效二次生烃和运移通道为主控因素。

4.4 新生古储断面输导成藏模式

新生古储成藏模式以古近系烃源岩为气源岩，C—P 特低渗—致密砂岩为储层，主要通过断面对接、不整合面联合输导。典型气藏包括沾化凹陷孤北潜山第 2 排潜山（图 10 中义 132 井区），黄骅坳陷港北潜山。圈闭类型以背斜、断块和断鼻为主。该类气藏储层位于隆起带高部位，由于圈闭埋藏浅，本区的 C—P 烃源岩热成熟度低，贡献小，气源岩主要来自深洼区古近系烃源岩，运移依附于深大断裂，因此运移通道和保存条件是该类气藏的主要控制因素。

渤海湾盆地特低渗—致密砂（砾）岩气藏 4 种成藏模式中，新生新储近源聚集、古生古储远源聚集模式是主要成藏模式。

5 讨论

渤海湾盆地发育石炭系—二叠系和古近系 2 套地层多层气源层，根据全国第四次资源评价数据，黄骅坳陷、东濮凹陷、冀中坳陷上古生界天然气资源量累计约为 $6000\times10^8 m^3$，中石油探区内古近系天然气资源量累计约为 $12500\times10^8 m^3$，天然气资源量累计约为 $18500\times10^8 m^3$，说明渤海湾盆地天然气资源量丰富。近年，煤成气领域发现了大港油田的莲花气田（乌马营上古生界潜山），古近系偏腐殖型油型气领域渤中 19-6 发现了达千亿立方米的凝析油气田，辽河坳陷 2020 年钻探的驾 101 井在沙河街组中下段火成岩试油，8mm 油嘴获日产气 $32.5\times10^4 m^3$，这些钻探成果彰显了渤海湾盆地雄厚的气源物质基础，表明特低渗—致密砂（砾）岩天然气仍然具有很大的勘探潜力。

但渤海湾盆地石炭系—二叠系分布局限，且受二次生烃有效性限制，加上隆起带勘探程度较高，古生古储特低渗—致密砂岩气勘探有一定难度；因此，围绕二次生烃有利区，寻找有利构造圈闭是煤成气勘探的主要方向。古近系烃源岩是渤海湾盆地主要烃源层，过去主要集中在中浅层勘探，以找油为主，随着勘探深度的加大，取得了一系列突破；但新生新储也面临储层物性差，难稳产的问题，围绕生气中心寻找甜点是新生新储勘探的主要方向。

6 结论

（1）渤海湾盆地特低渗—致密砂（砾）岩气藏主要分布在上古生界和古近系中。上古生界致密气藏主要为构造型油气藏，分布凹陷中的隆起部位，岩性为砂岩，储层物性受埋深影响小，无论深浅均已特低渗—致密化。古近系特低渗—致密气藏分布在沙河街组的三段、四段和孔店组；油气藏类型涵盖岩性、岩性—构造和构造多种类型，分布在凹陷的隆起带、斜坡区和陡坡区；储层岩性包括砂岩和砂砾岩，砂岩在各段均有发育，砂砾岩主要分布在沙四段和孔店组，储层物性受埋深控制，致密门限深度在不同坳陷不同，临清东濮凹陷在3200m，辽河坳陷东部凹陷在3300m，歧口凹陷、板桥凹陷沙三段在3500m，东营凹陷沙四段下亚段在3500m，冀中坳陷在4000m。

（2）渤海湾盆地特低渗—致密砂(砾)岩气藏天然气组分干燥系数和碳同位素分布范围很宽，不同地区或同一地区不同层位均存在较大差异。众坳陷间，东濮凹陷天然气碳同位素最重，沾化凹陷次之，黄骅坳陷、冀中坳陷相对较轻。层位上，上古生界一般重于古近系天然气。纵向上，东濮凹陷古近系天然气碳同位素由下而上呈逐渐变重趋势，沧东凹陷乌马营上古生界天然气也由下而上呈略变重趋势，而歧口凹陷、板桥凹陷古近系则为由下而上呈逐渐变轻趋势。

（3）渤海湾盆地发育石炭系—二叠系煤系烃源岩和古近系湖相烃源岩，致密砂(砾)岩天然气也主要来自这两套烃源岩。上古生界特低渗—致密气主要来自石炭系—二叠系煤系烃源岩，部分来自古近系烃源岩；古近系天然气主要古近系烃源岩，部分来自煤系烃源岩。

（4）渤海湾盆地特低渗—致密砂(砾)岩气藏包括新生新储近源聚集、古生古储远源疏导、古生新储断层疏导和新生古储断面输导4种模式，其中前两者为主要成藏模式。渤海湾盆地天然气资源潜力雄厚，不完全统计，累计资源量约为 $18500 \times 10^8 m^3$，剩余资源量大，勘探前景广阔。今后，围绕石炭系—二叠系二次生烃有利区，寻找有利构造圈闭是古生古储式气藏的主要方向，围绕古近系生气中心寻找甜点岩性圈闭是新生新储式气藏勘探的主要方向。

参考文献

[1] 国家能源局.SY/T 6832—2011致密砂岩气地质评价方法[S].北京：石油工业出版社，2011.

[2] 魏国齐，张福东，李君，等.中国致密砂岩气成藏理论进展[J].天然气地球科学，2016，27(2)：199-210.

[3] 戴金星，倪云燕，吴小奇.中国致密砂岩气及在勘探开发上的重要意义[J].石油勘探与开发，2012，39(3)：257-264.

[4] 张国生，赵文智，杨涛，等.我国致密砂岩气资源潜力、分布与未来发展地位[J].中国工程科学，2012，14(6)：87-93.

[5] 戴金星，倪云燕，胡国艺，等.中国致密砂岩大气田的稳定碳氢同位素组成特征[J].中国科学：(地球科学)，2014，44(4)：563-578.

[6] 邱中建，赵文智，邓松涛，等.我国致密砂岩气和页岩气的发展前景和战略意义[J].中国工程科学，2012，14(6)：4-8.

[7] 杨涛，张国生，梁坤，等.全球致密气勘探开发进展及中国发展趋势预测田[J].中国工程科学，2012，14(6)：64-68.

[8] 马洪，王循，李欣，等.渤海湾盆地深层致密砂岩气勘探潜力浅析[J].山东科技大学学报(自然科学版)，2012，31(5)：63-70.

[9] 徐长贵，于海波，王军，等.渤海海域渤中19-6大型凝析气田形成条件与成藏特征[J].石油勘探与开发，2019，46(1)：25-38.

[10] 王永凯.歧口凹陷中深层致密砂岩气成藏地质特征与机理分析[J].录井工程，2017，28(2)：108-111.

[11] 赵贤正，曾溅辉，韩国猛，等.渤海湾盆地黄骅坳陷板桥凹陷深层低渗透(致密)砂岩气藏充注特征及成藏过程[J].石油与天然气地质，2020，41(5)：913-927.

[12] 金凤鸣，王鑫，李宏军，等.渤海湾盆地黄骅坳陷乌马营潜山内幕原生油气藏形成特征[J].石油勘探与开发，2019，46(3)：521-529.

[13] 周立宏，王鑫，付立新，等.黄骅坳陷乌马营潜山二叠系砂岩凝析气藏的发现及其地质意义[J].中国石油勘探，2019，24(4)：431-438.

[14] 张津宁，周建生，付立新，等.港北潜山内幕天然气成藏地质特征与成藏过程[J].中国矿业大学学报，2019，48(5)：1078-1089.

[15] 赵贤正，蒲秀刚，姜文亚，等.黄骅坳陷古生界含油气系统勘探突破及其意义[J].石油勘探与开发，2019，46(4)：621-632.

[16] 郭继刚，董月霞，庞雄奇，等.南堡凹陷沙三段致密

砂岩气成藏条件[J].石油天然气地质,2015,36
(1):23-34.

[17] 李春华,毛俊莉,杨一鸣,等.辽河坳陷东部凹陷致
密砂岩气成藏特征[J].特种油气藏,2014,21(6):
15-18.

[18] 李春华,于鹏,毛俊莉,等.辽河坳陷东部凸起上古
生界致密砂岩气成藏特征[J].特种油气藏,2013,
20(1):19-22.

[19] 孟元林,崔存萧,张凤莲,等.辽河坳陷西部凹陷南
段异常低压背景下的致密砂岩类型预测[J].矿物岩
石地球化学通报,2016,35(4):701-709.

[20] 杨显成.济阳坳陷沙四段致密砂岩气储层有效性及成
藏规律[D].青岛:中国石油大学(华东),2018.

[21] 韩思杰,桑树勋,刘伟.济阳坳陷石炭系—二叠系致
密砂岩气形成条件与成藏模式[J].石油天然气学报,
2014,36(10):50-54.

[22] 刘景东,蒋有录,张园园,等.东濮凹陷古近系致密
砂岩气成因与充注差异[J].石油学报,2017,38
(9):1010-1020.

[23] 吕雪莹,蒋有录,刘景东,等.渤海湾盆地杜寨气田
深层致密砂岩气成藏机理[J].天然气工业,2018,
38(7):34-43.

[24] 胡勇.上覆压力对低渗气层物性及供气能力的影响
[J].天然气勘探与开发,2011,34(2):25-27.

[25] 国建英,钟宁宁,于学敏,等.大港探区烷烃气碳、
氢同位素特征及成因类型[J].天然气地球科学,
2011,22(6):1054-1063.

[26] 国建英,李剑,于学敏,等.黄骅坳陷大港探区深层
天然气成因类型与分布规律[J].石油学报,2013,
34(增刊):112-119.

[27] 国建英,付立新,肖鑫,等.黄骅坳陷大港探区高
H_2S 天然气地球化学特征及成因[J].石油学报,
2016,37(增刊):31-38.

[28] 王振升,于学敏,国建英,等.歧口凹陷天然气地球
化学特征及成因分析[J].天然气地球科学,2010,
21(4):683-691.

[29] 李才学,陈峰.渤海湾盆地东濮凹陷桥口—白庙地区
古近系沙河街组天然气成因[J].天然气地球科学,
2015,26(11):2114-2121.

[30] 李孝甫,王晓锋,郑建京,等.辽河坳陷东部凹陷低
熟气地球化学特征[J].天然气地球科学,26(7):
1365-1375.

[31] 赵杰.南堡凹陷天然气成因及有效烃源岩研究[D].
青岛:中国石油大学(华东),2011.

[32] 王力.济阳和临清坳陷深层天然气成因鉴别与生成模
式研究[D].青岛:中国石油大学(华东),2008.

[33] 戴金星.各类烷烃气的鉴别[J].中国科学 B 辑,
1992(2):185-193.

[34] 国建英,于学敏,李剑,等.大港探区歧深 1 井气源
综合对比[J].天然气地球科学,2009,20(3):
392-399.

[35] Whiticar M J. Carbon and hydrogen isotope systematics of
bacterial formation and oxidation of methane [J].
Chemical Geology, 1999, 161:291-314.

[36] 戴金星,于聪,黄士鹏,等.中国大气田的地质与地
球化学若干特征[J].石油勘探与开发,2014,41
(1):1-13.

[37] 苏惠,曲丽萍,张金川,等.渤海湾盆地东濮凹陷天
然气成藏条件与富集规律[J].石油实验地质,2006,
28(2):123-128.

[38] 王力,金强,刘永昌,等.济阳坳陷孤西断裂带深层
天然气成因类型[J].沉积学报,2009,27(1):
172-179.

[39] 刘华,蒋有录,宋国奇,等.渤海湾盆地东营凹陷沙
四下亚段地层压力演化与天然气成藏[J].沉积学报,
2012,30(1):197-203.

[40] 林武,李政,李柜源,等.济阳坳陷孤北潜山带天然
气成因类型及分布规律[J].石油与天然气地质,
2007,28(3):419-426.

[41] 王德仁,曾正清,许书堂,等.东濮及邻区上古生界
天然气成藏条件分析[J].油气地质与采收率,2005,
12(3):36-38.

柴达木盆地北缘深层砂岩储层发育特征及主控因素

田继先[1]，王晔桐[2,3]，曾　旭[1]，潘世乐[2,3]，蒋　赟[2,3]，孙国强[2,4]

1 中国石油勘探开发研究院，河北廊坊 065007；2 中国科学院西北生态环境资源研究院，甘肃兰州 730000；
3 中国科学院大学，北京 100049；4 甘肃省油气资源研究重点实验室，甘肃兰州 730000

摘　要：柴北缘深层勘探程度低，资源潜力大，为了明确柴北缘深层砂岩储层特征和控制因素，利用铸体薄片、扫描电镜、物性数据和测录井资料等对柴北缘下干柴沟组储层进行了综合研究。结果显示：柴北缘深部下干柴沟组储层岩性以长石岩屑砂岩和岩屑长石砂岩为主，分选好，磨圆中等，成分成熟度和结构成熟度较高，原生孔隙发育，孔—渗相关性较好，平均孔隙度和渗透率可达 10.7% 和 25.74mD。孔隙喉道中等—偏细，连通性好。辫状河三角洲前缘水下分流河道砂和滨浅湖席状砂是形成优良储层的基础条件；成岩阶段早期碳酸盐胶结物含量小于 15%，在成岩阶段早期长期浅埋藏，晚期快速深埋，有效保护了原生孔隙；部分长石颗粒和早期碳酸盐胶结物在成岩阶段后期被溶蚀，形成了一定量的溶蚀孔隙，对物性有一定程度的改善。异常高压带削弱了正常压实作用对储层的影响，保存了大部分原生孔隙。下干柴沟组辫状河三角洲发育区及异常高压发育区有利于形成深层高孔渗储层，是天然气勘探开发的有利区带。

关键词：碳酸盐胶结；异常压力；沉积环境；深部储层；柴达木盆地

Characteristics and Main Controlling Factors of Deep Sandstone Reservoirs in Northern Margin of Qaidam Basin

Tian Jixian[1], Wang Yetong[2,3], Zeng Xu[1], Pan Shile[2,3], Jiang Yun[2,3], Sun Guoqiang[2,4]

1 PetroChina Research Institute of Petroleum Exploration and Development, Langfang, Hebei 065007, China;
2 Northwest Institute of Eco-Environmental Resources, Chinese Academy of Sciences, Lanzhou, Gansu 730000, China;
3 University of Chinese Academy of Sciences, Beijing 100049, China;
4 Key Laboratory of Oil and Gas Resources Research of Gansu Province, Lanzhou, Gansu 730000, China

Abstract：The degree of exploration in the north margin of Qaidam Basin is low which has high potential resources. In order to determine the characteristics and controlling factors of deep sandstone reservoir in the north margin of Qaidam, a comprehensive study on the reservoir of the Xiaganchaigou Formation in the north margin of Qaidam was carried out by using the cast thin section, scanning electron microscope, physical property data and logging data. The results showed that the deep reservoir in Qaidam Basin of Xiaganchaigou Formation is mainly composed of feldspathic lithic sandstone and lithic arkose, good separation, grinding medium, with relatively high composition maturity and structural maturity. The primary pores were developed, porosity and permeability are well correlated, with average porosity and permeability up to 10.7% and 25.74mD. The pore throat was medium to slants thin, with good connectivity. Subaqueous distributary chan-

---

第一作者简介：田继先，1981 年生，男，博士，高级工程师，主要从事天然气地质研究工作。

邮箱：tjx69@ petrochina. com. cn

nel sand and shore-shallow lake mat sand are the basic conditions for forming excellent reservoirs in braided river delta front. In the early diagenesis stage, the content of carbonate cement is less than 15%. In the early diagenesis stage, it is buried shallowly for a long time, and in the late diagenesis stage, it is buried deep quickly, which was effectively protecting the primary pores. Some feldspar particles and early carbonate cement were dissolved in the later stage of diagenesis, forming a certain amount of dissolution pores in and between grains, and improving the reservoir petrophysical properties to a certain extent. A large set of thick mudstone is developed in the upper and lower part of the reservoir sandstone. In the process of sedimentation-diagenesis and rapid burial, the pore fluid in the reservoir rock is blocked out and stays in the pore space. The braided river delta area of the Xiaganchaigou Formation of Paleogene in the abdomen area of the northern margin of Qaidam Basin is a favorable bed for the development of under compressed mudstone, which is conducive to the formation of deep high-porosity permeability reservoir and is the favorable zones for natural gas exploration and development.

Key words: carbonate cementation; abnormal pressure; sedimentary environment; deep reservoir; Qaidam Basin

近年来，随着全球油气勘探的不断深入，深层油气田已经成为油气勘探的重要接替领域，但目前深层油气田的数量、总储量和总产量占比仍然较低[1-2]。世界深层油气探明和控制可采储量的63.3%分布于碎屑岩储层中，35.0%分布于碳酸盐岩储层中，其余1.7%分布于变质岩和火成岩储层中[3]。因此，油气勘探开发向含油气盆地深层碎屑岩拓展具有非常重要的意义。深层碎屑岩储层控制因素与中浅层存在一定差异，通常受到深部溶蚀作用和胶结作用、地温和埋藏方式、异常高压、膏盐效应、黏土膜对原生孔隙的保护作用、成岩压实作用、早期烃类充注和碎屑颗粒成分及热循环对流等的影响[4]，但仍可发育优质储层，深层研究时，重点考虑沉积环境[5-6]、成岩作用[7-8]等因素[9]。

柴达木盆地目前已进入深层油气勘探阶段，以往深层油气储层以基岩储层为主[9]。但在盆地北缘部署的仙西1井（5500m）、昆2井加深（6956m），以及冷七1井（5000m）、冷七2井（5295m）、鄂深1井（4910m）、仙东1井（3383m）、仙东2井（3605m）等在深层砂岩储层中都见到了较好的油气显示，展示了良好的勘探前景。针对柴达木盆地北缘（柴北缘）储层的研究，前人做了很多

工作：冷湖五号地区N_1储层（2600~2900m）主要处于晚成岩阶段早期，孔隙类型主要是残余粒间孔和溶蚀扩大孔[10]，沉积时期气候稳定且温暖湿润[11]；鄂博梁Ⅲ号地区N_2^1储层（1500~3900m），黏土矿物含量较高，对储层渗透率影响较大[12]，N_1储层中有机酸充注使大量碎屑及碳酸盐胶结物溶解，溶蚀作用强烈，次生孔隙发育[13]，且深部存在大型油气藏[14]；马北地区古近系碎屑岩储层（1200~2100m）受控于沉积环境，主要为辫状河沉积[15]，原生孔隙发育[16-17]，而控制南八仙地区古近系储层（800~3030m）性能的主要因素为岩石成分和成岩作用，成岩作用和胶结物都具有建设性和破坏性双重作用[18-19]；九龙山地区侏罗系储层（1000~1800m）内黏土矿物发育，岩性致密，后期溶蚀作用改造有限[20]，沉积环境研究相对匮乏。柴北缘储层的研究成果主要集中在中—浅层，一般深度不超过3000m，对于超过3000m的深部碎屑岩储层研究较少，对其主控因素、形成机理和分布规律并不清楚。本文在前人研究的基础上[21-22]，重点针对柴北缘腹部地区下干柴沟组大于3000m的深部碎屑岩储层的沉积体系、储层特征及储层类型进行研究，并将沉积环境和成岩作用对储层物性的影响机制有

机结合起来，分析研究区优质碎屑岩储层的分布规律和范围，以期为后续天然气勘探开发提供地质依据。

1 地质背景

柴达木盆地位于青藏高原北部，面积约为 $12\times10^4km^2$，整体呈菱形，是我国西部一个大型的中—新生带陆相含油气盆地[23-24]。柴达木盆地构造变形与印度—欧亚板块碰撞有密切的关系，并主要受周缘山系断裂系统的控制：西北边界为阿尔金断裂，东北边界为祁连南缘逆冲断层带，南界为祁漫塔格逆冲断层带[21]，具有特殊的盆山构造格局和地球动力学背景，这些断裂系统控制了柴达木盆地的展布方向、盆地内次级断裂的形成和分布、沉积中心的迁移及油气聚集带的分布。前人根据现今凹凸分布、主要控制断裂及基底性质，充分考虑沉积时的原盆地构造格局，并结合石油地质条件和油气勘探需要，将柴达木盆地划分为4个一级构造单元，即柴西隆起、一里坪坳陷、三湖坳陷和柴北缘

隆起。柴北缘位于南祁连山，是盆地北部的一级构造单元。受燕山运动及喜马拉雅运动影响，构造复杂，发育赛什腾—祁连山前构造带、冷湖—马海构造带、鄂博梁—鸭湖及阿尔金等多个构造带，深层砂岩储层主要分布在鄂博梁、冷湖构造带和山前深层。从老到新，该区揭露的地层单元依次发育侏罗系(J)、古近系的路乐河组(E_{1+2})、下干柴沟组(E_3)和新近系的上干柴沟组(N_1)、下油砂山组(N_2^1)、上油砂山组(N_2^2)、狮子沟组(N_2^3)，以及第四系的七个泉组(Q_{1+2})。中—下侏罗统为柴北缘的主力烃源岩层，中侏罗统的残余地层主要分布在冷湖—南八仙构造带以东及以北的赛什腾凹陷和鱼卡凹陷，下侏罗统主要分布在冷湖—南八仙构造带以南。下干柴沟组(E_3)又分为上、下两段，分别为下干柴沟组下段和下干柴沟组上段。研究区主要发育下干柴沟组储层，沉积相由山前至腹部依次为辫状河流相、辫状河三角洲平原亚相、辫状河三角洲前缘亚相和滨浅湖相(图1)，碎屑岩沉积范围广、厚度大，勘探前景广阔。

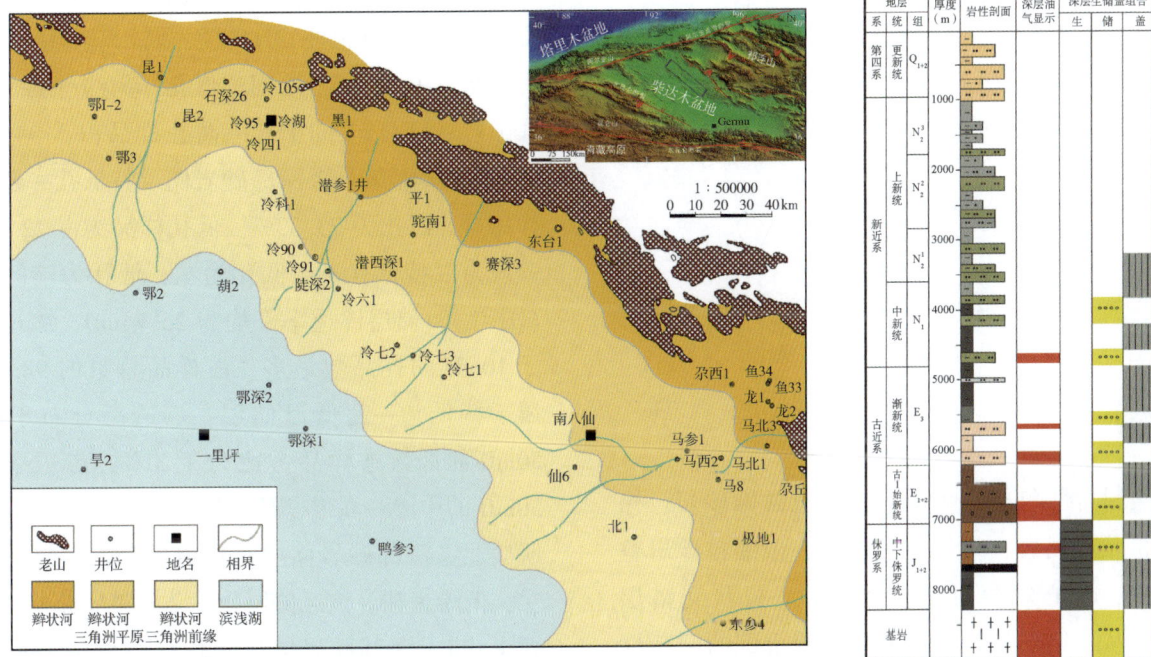

图1 柴北缘下干柴沟组沉积相(左)与深层生储盖(右)组合图

2 储层特征及分类

2.1 岩石学特征

柴北缘深部储层主要发育于古近系下干柴沟组（E_3），通过对重点钻井岩心样品的观测、薄片鉴定和 X 射线衍射等资料的分析，以及根据赵澄林等[24]划分碎屑岩的标准，深部储层岩性主要为长石岩屑砂岩和岩屑长石砂岩(图2)。碎屑颗粒粒径为 0.10～0.50mm，以细砂岩、中—粗砂岩和含砾砂岩为主，分选、磨圆较好，碎屑颗粒之间以点接触为主，表现为以颗粒支撑为主的孔隙型(图3)。主要为三角洲沉积砂体(图1)，悬浮物质经过较长距离的淘洗，杂基含量较低，粒度较细，分选较好，成分成熟度和结构成熟度较高。如仙西1井在4852m发育的水下分流河道砂体，分选、磨圆较好，孔隙度达到15%。

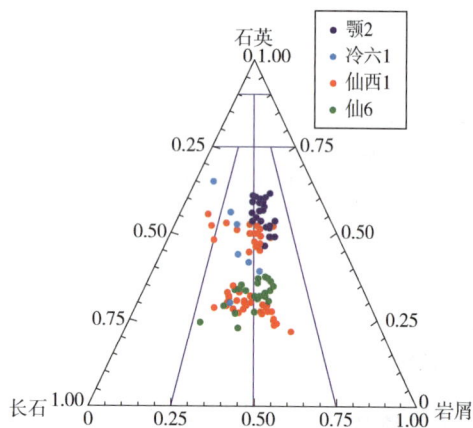

图2　柴北缘深部砂岩岩石类型图

2.2 沉积环境

储层岩性包括灰色砾岩、灰色含砾砂岩、棕红色粉砂质泥岩、棕红色泥岩等，中细粒砂岩叠置连片，岩心观察可见块状层理、板状交错层理、槽状交错层理，垂向发育下粗上细的间断性正粒序特征，在砾岩或含砾砂岩底部常出现底冲刷现象，储层砂体薄，盖层好(图3a—c)。粒度概率曲线特征表现为悬浮和跳跃组成的两段式，

缺少滚动组分，跳跃部分斜率较大，说明具有较好的分选性，成熟度高，反映河道沉积特征的特点。测井曲线形态主要包括箱形、漏斗形、微齿化钟形、齿化线形及线形。综合岩性、粒度、测井等资料，柴北缘腹部发育有大型辫状河三角洲—滨浅湖沉积体系，优质储层多为三角洲前缘亚相和滨浅湖的中细粒砂岩，具有单层厚度小、分布广、分选好、泥质杂基含量低的特点。古近纪以来研究区发育有大型辫状河三角洲沉积体系，深部优良储层多为三角洲前缘亚相的中细粒砂岩，具有单层厚度大、分选好、泥质杂基含量低的特点，并具有正旋回沉积序列特征，反映该区古新世—渐新世经历了一次明显的湖侵沉积演化。

2.3 物性特征

柴北缘深层砂岩储层物性分析表明，孔隙类型以原生孔隙为主(图4c)，孔隙度平均为10.72%。频率分析表明，孔隙度分布在5%～10%之间的样品最多，约占总数的45.45%，属于特低孔；孔隙度低于5%的样品占27.88%，属于超低孔；孔隙度分布在10%～15%之间的低孔样品约占22.73%；孔隙度大于15%的中孔—高孔样品占3.94%(图4b)。整体上柴北缘深部砂岩储层特低孔—超低孔样品累计占比为73.33%，低孔样品约占22.73%，表现为以特低孔—超低孔为主，低孔为辅的特征(图4b)。储层渗透率平均为25.74mD，渗透率小于10mD的样品数最多，占样品总数的98.18%，属于特低渗—超低渗储层；渗透率分布于10～50mD的低渗透样品占比为1.21%；渗透率大于50mD的中渗—高渗样品占比为0.61%(图4a)。表明柴北缘深部砂岩储层总体以特低渗—超低渗为主，低渗为辅。该区储层物性条件整体偏差，如仙西1井 E_3^2 深部砂岩储层平均孔隙度为8%左右，但在埋深超过4000m深层发现优良储层。样品孔隙度和渗透率在对数坐标中具有较好的正相关关系(图4d)，说明柴北缘地区深部砂岩储层孔隙类型

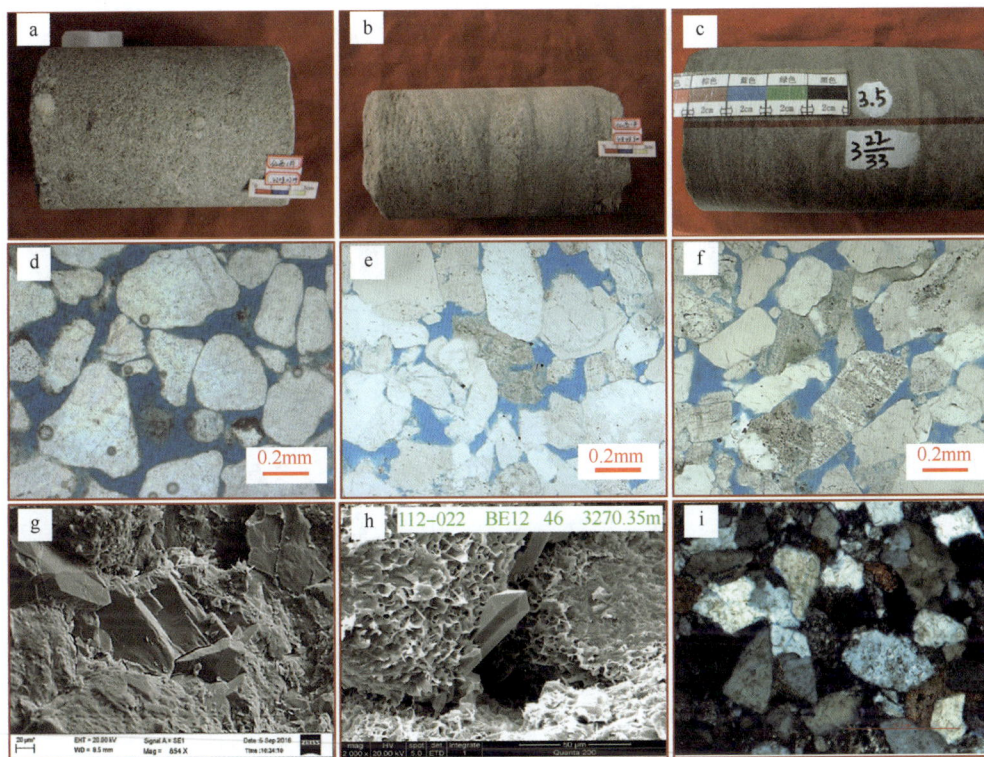

图3　砂岩结构及成岩作用特征图

a—仙西1井，4208.02m，E_3^2，中—粗粒岩屑砂岩，分选和磨圆好，发育板状交错层理；b—仙西1井，4848.8m，E_3^2中粒岩屑长石砂岩，分选和磨圆好，发育板状交错层理；c—北2井，3535.8m，E_3^1，浅红棕色中砂岩；d—仙东1井，3087.06m，E_3^1，中—细粒岩屑长石砂岩，分选中等，次圆状，颗粒间以点接触为主，粒间孔发育，少量粒内溶孔，孔隙连通性好，(-)×100；e—仙西1井，4211.72m，E_3^2，中—粗粒长石岩屑砂岩，分选中等—差，次棱角状，颗粒间以点—线接触为主，粒间孔发育，其次为粒间溶孔和粒内溶孔，孔隙连通性好，(-)×100；f—仙西1井，4210.77m，E_3^2，中—粗粒岩屑长石砂岩，分选中等，次棱角状，颗粒间以点接触为主，粒间孔发育，其次为粒间溶孔和粒内溶孔，(-)×100；g—仙西1井，4111.84m，E_3^2，细砂岩，方解石充填裂隙，可见微裂隙；h—北2井，3070.35 m，E_3^1，砂岩，粒间、粒表微晶石英、伊/蒙混层及残余孔隙；i—北2井，3274.27m，E_3^1，中粒长石岩屑砂岩，方解石胶结，多为粒间孔，(+)×100

以原生孔隙为主(含量达64.67%)，孔渗相关性较好。

铸体薄片及扫描电镜分析(图3)发现，深部储层主要发育原生孔隙(平均含量大于60%)，以压实—胶结剩余粒间孔为主；其次为次生孔隙，以粒间溶蚀孔和粒内溶蚀孔为主；另外还发育少量裂隙，储层较薄且非均质强，但孔隙度高于10%的有效储层发育。压汞曲线可以用来评价储层的孔隙结构，压汞曲线形态主要受孔隙分布的歪度及分选性两个因素控制，因此压汞曲线的形态在一定程度上反映孔喉的分选性、分布歪度及平均孔喉半径的影响，更全面地反映储层的储集性能，直观体现孔隙结构特征[25]。

柴北缘深部储层样品的压汞数据统计分析可以看出(图5)，孔隙喉道中等—偏细，连通性好，平均喉道分布于0.03~2.0μm，饱和度大且进汞效率

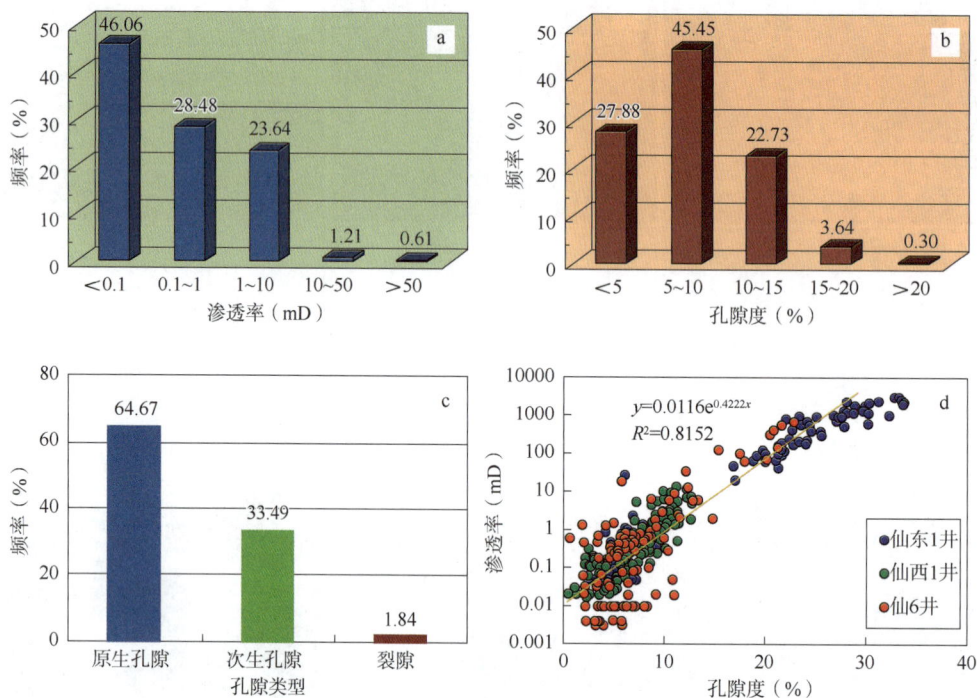

图 4　柴北缘深部下干柴沟组储层孔隙度—渗透率特征图

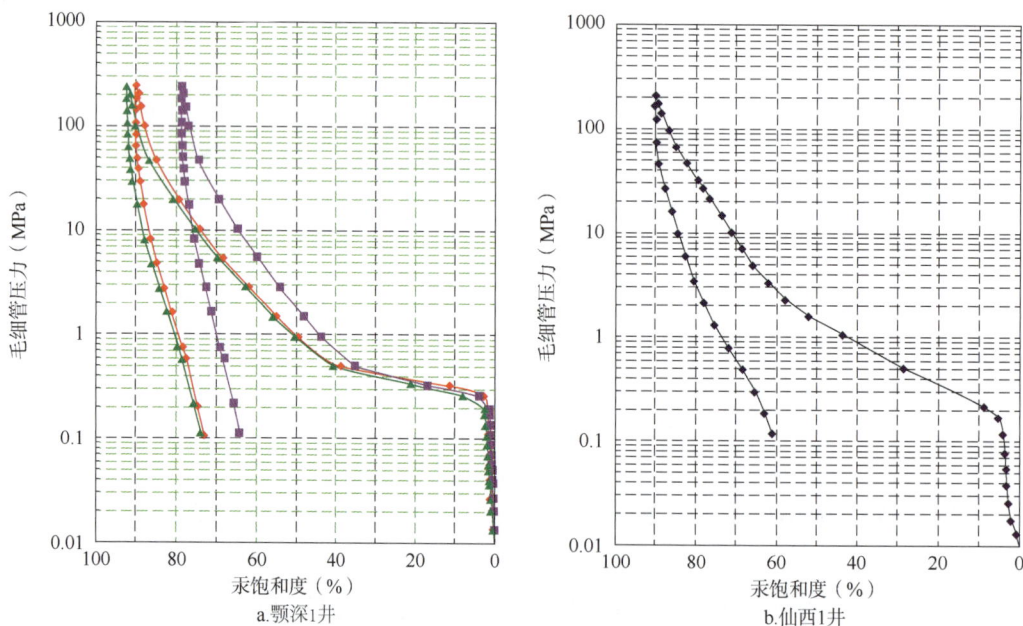

图 5　柴北缘深部典型储层压汞毛细管压力曲线图

高，进汞压力较高，退汞效率中等—偏低；压汞曲线出现近似的平台，喉道分选性较好，曲线形态以略细歪度为主。反映储层物性整体较好，可以为油气运移和储存提供良好的条件。

2.4　成岩作用及分类

　　狭义的碎屑岩成岩作用主要有压实作用和压溶作用、胶结作用、交代作用、重结晶作用、溶解作用、矿物多形转变作用等，这些作用相互联系、相互影响，共同影响和控制着碎屑沉积物（岩）的发育历史[26]。柴北缘深部储层压实作用较强，胶结作用中等，溶蚀作用发育，黏土矿物多样。柴北缘下干柴沟组（E_3^1和E_3^2）深部砂岩储层见有多种黏土矿物，主要有丝状伊利石、针状绿泥石及蜂巢状蒙皂石及伊/蒙混层矿物（图3g、h），主要充填于孔隙和喉道，对储层渗透率有一定的影响。

2.4.1 压实作用

一般情况下，砂岩储层在埋藏成岩演化的过程中会遭受强烈的机械压实作用，主要表现为碎屑颗粒的变形、重排及产生裂缝等，强度主要取决于碎屑岩的原始成分和埋藏过程[27]。柴北缘深部储层在成岩过程中压实作用较强，主要表现在深部砂岩储层埋深较大（3000～5000m），碎屑颗粒成分和结构成熟度较高，以点接触—线接触为主（图3e、i）。

2.4.2 胶结作用

胶结作用是沉积物转变成沉积岩的重要作用，也是沉积层中孔隙度和渗透率降低的主要原因之一[28]。柴北缘深部储层胶结作用中等，杂基含量较低，胶结物含量不高（低于10%），主要为硅质、方解石和黏土矿物（图3g、h、i）。

2.4.3 溶蚀作用

一般情况下，溶蚀作用是深部储层物性改善的重要因素，碎屑颗粒、胶结物和杂基等组分特征，以及颗粒裂纹和成岩缝都是影响形成次生溶蚀孔隙的关键因素[28-29]。深部砂岩储层溶蚀作用较发育，常见粒间溶蚀孔和粒内溶蚀孔，优质储层常发育较强的长石溶蚀作用（图3e、f）。

3 主控因素

有效储层的形成是沉积环境、成岩作用、构造作用共同控制形成的。沉积环境控制了储层的非均质性，是形成有效储层的基础条件，成岩作用是控制有效储层形成的关键因素，与构造作用一样，对有效储层的形成具有双重影响[7]。根据柴北缘腹部深部储层的发育情况，认为柴北缘腹部深部碎屑岩储层主控因素包括沉积相带、胶结作用和压实作用、异常高压等几个方面。

3.1 辫状河三角洲前缘控制深部有效储层的形成

沉积相是有效储层形成的基础条件。不同沉积环境的沉积砂体、沉积作用等对储层物性起决定性作用的因素不同，储层物性也会存在很大差异，同一沉积环境不同沉积相带中砂体的展布、规模、叠置样式也会不同。因此，不同沉积相对储层的影响大小不一，是有效储层形成的先决条件[7]。柴北缘腹部古近系以来沉积环境以滨浅湖和辫状河三角洲前缘为主，发育滨浅湖席状砂、水下分流河道和水下分流河道间，泥质含量整体较高，泥地比均大于2/3，大多为3/4～4/5[30]。砂岩多位于厚层泥岩段中，成分成熟度高，具有较好的分选和磨圆，砂岩中泥质含量低，储层孔隙以原生粒间孔为主，储层物性较好，有利于油气藏聚集。测井曲线显示高自然电位、高声波时差、低自然伽马的特征。

3.2 成岩作用决定深部储层的有效性

控制柴达木盆地北缘腹部地区深部储层的主要成岩作用为胶结作用和压实作用，其次为溶蚀作用。柴北缘大于3000m的深部储层原生孔隙异常发育，孔隙度主要分布在5%～10%之间，颗粒间点接触—线接触，孔隙度—渗透率相关性较好，主要得益于碳酸盐胶结作用的影响。早期碳酸盐胶结作用发育，碳酸盐胶结物以基底式胶结充填于砂岩颗粒周围，抵挡了压实作用对储层的破坏作用；晚期由于溶蚀作用，碳酸盐胶结物溶蚀后产生次生孔隙，对储层物性起到明显的改善作用[31]。除此之外，碳酸盐胶结物随深度变化曲线表明，孔隙度与碳酸盐胶结物含量呈负相关（图6），柴北缘深部优质储层中碳酸盐胶结物含量一般小于15%，如果碳酸盐胶结物含量大于15%，孔隙度、渗透率数据急剧下降，储层物性也会变差（图7）。

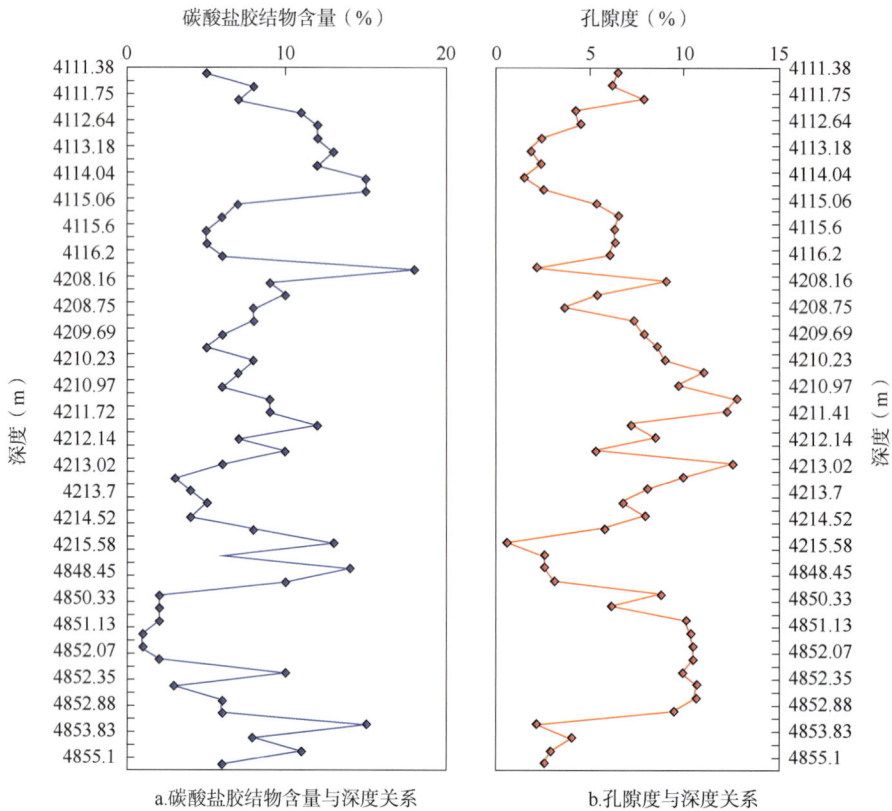

图6 柴达木盆地冷湖七号碳酸盐胶结物含量和孔隙度分布特征图

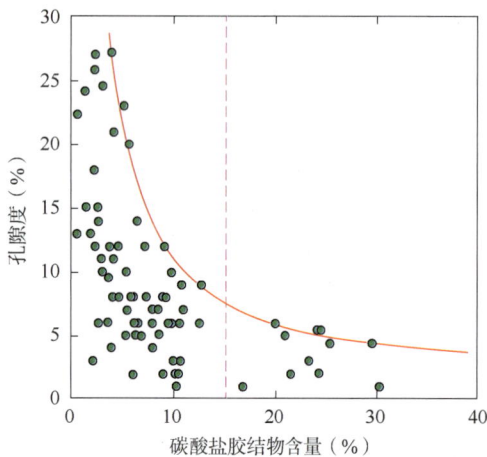

仙东1井, 3084.44m, 不等粒岩屑长石砂岩,
方解石胶结, 孔隙发育, (−) ×100

图7 碳酸盐胶结物含量对孔隙度的影响图

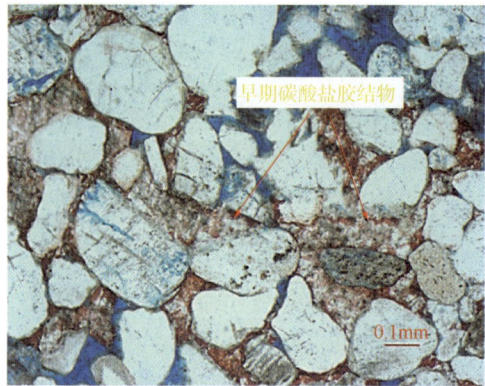

3.3 异常高压有利于深部有效储层的形成

异常高压带的形成可以延缓和抑制岩石的压溶作用[7]，减轻压实作用，有利于减缓地层压力对孔隙的破坏，使原生孔隙较好保存，在地层深部形成较好的孔渗条件[32-33]。还可以促进有机酸的形成，延长有机酸的作用时间，形成大量的次生孔隙[7]。根据测井和实测地层压力等资料分析，柴北缘腹部深部地层存在多个异常压力带，北1井、仙西1井，冷七2井，鄂深1井等在深部都存在压力异常区。压力系数可以达到1.2~1.6，为中强超压带，异常高压带具有较高孔隙度和较低密度，表现为高声波时差、低视电阻率、高氯离子含量和低碳酸盐含量，对应着原生孔隙发育带(图8)。

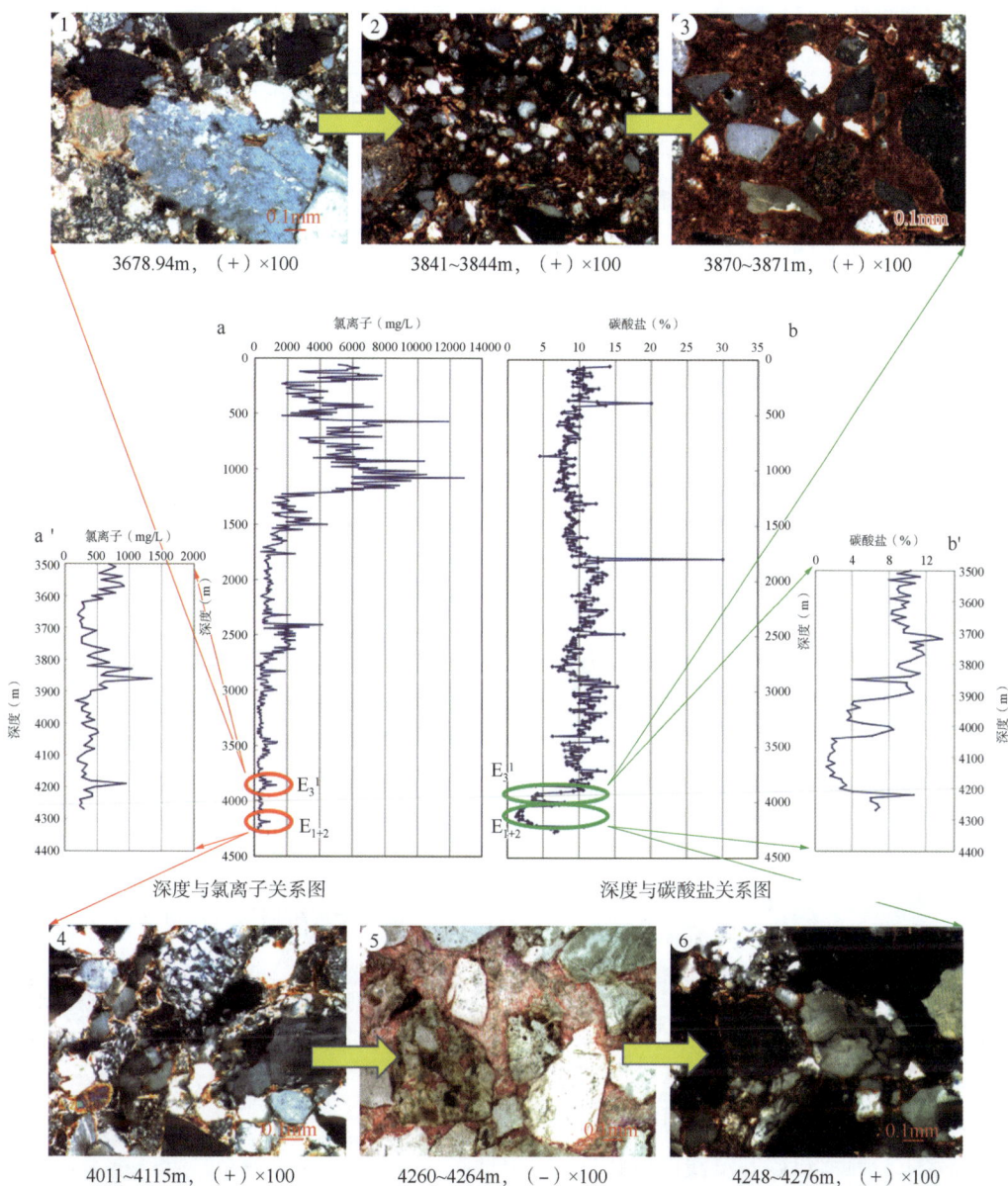

图8　北1井异常高压带异常特征和显微镜下岩石孔隙变化情况图

4　有利勘探方向

　　柴北缘深部储层以长石岩屑砂岩和岩屑长石砂岩为主，分选、磨圆较好，主要为三角洲沉积砂体。由于靠近河口，物源充沛，悬浮物质经过较长距离的淘洗，杂基含量较低、粒度较细、分选较好。成分成熟度和结构成熟度较高，具有形成优良储层的条件。储层原生孔隙发育，早期碳酸盐胶结物充填于颗粒间，对岩石颗粒起支撑作用，减少了压实作用对储层的破坏，同时异常高压的存在也保

存了大部分的原生孔隙。成岩阶段后期，部分长石颗粒和早期碳酸盐胶结物被溶蚀，形成了一定量的次生溶蚀孔，对储层物性起到改善作用。在3000～4000m和大于4000m两个深度区间内均存在不同程度的异常高压力带，对应异常高孔隙度和渗透率带，显示为优良储层。深度大于3000m的古近系深部砂岩平均孔隙度为10.7%，平均渗透率为25.74mD。深部储层物性条件随埋藏变深而变差，但在4200～4800m之间仍然可见孔隙度大于10%的有效储层，异常高压对储层起保护作用，深部有利

的天然气勘探区主要位于异常压力分布带。

5 结论

（1）柴北缘深部储层岩性以长石岩屑砂岩和岩屑长石砂岩为主，分选磨圆较好，发育辫状河三角洲前缘水下分流河道砂和滨浅湖席状砂，具有良好的成分成熟度和结构成熟度，泥质含量低；孔隙类型以原生孔隙为主，次生溶蚀孔较发育，也可见少量微裂隙；平均孔隙度为10.7%，平均渗透率为25.74mD，孔隙喉道中等—偏细，连通性好，平均喉道分布于0.03~2.0μm。

（2）深部储层主要受控于沉积环境、成岩作用和异常压力等因素。辫状河三角洲前缘水下分流河道和滨浅湖席状砂具有良好的成分和结构成熟度，泥质含量低，是形成优良储层的基础条件；成岩阶段早期碳酸盐胶结物含量小于15%，在早期长期浅埋藏，晚期快速深埋，有效保护了原生孔隙；部分长石颗粒和早期碳酸盐胶结物在成岩阶段后期被溶蚀，形成一定量的粒内溶蚀孔和粒间溶蚀孔，对物性也有一定程度的改善；砂岩上、下部均发育大套厚层泥岩，快速埋藏，储层中孔隙流体排出受阻而滞留在孔隙空间内，承担了部分负荷，削弱了正常压实作用对储层的影响，保存了大部分原生孔隙。

（3）有利天然气勘探开发区带主要位于柴北缘深部大于3000m的异常压力发育带，同时也是辫状河三角洲前缘水下分流河道砂和滨浅湖席状砂发育带。具有碳酸盐含量低、氯离子正异常、高声波时差、低电阻率的特征。

参考文献

[1] 张光亚，马锋，梁英波，等. 全球深层油气勘探领域及理论技术进展[J]. 石油学报，2015，36（9）：1156-1166.

[2] 张凯逊，白国平，曹斌风，等. 深层碎屑岩含油气储层发育特征[J]. 工程科学学报，2016，38（1）：1-10.

[3] Cao B F, Bai G P, Wang Y F. More attention recommended for global deep reservoirs[J]. Oil and Gas Journal，2013，111（9）：78-85.

[4] 李会军，吴泰然，吴波，等. 中国优质碎屑岩深层储层控制因素综述[J]. 地质科技情报，2004，23（4）：76-82.

[5] 王金鹏，史基安，姜桂凤，等. 柴达木盆地中东部地区N23生物气地球化学特征[J]. 天然气工业，2004，24（1）：13-16.

[6] 贾艳艳，邢学军，陈吉，等. 柴北缘南八仙油田古近系上部—新近系下部储层特征研究[J]. 石油天然气学报，2014，36（8）：18-26.

[7] 潘荣，朱筱敏，王星星，等. 深层有效碎屑岩储层形成机理研究进展[J]. 岩性油气藏，2014，26（4）：73-80.

[8] 于炳松，樊太亮，黄文辉，等. 层序地层格架中岩溶储层发育的预测模型[J]. 石油学报，2007（4）：41-45.

[9] 田继先，李剑，曾旭，等. 柴北缘深层天然气成藏条件及有利勘探方向[J]. 石油与天然气地质，2019，40（5）：1095-1105.

[10] 贾艳艳，史基安，申玉山，等. 柴北缘冷湖五号构造上干柴沟组储层特征研究[J]. 西南石油大学学报（自然科学版），2013，35（4）：43-50.

[11] 孙国强，陈波，郑永仙，等. 柴北缘冷湖五号构造中新统成岩作用及沉积环境[J]. 天然气地球科学，2015，26（4）：679-688.

[12] 陈吉，史基安，孙国强，等. 鄂博梁Ⅲ号构造上、下油砂山组成岩作用及对孔隙影响[J]. 兰州大学学报（自然科学版），2012，48（6）：1-7.

[13] 付锁堂，王震亮，张永庶，等. 柴北缘西段鄂博梁构造带储层碳酸盐胶结物成因及其油气地质意义：来自碳、氧同位素的约束[J]. 沉积学报，2015，33（5）：991-999.

[14] 汤国民，罗群，庞雄奇，等. 天然气藏形成过程动态物理模拟：以柴北缘鄂博梁Ⅲ号构造为例[J]. 天然气工业，2015，35（9）：24-34.

[15] 孙国强，谢梅，张永庶，等. 柴北缘马北地区下干柴沟组下段沉积特征及演化[J]. 岩性油气藏，2011，23（6）：56-61.

[16] 陈吉，谢梅，史基安，等. 柴北缘马北地区下干柴沟

组储层特征[J]. 天然气地球科学，2011，22（5）：
821-826.

[17] 国强，马进业，王海峰，等. 柴达木盆地北缘马北地区碳酸盐胶结物特征及意义[J]. 石油实验地质，2012，34（2）：134-139.

[18] 李凤杰，刘琪，刘殿鹤，等. 柴达木盆地北缘下干柴沟组储层特征及影响因素分析[J]. 天然气地球科学，2009，20（1）：44-49.

[19] 姜福杰，武丽，李霞，等. 柴北缘南八仙油田储层特征与综合评价[J]. 石油实验地质，2010，32（1）：41-45.

[20] 张杰，夏维民，徐丽，等. 柴北缘九龙山地区侏罗系致密砂岩储层成因分析[J]. 天然气地球科学，2014（增刊1）：71-78.

[21] 田继先，李剑，曾旭，等. 柴达木盆地东坪地区原油裂解气的发现及成藏模式[J]. 石油学报，2020，41（2）：154-162，225.

[22] 田继先，李剑，曾旭，等. 柴达木盆地北缘天然气地球化学特征及其石油地质意义[J]. 石油与天然气地质，2017，38（2）：355-362.

[23] 孙国强，郑建京，胡慧芳，等. 关于压陷型沉降拗陷盆地的讨论：以柴达木盆地为例[J]. 天然气地球科学，2004（4）：395-400.

[24] 赵澄林，朱筱敏. 沉积岩石学[M]. 3版. 北京：石油工业出版社，2001：102.

[25] 张满郎，李熙喆，谢武仁. 鄂尔多斯盆地山2段砂岩储层的孔隙类型与孔隙结构[J]. 天然气地球科

学，2008，19（4）：480-486.

[26] 朱筱敏. 沉积岩石学[M]. 北京：石油工业出版社，2008.

[27] 陈国俊，吕成福，王琪，等. 珠江口盆地深水区白云凹陷储层孔隙特征及影响因素[J]. 石油学报，2010，31（4）：566-572.

[28] Paxton S T, Szabo J O, Ajdukiewicz J M, et al. Construction of an intergranular volume compaction curve for evaluating and predicting compaction and porosity loss in rigid-grain sandstone reservoirs [J]. AAPG Bulletin, 2002, 86(12)：2047-2067.

[29] 高志勇，崔京钢，冯佳睿，等. 埋藏压实作用对前陆盆地深部储层的作用过程与改造机制[J]. 石油学报，2013，34（5）：867-876.

[30] 郭佳佳，孙国强，门宏建，等. 柴北缘腹部深层异常高孔—渗储层成因分析[J]. 沉积学报，2018，36（4）：777-786.

[31] 王晔桐，孙国强，杨永恒，等. 柴北缘冷湖七号地区碳酸盐胶结物特征及其意义[J]. 西南石油大学学报（自然科学版），2020，42（1）：45-56.

[32] 崔周旗，李莉，王宏霞，等. 霸县凹陷古近系深层砂岩储层特征与岩性油气藏勘探[J]. 岩性油气藏，2017，29（2）：51-58.

[33] 金凤鸣，张凯逊，王权，等. 断陷盆地深层优质碎屑岩储集层发育机理：以渤海湾盆地饶阳凹陷为例[J]. 石油勘探与开发，2018，45（2）：247-256.

鄂尔多斯盆地中部三叠系延长组下组合有机流体活动与关键成藏期次

葛云锦

陕西延长石油(集团)有限责任公司研究院，陕西西安 710075

摘　要：通过显微观察、荧光光谱、包裹体测试等，对鄂尔多斯盆地中部三叠系延长组下组合有机流体活动与关键成藏期次进行了精细研究。结果表明，下组合储层中存在 3 期油气充注，其中碳质沥青时间最早，黄白色荧光有机物次之，蓝白色荧光有机物充注时间最晚。包裹体均一温度结合埋藏史表明，3 期成藏时间分别为侏罗纪中晚期、侏罗纪末期—早白垩世早期、早白垩世晚期。有晚期蓝白色荧光有机物的区域一般有早期碳质沥青或黄白色荧光有机物发育，而有早期碳质沥青或黄白色荧光有机物的区域则不一定有晚期蓝白色荧光有机物发育，表明晚期蓝白色荧光有机物的充注与早期油气充注具有密切的关系。早期油气充注改变了储层润湿性，形成特低渗储层中的优势运移通道，晚期油气优先沿着优势通道运移。侏罗纪末期—早白垩世早期是研究区下组合油气成藏的关键时期。

关键词：鄂尔多斯盆地中部；延长组下组合；油气成藏；关键时期；均一温度

Organic Fluid Activity and Key Accumulation Period of Lower Yanchang Formation, Central Ordos Basin

Ge Yunjin

Reseach Institute of Shanxi Yanchang Petroleum (Group) Co., Ltd., Xi'an, Shanxi 710075, China

Abstract：Based on the Microscopic observation, fluorescence spectrum, fluid inclusion, we discussed the organic fluid activity and key accumulation period of the Lower Yanchang Formation in central Ordos Basin. The results show that there are three phases of charged oil in the Lower Yanchang Formation. The carbonaceous bitumen is the earliest Organic fluid activity, followed by the yellow-white fluorescent organic matter, and the blue-white fluorescent organic matter is the latest. The 3 periods of reservoir accumulation are the middle- late Jurassic, the late stage of Jurassic-early stage of Early Cretaceous, and late stage of Early Cretaceous. Areas with late blue-white fluorescent organics generally have early carbonaceous pitch or yellow fluorescent organics. And areas with early carbonaceous bitumen or yellow fluorescent organic matter may not necessarily have late blue-white fluorescent organic matter. It is shown that the filling of late blue-blue-white fluorescent organic matter is closely related to the filling of early oil and gas. The reason is that the early oil and gas filling changed the reservoir wettability and formed the dominant migration channel in the ultra-low permeability reservoir. Late oil and gas migration occurs preferentially along the dominant channel. End of Jurassic and early stage of Early Cretaceous are the critical

---

第一作者简介：葛云锦，1981 年生，男，博士，高级工程师，现从事非常规油气勘探和科研工作。

邮箱：121853731@qq.com

stage for the hydrocarbon accumulation of the Lower Yanchang Formation in the study area.

Key words：central Ordos Basin；lower Yanchang Formation；hydrocarbon accumulation；critical stage；homogenization temperature

沉积物沉积成岩后，经历了漫长的地质演化，地层中的流体也在不断演变，贯穿着沉积物成岩成储的全过程。其中，有机流体的活动记录了油气生成、运移、聚集的信息，受到油气工作者的普遍关注，常被用来进行油气成藏期次的研究。前人利用有机流体及其伴生的流体包裹体对鄂尔多斯盆地延长组成藏期次进行了分析，取得了诸多成果[1-17]。多数学者认为延长组石油主要为两期成藏[3-5,7-8,15]，但也有三期[1,14,16]和一期连续成藏[6,10,17]的观点存在。但前人很少针对有机流体的性质进行分期次研究，只是对与有机流体伴生的流体包裹体及其均一温度进行分期，确定成藏期次，导致不同期次的流体包裹体可能混在一起，影响研究准确度。有学者专门开展了鄂尔多斯盆地延长组有机流体活动期次的划分，但是未对有机流体活动的相关关系开展分析[18]。本文以鄂尔多斯盆地中部吴起—志丹地区延长组下组合为研究对象，在显微镜观察基础上，利用显微荧光技术，从源头上对有机流体活动期次进行精细划分，分析有机流体之间的关系，明确关键的有机流体充注期次。结合包裹体描述、均一温度、荧光光谱及油气充注史，确定关键成藏期，为研究区延长组下组合石油勘探提供新的思路。

1 地质概况

鄂尔多斯盆地是我国第二大含油气盆地，主要含油地层为上三叠统延长组，为一套完整的进积—垂向加积—退积的沉积序列组成的砂泥岩地层。延长组可分为10个油层组，长10—长7油层组沉积期为湖盆形成到发展的湖进期，以长7油层组为界限，下部地层合称为下组合。延长组下组合发育长7、长9、长10油层组共3套烃源岩，油源丰富。

延长组主要产层为上部长6—长1油层组，下组合是石油勘探下步重点扩展方向，但其储层基本为致密砂岩储层，孔隙度小于10%，渗透率在0.3mD左右。

2 储层中有机流体特征

2.1 有机流体显微特征

研究区下组合储层中有机流体可分为3类，分别为碳质沥青、黄白色荧光有机物、蓝白色荧光有机物。

2.1.1 显微镜下特征

2.1.1.1 黑色碳质沥青

碳质沥青在单偏光、正交光和反射光观察时均呈黑色、不透明，荧光光谱仪观察也呈黑色（图1a、b）。下组合储层中的碳质沥青多残留于孔隙边缘，部分被后期的有机物溶解，还有部分碳质沥青赋存于层理缝、水平压实收缩缝内，以及绿泥石膜和暗色纹层中的云母层间缝中。

2.1.1.2 黄白色荧光有机物

观察荧光薄片时发现大量黄白色荧光有机物，主要赋存于粒间孔和部分长石、方解石的解理缝、碎裂石英的愈合缝和绿泥石膜中。一些黄白色荧光有机物被蓝白色—蓝色荧光有机物围绕，二者接触部位因混合发黄绿色荧光。还可见部分黄白色荧光有机物溶解了碳质沥青（图1c、d），使碳质沥青呈现不规则状。

2.1.1.3 蓝白色荧光有机物

蓝白色荧光有机物是下组合含油砂岩最常见的有机物，主要赋存于粒间孔、黏土矿物晶间孔、矿物愈合缝和绿泥石膜中（图1e、f、g、h）。

a. 碳质沥青照片（单偏光）4089井，2222.33m

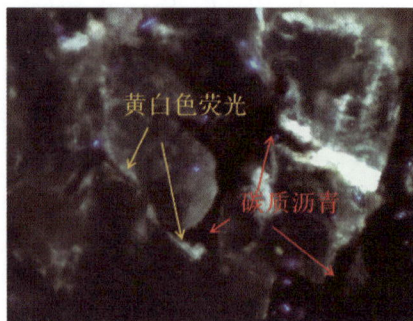

b. 碳质沥青照片（荧光），对应a

c. 黄白色荧光有机物溶蚀碳质沥青（单偏光）DT3251井，2676.5m

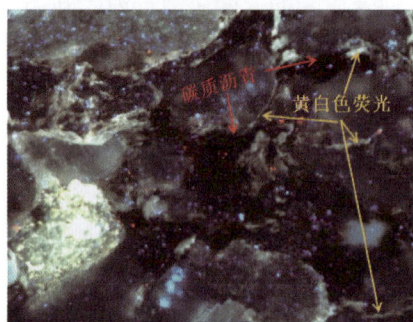

d. 黄白色荧光有机物溶蚀碳质沥青荧光照片，对应c

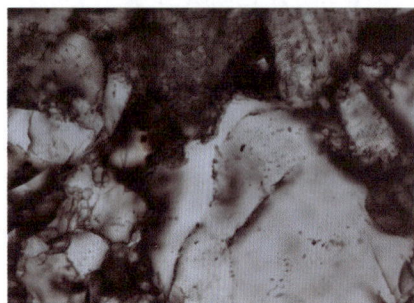

e. 蓝白色荧光有机物与黄白色荧光有机物关系（单偏光）DZ3251井，2676.5m

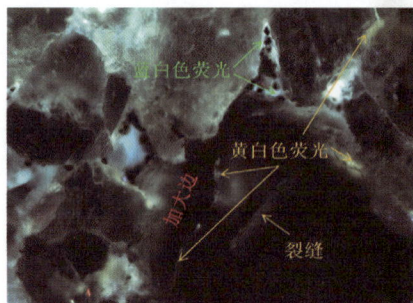

f. 蓝白色、黄白色荧光有机物荧光照片，对应e

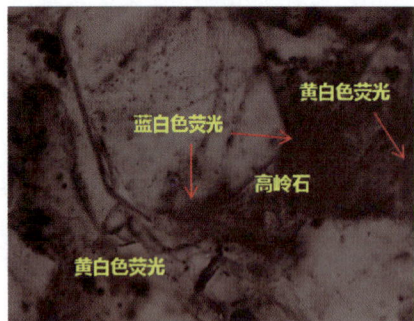

g. 蓝白色荧光有机物与黄白色荧光有机物关系（单偏光）JT564井，1887.5m

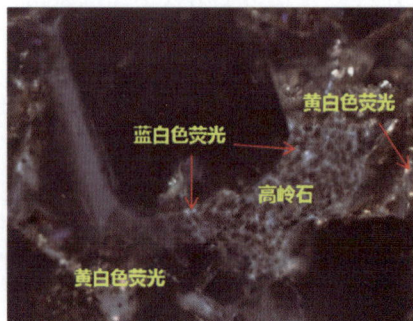

h. 蓝白色、黄白色荧光有机物荧光照片，对应g

图1　不同期次有机物镜下特征图

2.1.2 荧光光谱特征

用荧光光谱仪分析了不同有机物的光谱特征。图2a为DZ3254井长9油层组含油砂岩中黄白荧光有机物的发育特征及其对应的荧光光谱，其主峰波长为544.81nm。图2b为F10井长9油层组含油砂岩中蓝白色荧光有机物的发育特征及其对应的荧光光谱，主峰波长为486.38nm。统计结果显示，黄白色荧光有机物的荧光光谱主峰波长变化在509.8～549.36nm之间，平均为527.4nm；蓝白荧光有机物的荧光光谱主峰波长变化在465.74～494.29nm之间，平均为478.7nm。

2.1.3 有机流体活动期次

大量薄片观察发现，碳质沥青往往残留于孔隙边缘，附着于矿物表面，部分被后期有机物溶解，未见到黑色碳质沥青包围或溶解其他有机物。黄白色荧光有机物发育范围大于碳质沥青，与碳质沥青共生时可见黄白色荧光有机物包裹碳质沥青，部分将碳质沥青溶解成为弯曲状、单点状、蚯蚓状(图1c、d)，表明其活动时期晚于碳质沥青。蓝白色荧光有机物发育范围最广，说明其可能是有机物活动规模最大期次的产物。镜下常见蓝白色荧光有机物包围或溶解黄白色荧光有机物，如图1f可见，黄白色荧光有机物浸染绿泥石膜，其外发育石英加大边，石英加大后的残余粒间孔被发蓝白色荧光有机物充填，由此可见，黄白色荧光的有机物应该在发蓝白色荧光的有机物之前充注。图1h可见，储层粒间孔内充填大量高岭石，之前有一期黄白色荧光有机物充注，后高岭石晶间孔被蓝白色荧光有机物充注。

荧光光谱显示(图2)，蓝白色荧光有机物的荧光波长要明显短于黄白色荧光有机物光谱主峰波长，出现明显的蓝移现象，反映蓝白色荧光有机物比黄白色荧光有机物中的小分子含量增加，成熟度升高。说明蓝白色荧光有机物的形成时间要晚于黄

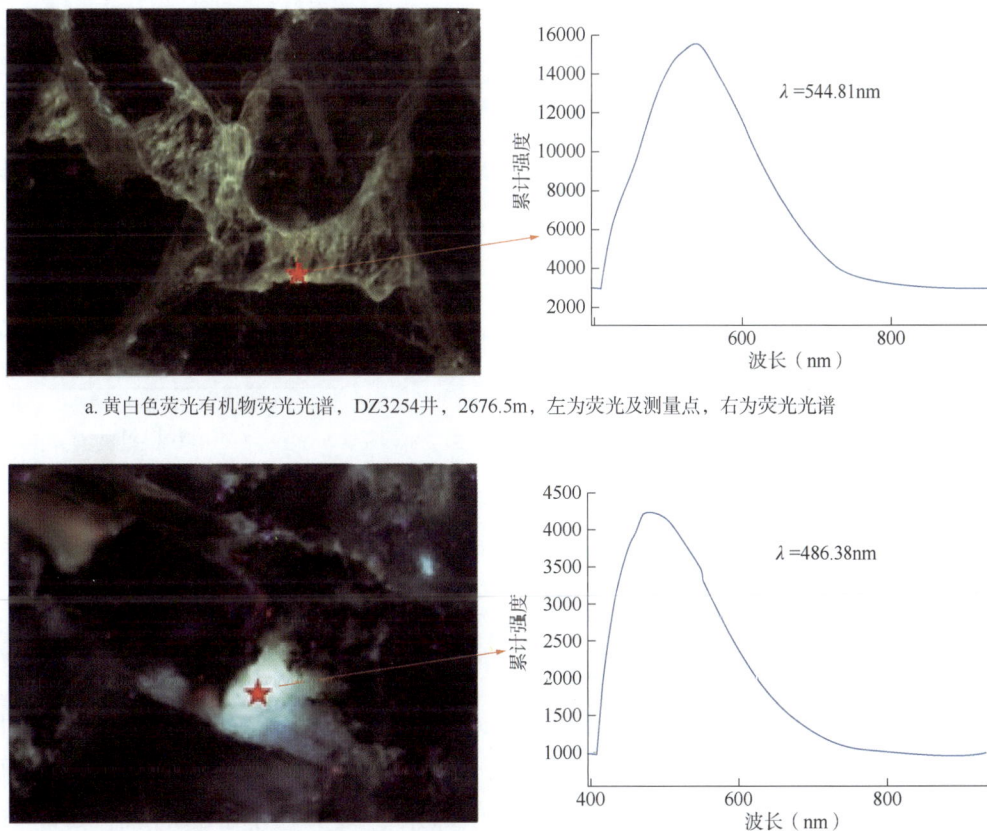

a. 黄白色荧光有机物荧光光谱，DZ3254井，2676.5m，左为荧光及测量点，右为荧光光谱

b. 蓝白色荧光有机物荧光光谱，F10井，2114.44m，左为荧光及测量点，右为荧光光谱

图2　不同期次有机物分布和荧光特征图

白色荧光有机物的形成时间。

综上所述，下组合储层中发育 3 期有机流体活动，碳质沥青最早，黄白色荧光有机物次之，蓝白色荧光有机物活动时间最晚。

2.2 包裹体特征

研究区下组合流体包裹体非常发育，主要发育于石英与碳酸盐胶结物中。石英次生加大边、裂缝中均有流体包裹体产出。碳酸盐胶结物中包裹体主要以愈合裂隙及群体包裹体形式出现，包裹体形态多样，主要有圆形、椭圆形、长条形、次棱角形、三角形及不规则形。包裹体的形状与其产状相关，较大石英颗粒及碳酸盐胶结物愈合裂隙中的包裹体以椭圆与圆形居多。石英颗粒与碳酸盐胶结物中呈散布状分布的含油群体包裹体往往呈圆形及不规则形态，颗粒边缘微裂隙所捕获的包裹体可常见长条形与椭圆形。盐水群体包裹体常见不规则形态，而孤立分布的包裹体形态较多，圆形、三角形、次棱角形及不规则形态均有发育。含油包裹体多为椭圆状、近圆状，荧光颜色有黄白色、蓝色、蓝白色。对含油包裹体测试了荧光光谱，发黄白色荧光的包裹体主峰波长处于 509.8 ～ 549.36nm，发蓝色、蓝白色荧光包裹体的主峰波长处于 465.74 ～ 494.29nm，与对应有机物基本一致。荧光颜色及光谱是不同成熟度油气的直接显示标志，可表征不同期次的油气充注。储层中观察到比较丰富的荧光颜色，说明曾发生过多期油气充注事件。

3 成藏期次

3.1 包裹体测温

与烃类包裹体共生的盐水包裹体的均一温度被认为代表了包裹体捕获时期地层温度的最低值，因此可以通过测试与烃类包裹体共生的盐水包裹体的均一温度来确定油气成藏期次。本次分别选取了与不同成熟度有机物共生的盐水包裹体进行均一测温，共测试了 126 块下组合储层样品中的 500 余个

包裹体的均一温度。数据显示，研究区包裹体均一温度分布可分为早、中、晚三期，三期的均一温度分布区间分别为 65 ～ 70℃、76 ～ 87℃和 97 ～ 120℃（图 3）。将均一温度分布区间与研究区埋藏史和热史图（图 4）对照，显示三期油气充注发生的时间分别为侏罗纪中晚期、侏罗纪末期—早白垩世早期、早白垩世晚期。

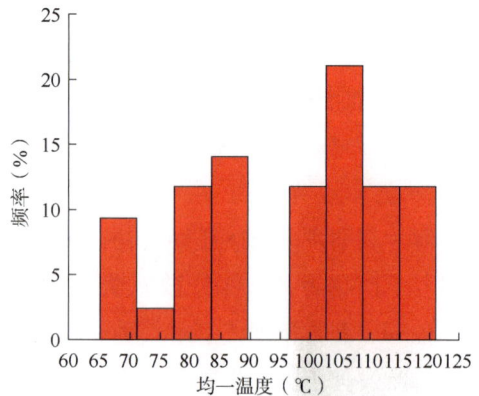

图 3 包裹体均一温度分布图

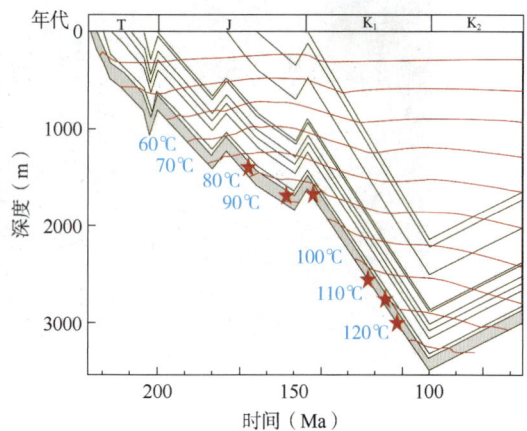

图 4 DT3217 井埋藏史与成藏期次图

3.2 关键成藏期

储层颗粒和填隙物的表面与流体相互作用的性质决定了颗粒表面的润湿性。石英一般表现较强的亲水性，但在油水混合液中的石英表面优先形成水膜，其表面与有机极性分子相互作用可使石英变为油润湿。如果早期充注的原油，在石英的表面形成碳质沥青膜，那么石英的亲油性则不可逆转。碳质沥青是原油遭到破坏的产物，具有亲油属性。研究

区早期充注的原油（碳质沥青和黄白色荧光有机物）的成熟度较低，含有大量的有机极性分子，易使石英、长石、黏土矿物及方解石等颗粒表面的润湿性向亲油转化。早期原油形成的有机物膜附着在颗粒表面，使颗粒的亲油性不可逆转。镜下观察就发现部分长石、方解石颗粒或胶结物在紫外光的照射下，发黄白色荧光。表明这部分长石、方解石颗粒或胶结物被发黄白色荧光的油膜覆盖，具有较强的亲油倾向。

对不同井、同一井不同岩石薄片中黑色碳质沥青、黄白色荧光和蓝白色荧光有机物的大量观察发现，晚期蓝白色荧光有机物分布具有明显的规律，其一般和早期的碳质沥青、黄白色荧光有机物共存。

图5为JT564井含油砂岩薄片中不同类型沥青发育和分布的统计结果，有晚期蓝白色荧光有机物的区域一般有早期碳质沥青或黄白色荧光有机物发育，而有早期碳质沥青或黄白色荧光有机物分布的区域则不一定有晚期蓝白色荧光有机物发育。其他井也存在同样的规律，这表明，晚期蓝白色荧光有机物的充注与早期原油充注具有密切的关系。

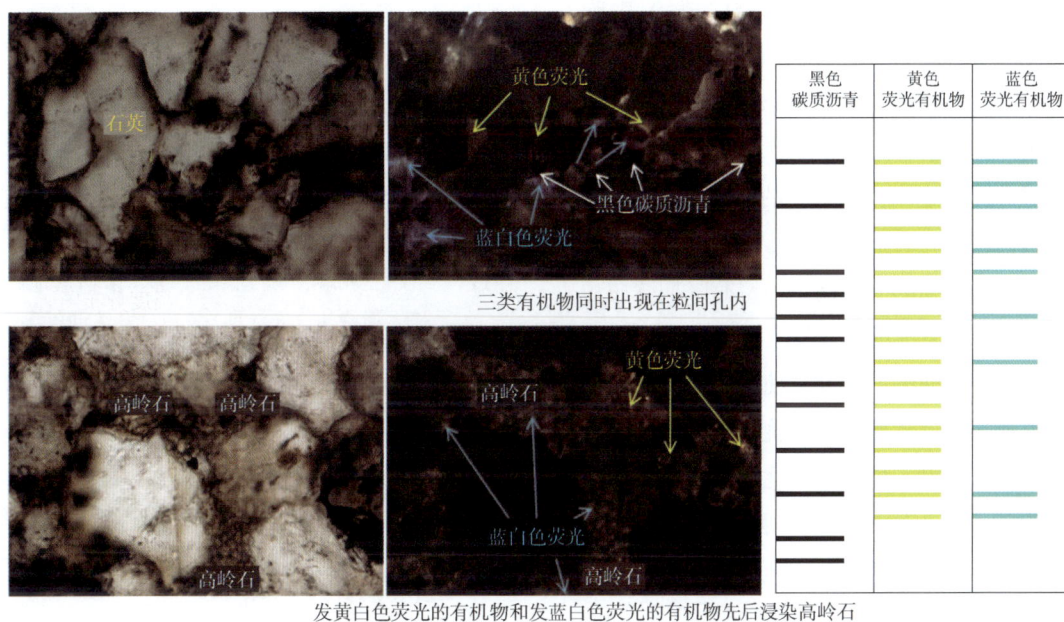

图5 孔隙中有机物荧光丰度统计图(JT564井，1887.5m)

侏罗纪中晚期油气充注后形成的碳质沥青、侏罗纪末期—早白垩世早期发黄白色荧光有机物所代表的油气充注会使储层的润湿性发生改变，由亲水变成亲油或中性。储层古物性恢复表明，研究区下组合砂岩物性在侏罗纪中晚期还表现为中孔、中低渗的特征，早白垩世早期的快速深埋作用才使储层变致密，成为低孔、低渗—特低渗储层。而早期碳质沥青、黄白色荧光有机物分别形成于侏罗纪中晚期、侏罗纪末期—早白垩世早期，此时储层还未变成低孔—特低渗，长7、长9、长10烃源岩生成的原油可排入下组合储层中，在浮力作用下发生二次运移和聚集，但早期形成的原油被破坏成沥青，且

由于排油量有限，分布范围局限。侏罗纪末期—早白垩世早期烃源岩开始一期大面积排油、运移，使油气运移路径及聚集区的砂岩润湿性发生改变，由亲水变成亲油或中性的混合润湿。早白垩世晚期下组合烃源岩进入生排油高峰，尽管早白垩世早期的快速深埋作用使储层变致密，但经历过早期油气运移或聚集的储层岩石润湿性已由亲水变成混合润湿，毛细管力不再是油气运移的阻力，烃源岩排出的油气可沿早期油气运移的路径在特低渗砂岩中运移、聚集。在未被早期油气充注过的砂岩储层中，由于其特低孔—特低渗的特征，且储层表面亲水，烃源岩排出的原油难以克服毛细管阻力在其中运

移、聚集。这可能是造成晚期蓝白色荧光有机物的充注与早期原油充注具有密切关系的原因。由此可见，侏罗纪末期—早白垩世早期（即第二期油气充注发生时）是研究区油气成藏的关键时期。

4 结论

（1）鄂尔多斯盆地中部三叠系延长组下组合储层中存在三期有机流体活动，分别为黑色碳质沥青、发黄白色荧光的有机物、发蓝白色荧光的有机物，显示发育了三期原油充注。

（2）碳质沥青充注时间最早，为侏罗纪中晚期；黄白色荧光有机物活动时间为侏罗纪末期—早白垩世早期；蓝白色荧光有机物活动时间最晚，为早白垩世晚期，是规模最大的一期。

（3）有晚期蓝白色荧光有机物的区域一般有早期碳质沥青或黄白色荧光有机物发育，而有早期碳质沥青或黄白色荧光有机物的区域则不一定有晚期蓝白色荧光有机物发育。究其原因是先期充注的有机流体改变了储层矿物颗粒表面的润湿性，使其由亲水改变为混合润湿，形成了特低渗储层中的优势运移通道，后期大规模生成的原油沿着优势通道运聚；没有优势通道的地方，原油难以克服特低渗储层的毛细管阻力，难以运移成藏。侏罗纪末期—早白垩世早期的有机流体活动时期是研究区油气成藏的关键时期。

参考文献

[1] 罗晓容，张刘平，杨华，等. 鄂尔多斯盆地陇东地区长81段低渗油藏成藏过程[J]. 石油与天然气地质，2010，31(6)：770-778.

[2] 罗春艳，罗静兰，罗晓容，等. 鄂尔多斯盆地中西部长8砂岩的流体包裹体特征与油气成藏期次分析[J]. 高校地质学报，2014，20(4)：623-634.

[3] 时保宏，张艳，陈杰，等. 鄂尔多斯盆地定边地区中生界油藏包裹体特征及地质意义[J]. 石油学报，2014，35(6)：1087-1094.

[4] 时保宏，张艳，张雷，等. 鄂尔多斯盆地延长组长7致密储层流体包裹体特征与成藏期次[J]. 石油实验地质，2012，34(6)：599-603.

[5] 李荣西，席胜利，邸领军. 用储层油气包裹体岩相学确定油气成藏期次：以鄂尔多斯盆地陇东油田为例[J]. 石油与天然气地质，2006，27(2)：194-199.

[6] 曹青，赵靖舟，柳益群. 鄂尔多斯盆地蟠龙地区延长组长2、长6段流体包裹体研究[J]. 石油实验地质，2013，35(4)：384-388.

[7] 时保宏，张艳，张雷，等. 运用流体包裹体资料探讨鄂尔多斯盆地姬塬地区长9油藏史[J]. 石油与天然气地质，2015，36(1)：17-22.

[8] 黄志龙，江青春，席胜利，等. 鄂尔多斯盆地陕北斜坡带三叠系延长组和侏罗系油气成藏期研究[J]. 西安石油大学学报（自然科学版），2009，24(1)：21-24.

[9] 梁宇，任战利，史政，等. 鄂尔多斯盆地富县—正宁地区延长组油气成藏期次[J]. 石油学报，2011，32(5)：741-748.

[10] 唐建云，张刚，史政，等. 鄂尔多斯盆地丰富川地区延长组流体包裹体特征及油气成藏期次[J]. 岩性油气藏，2019，31(3)：20-26.

[11] 丁超，郭顺，郭兰，等. 鄂尔多斯盆地南部延长组长8油藏油气充注期次[J]. 岩性油气藏，2019，31(4)：21-31.

[12] 付金华，柳广弟，杨伟伟，等. 鄂尔多斯盆地陇东地区延长组低渗透油藏成藏期次研究[J]. 地学前缘，2013，20(2)：125-131.

[13] 宋世骏，刘森，梁月霞. 鄂尔多斯盆地西南部长8致密油层油气成藏期次和时间[J]. 断块油气田，2018，25(2)：141-145.

[14] 胡才志，罗晓容，张立宽，等. 鄂尔多斯盆地中西部长9储层差异化成岩与烃类充注过程研究[J]. 地质学报，2017，91(5)：1141-1157.

[15] 张凤奇，钟红利，张凤博，等. 鄂尔多斯盆地X地区延长组长7油层组致密油藏流体包裹体特征及成藏期次[J]. 兰州大学学报（自然科学版），2016，52(6)：722-727.

[16] 徐正建，刘洛夫，王铁冠，等. 鄂尔多斯盆地陇东地区上三叠统长7湖相致密油成藏动力分析[J]. 矿物岩石地球化学通报，2017，36(4)：637-649.

[17] 刘显阳，惠潇，李士祥. 鄂尔多斯盆地中生界低渗透岩性油藏形成规律综述[J]. 沉积学报，2012，30(5)：964-974.

[18] 杨超，贺永红，马芳侠，等. 鄂尔多斯盆地南部三叠系延长组有机流体活动期次划分[J]. 天然气地球科学，2018，29(5)：655-664.

四川盆地震旦系顶不整合发育特征及形成古环境

马行陟[1,2]，戴博凯[1,2]

1 中国石油勘探开发研究院，北京 100083；
2 中国石油天然气集团公司盆地构造与油气成藏重点实验室，北京 100083

摘　要： 四川盆地安岳大气田震旦系灯影组气藏的形成受不整合的控制，研究震旦系顶不整合的形成古环境对于成储、成藏的影响具有重要意义。本研究对四川盆地西部震旦系灯影组地质露头剖面进行了勘查，选取川西南的张村和川西北国华等剖面的风化黏土层及其上下岩石样品，并对其开展了岩石微量元素、主量元素及同位素的分析，探讨桐湾运动末期不整合形成的古环境。研究表明，川西南张村风化黏土层与川西北国华风化黏土层的特征有着显著差异，前者为 Al_2O_3 和 SiO_2 元素为主的淡蓝色铝土风化壳，后者则是以 Fe_2O_3 为主的褐红色铁质风化壳。西南张村风化黏土层 Th/U 和 Rb/Sr 是 3.61 和 26.45，川西北国华风化黏土层的 Th/U 和 Rb/Sr 是 0.31 和 0.26，相差 10 多倍，反映了两者潮湿和干旱的形成环境。风化黏土层表现为明显的碳、氧同位素低负值，指示了大气淡水成岩环境。在稀土元素含量和分布方面，发现存在负铈异常和负铕异常，并且川西南剖面的负铈异常大于川西北国华剖面，开放的氧化环境和湿润气候条件导致铈和铕损失，使沉积岩具有负铈和铕异常特征。综上所述，桐湾运动末期，震旦系顶不整合的形成是在一个炎热潮湿的氧化环境，不同的是川西南地区是一个雨量更充沛湿热气候，而川西北则相对干旱。

关键词： 四川盆地；震旦系；不整合；古环境；风化壳

Characteristics and Formation Paleoenvironment of Unconformity at the Top of Sinian System in Sichuan Basin

Ma Xingzhi[1,2], Dai Bokai[1,2]

1 Petrochina Research Institute of Petroleum Exploration & Development, Beijing 100083, China;
2 Key Laboratory of Basin Structure and Hydrocarbom Accumulation, CNPC, Beijing 100083, China

Abstract: The formation of Dengying Formation of Sinian gas reservoir in Anyue gas field is obviously controlled by unconformity in the Sichuan Basin. It is of great significance to study the formation and paleoenvironment of top unconformity of Sinian. This study explored the geological outcrop profile of Sinian Dengying Formation in Western Sichuan Basin. Many samples from Zhangcun section in Southwest Sichuan and Guohua section in Northwest Sichuan were selected. The analysis of trace elements, major elements and isotopes in samples were carried out to explore the Paleoenvironment of the unconformity. Results show that there is an obvious weathered clay layer between Sinian and Cambrian strata in Zhangcun section. Zhangcun's sample is light blue bauxite weathering crust dominated by Al_2O_3 and SiO_2, while Guohua's sample is maroon iron weathering crust dominated by Fe_2O_3. In the trace element composition, the biggest

---

第一作者简介： 马行陟，1984 年生，博士，高级工程师，主要从事油气成藏方面研究工作。

邮箱：maxingzhi@petrochina.com.cn

difference between Southwest Zhangcun weathered clay layer and Northwest Sichuan Guohua weathered clay layer is that the Th/U ratio and Rb/Sr ratio of the former are 3. 61 and 26. 45, while the Th/U ratio and Rb/Sr ratio of the latter are 0. 31 and 0. 26. It reflects the different formation environment. The samples of the two sections have low negative values of carbon and oxygen isotopes, indicating the diagenetic environment of atmospheric fresh water. The REE content show that there are negative europium anomaly and negative thulium anomaly. The negative europium anomaly of the sample from Zhangcun section is greater than that of Guohua section in Northwest Sichuan. Open oxidation environment and humid climate conditions lead to the loss of europium and thulium. Europium and thulium losses are also related to tectonic setting, sedimentary diagenetic age, hydrothermal action and source rock type. Therefore, at the end of the Tongwan movement, the Sinian top unconformity was formed in a hot and humid oxidation environment. The difference is that southwest Sichuan has a humid and hot climate with more rainfall, while Northwest Sichuan is relatively dry.

Key words：Sichuan Basin；Sinian；unconformity；paleoenvironment；weathering crust

地层不整合是指上下两套不同时代地层之间出现过沉积间断或地层缺失的地层接触关系，是地壳中普遍和重要的地质现象，其形成与区域性地壳运动、海（湖）平面升降及局部构造作用有关，是研究构造活动历史或构造旋回划分、岩石地层单位划分的重要依据[1-4]。在沉积盆地中，地层不整合影响和控制着油气藏的形成和分布，一方面是油气运移的有利通道，另一方面不整合面上下可形成大量圈闭，目前世界已发现油气的 20%~30% 与地层不整合面有关[5]。四川盆地是一个大型多构造旋回的叠合含油气盆地，发育了多期地层不整合。迄今为止，四川盆地已在 20 多个层系中发现工业油气田，尤其是多个古生界大型—特大型海相碳酸盐岩气田（如普光气田、元坝气田、龙岗气田等）的形成和分布与不整合的发育关系密切。2013 年川中安岳地区深层元古宇震旦系灯影组和寒武系龙王庙组取得重大突破和发现，探明了储量规模超万亿立方米的特大型气田。研究表明，安岳气田震旦系灯影组气藏为构造—地层复合型圈闭，发育于震旦系顶不整合之下，气藏的形成明显受不整合的影响和控制。因此，开展四川盆地震旦系顶不整合分布及形成古环境研究对于认识大型碳酸盐岩天然气藏的

形成和分布具有一定的指导意义。本文通过不整合面上下地层分布和对接关系研究，并结合野外露头剖面观测、岩石常量元素、微量元素和同位素等分析，明确四川盆地震旦系顶不整合分布和演化过程，揭示四川盆地北部和西南部震旦系顶不整合形成的古环境，为四川盆地震旦系天然气下一步勘探提供有利帮助。

1 地质背景

四川盆地位于中国西南部，属扬子准台地西北部的次一级构造单元，是一个具有明显"菱状"特征的典型叠合盆地，其构造演化过程主要经历了 4 个阶段：前震旦纪的基底形成阶段、震旦纪—早寒武世克拉通内裂陷构造形成与充填阶段，寒武纪到中三叠世纪的前陆盆地阶段和侏罗纪—中新世坳陷盆地阶段[6-9]。自南华纪以来，四川盆地在长期的发展过程中经历了 6 个构造旋回（图 1）：扬子旋回（包括晋宁运动、澄江运动和桐湾运动）、加里东旋回（加里东运动）、海西旋回（包括广西运动、云南运动、东吴运动）、印支旋回（包括中三叠世末的早印支运动和晚三叠世末的晚印支运动）、燕山旋回

（包括侏罗纪—白垩纪的构造运动）、喜马拉雅旋回，在板块构造活动与区域性海侵—海退事件的影响下，发育 4 个一级旋回，形成盆地内部可识别 9 个不整合面[10-12]，分别是 Z/AnZ、Є/Z、O/Є、D/S、P/AnP、P_2/P_1、T_3/T_2、J/T 和 K/J 不整合（图1），其中桐湾运动末期形成的寒武系与震旦系的不整合（Є/Z）、志留纪末的加里东晚期运动形成的泥盆系或石炭系或二叠系与志留系及更老地层的不整合（D/S）和中三叠世末的印支运动早幕上三叠统与中三叠统及更老地层的不整合（T_3/T_2）这 3 套重要的不整合面与油气的聚集成藏有密切关系。

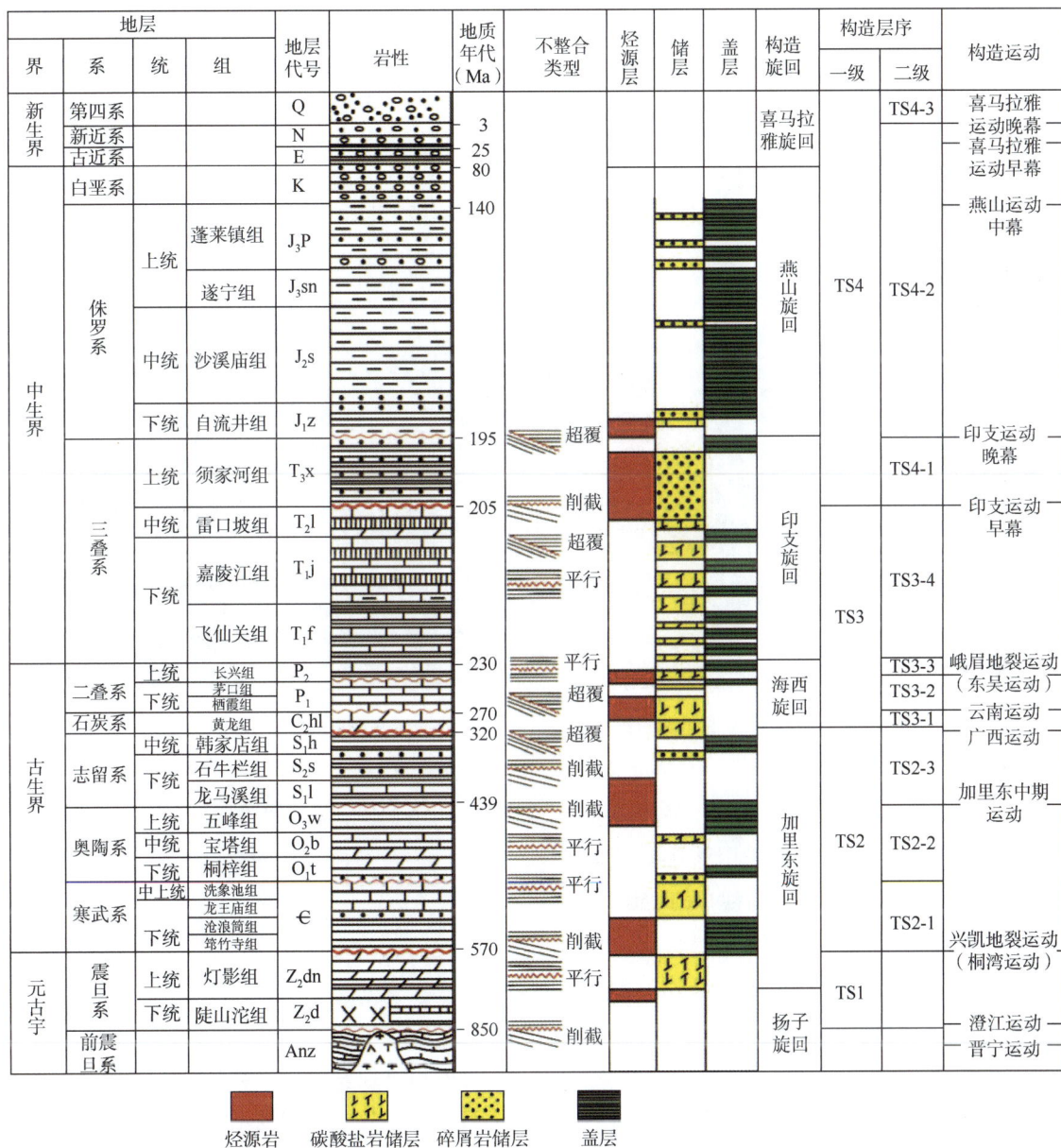

界	系	统	组	地层代号	岩性	地质年代(Ma)	不整合类型	烃源层	储层	盖层	构造旋回	构造层序 一级	构造层序 二级	构造运动
新生界	第四系			Q		3					喜马拉雅旋回	TS4	TS4-3	喜马拉雅运动晚幕
新生界	新近系			N		25								喜马拉雅运动早幕
新生界	古近系			E		80								
中生界	白垩系			K		140								燕山运动中幕
中生界	侏罗系	上统	蓬莱镇组	J_3P							燕山旋回		TS4-2	
中生界	侏罗系	上统	遂宁组	J_3sn										
中生界	侏罗系	中统	沙溪庙组	J_2s										
中生界	侏罗系	下统	自流井组	J_1z		195	超覆						TS4-1	印支运动晚幕
中生界	三叠系	上统	须家河组	T_3x		205	削截				印支旋回			
中生界	三叠系	中统	雷口坡组	T_2l			超覆							印支运动早幕
中生界	三叠系	下统	嘉陵江组	T_1j			平行						TS3-4	
中生界	三叠系	下统	飞仙关组	T_1f			平行					TS3		
古生界	二叠系	上统	长兴组	P_2		230	平行				海西旋回		TS3-3	峨眉地裂运动（东吴运动）
古生界	二叠系	下统	茅口组/栖霞组	P_1		270	超覆						TS3-2	云南运动
古生界	石炭系	中统	黄龙组	C_2hl		320	超覆						TS3-1	广西运动
古生界	志留系	上统	韩家店组	S_3h			削截				加里东旋回		TS2-3	加里东中期运动
古生界	志留系	下统	石牛栏组	S_2s										
古生界	志留系	下统	龙马溪组	S_1l		439	削截							
古生界	奥陶系	上统	五峰组	O_3w			平行					TS2	TS2-2	
古生界	奥陶系	中统	宝塔组	O_2b			平行							
古生界	奥陶系	下统	桐梓组	O_1t										
古生界	寒武系	中上统/下统	洗象池组/龙王庙组/沧浪铺组/筑竹寺组	Є			削截						TS2-1	兴凯地裂运动（桐湾运动）
元古宇	震旦系	上统	灯影组	Z_2dn		570	平行				扬子旋回	TS1		
元古宇	震旦系	下统	陡山沱组	Z_2d		850	削截							澄江运动
	前震旦系			Anz										晋宁运动

烃源岩　碳酸盐岩储层　碎屑岩储层　盖层

图1　四川盆地地层柱状图及主要不整合分布图

2　样品及实验方法

为了明确四川盆地震旦系顶不整合的发育特征及形成古环境，研究中分别选取了四川盆地震旦系顶不整合地质露头剖面进行观察和取样，包括川西南峨眉张村剖面、乐山范店剖面及川西北的旺苍国华剖面(图2)。考虑到不整合面上下地层沉积环境的不同，野外采样过程中以不整合为基准，按照约5m的间隔对不整合面上覆和下伏

地层样品进行取样。样品采集时刨去风化、氧化等后生作用产物，采集新鲜未蚀变的地层样品，减少污染。

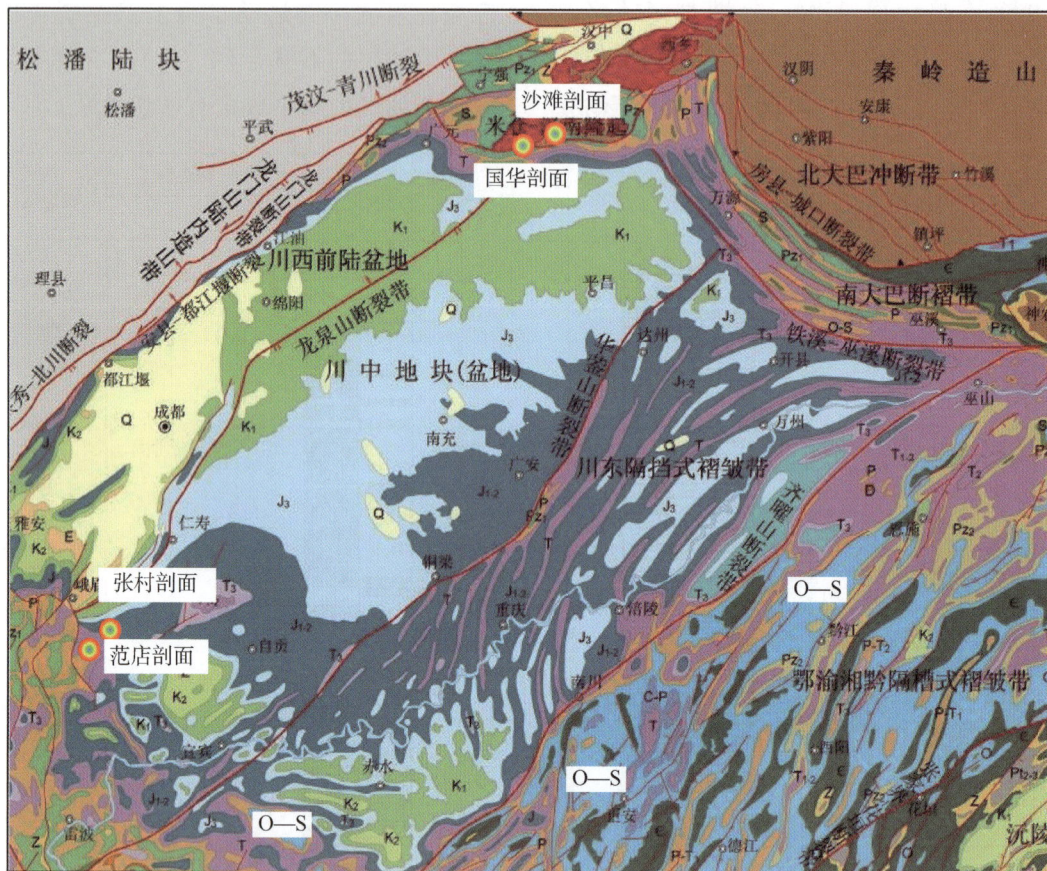

图2 四川盆地震旦系顶面不整合地质露头剖面图

岩石样品的主量元素、微量元素、稀土元素和碳氧同位素分析测试在中国科学院地质与地球物理研究所完成。主量元素含量测试采用熔融玻璃片XRF分析方法，所用测试仪器为岛津XRF1500型荧光分析仪。测试过程中，称取500mg粉碎至200目的岩石样品与5g $Li_2B_4O_7$制成玻璃片，测定GBW07101标样监控数据质量，精度优于2%。微量元素与稀土元素含量测定采用ICP—MS方法，称取40mg粉末样品并放于Teflon罐中，加入HNO_3和浓HF，超声振荡充分溶解后加入1mL的$500×10^{-9}$In内标，再加入1%的HNO_3稀释。将处理好的样品溶液在Finnigan MAT公司ICP-MS EL-EMENT进行微量元素和稀土元素的测定，精度优于5%。碳氧同位素采用磷酸法制备CO_2气体，在

Finnigan MAT252型稳定同位素质谱仪上分析样品碳氧同位素值，所获得的$\delta^{13}C$和$\delta^{18}O$以PDB为标准，分析误差小于0.1‰。

3 不整合发育特征及分布

3.1 不整合发育特征

四川盆地发育多种类型的不整合，主要受多期构造运动的控制。依据不整合面上下地层产状可以把上述不整合划分为3种类型(图3)：削截不整合、超覆不整合和平行不整合，其中削截不整合和平行不整合是主要的发育类型，在四川盆地多套地层广泛分布，超覆不整合主要在川东地区有少量分布，震旦系顶发育的不整合以前两种类型为主。

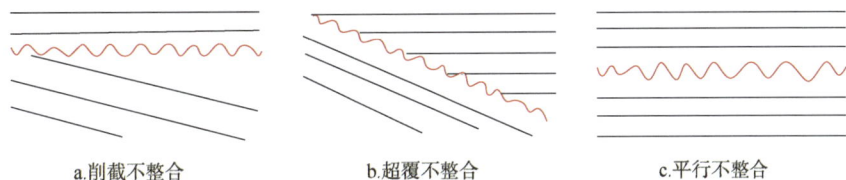

图3　四川盆地主要不整合类型示意图

从不整合形成的机制上看，构造成因、沉积成因和复合成因 3 种类型。构造成因不整合在四川盆地震旦系—中三叠统中广泛存在，如川西北汉旺泥盆系与寒武系之间的不整合面表现为泥盆系不整合于加里东褶皱带之上，形成明显的区域性角度不整合，其下伏地层（寒武系）不均衡侵蚀、风化，并形成风化残积层。构造成因不整合还会导致岩溶的发育，又称之为岩溶不整合。

沉积成因不整合主要有三种类型，包括平行不整合、冲刷侵蚀不整合及火山作用不整合。平行不整合是由于全球海平面下降条件下导致前期沉积暴露，遭受风化剥蚀，淡水淋滤，溶解等地质作用所形成的，风化面岩石异常疏松，似炉渣状的土壤。

此种类型不整合比较发育，如川西北旺苍南江国华剖面震旦系与寒武系间的不整合（图4），发育一套褐黄色风化残积层。

a.沙滩剖面

b.国华剖面

图4　四川盆地平行不整合发育特征图

冲刷侵蚀不整合在四川盆地震旦纪—三叠纪沉积地层中的台地边缘斜坡剖面上广泛发育，主要表现为一套台地边缘垮塌沉积或斜坡侵蚀作用所形成的不规则界面及其之上的低水位期的角砾状灰岩。火山作用不整合是一套与火山事件作用有关的不整合，川西上、中二叠统之间的界面即为火山事件作用面，主要表现中二叠世结束之后，随着东吴运动主幕的拉开，形成了大面积分布的玄武岩堆积，也由于此次构造运动使得中二叠世的海域退缩到黔南以南的地区，而其他地区上升成陆，遭受风化剥蚀，并为铁、铝、硫等矿床的形成创造了条件。

3.2　震旦系灯影组地层不整合分布

通过对露头、岩心及地震勘探的综合分析，震旦系发育两套区域不整合，分别是灯三段/灯二段和寒武系/灯四段不整合（图5）。从不整合面上下地层接触关系可以看出（图6），四川盆地大部分地区表现为灯四段与寒武系接触，表现为平行不整合。而在四川盆地西南和中南部地区，表现为灯二段与寒武系直接接触，灯三段、灯四段被剥蚀。在盆地最西南地区，部分地层表现出灯二段之上被二叠系覆盖。与震旦系的接触关系明确指示了震旦系不整合主要以平行不整合为主、削截不整合为辅的特征。削截不整合主要分布在川中为中心的南北条带，受"德阳—安岳"裂陷槽的明显控制(图7)。

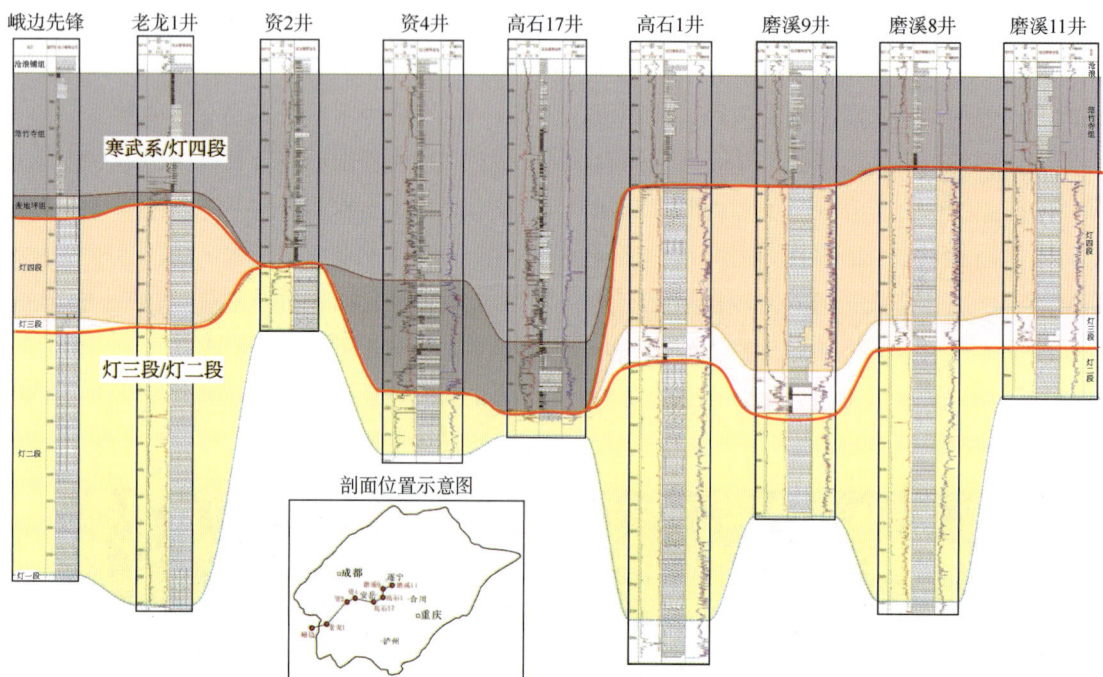

图5　四川盆地震旦系不整合发育特征图

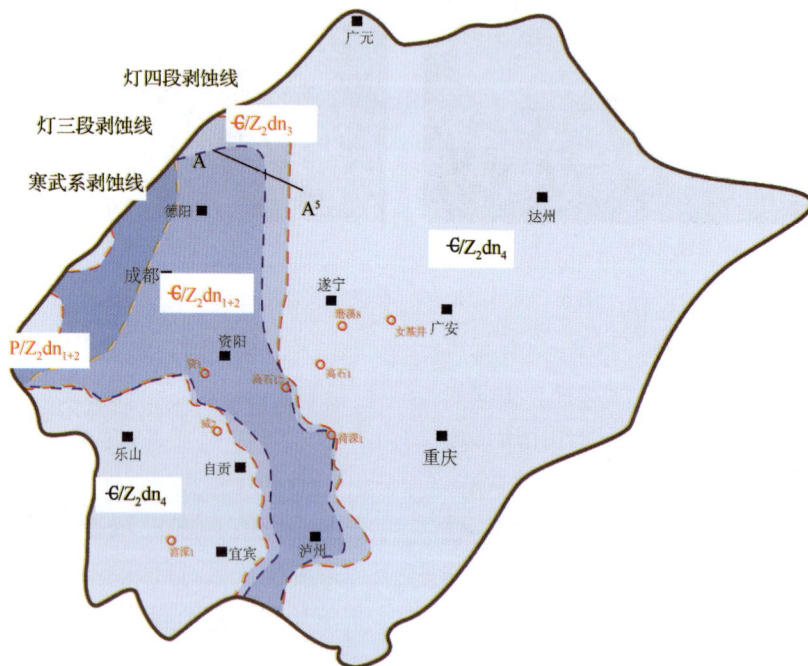

图6　四川盆地震旦系与上覆地层接触关系分布图

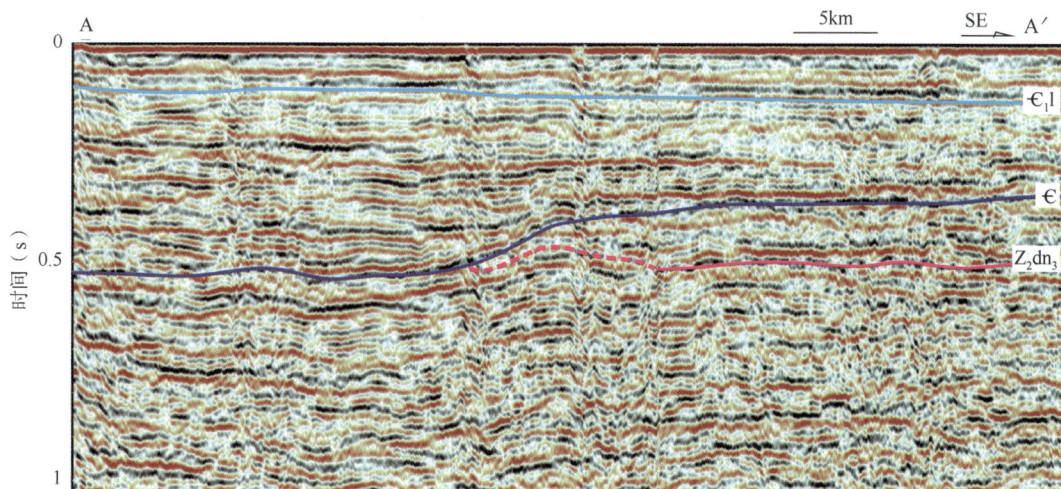

图7 A—A′地震剖面不整合分布图

4 震旦系灯影组不整合的形成

4.1 不整合形成的构造背景

震旦系两套不整合的形成明显受桐湾运动的控制。桐湾运动是指震旦纪末期的构造运动，即灯影组沉积中期—末期的构造运动，桐湾运动的命名为刘国昌于1945年所创，其原文为铜湾，后演化并改为桐湾，具体是指湘西怀化铜湾与银藏湾早寒武世五里牌组和震旦纪南沱组之间的不整合。桐湾运动为多幕构造运动，在幕次划分上还存在一些争论，即"两幕"和"三幕"的观点[13-16]。两者的不同在于构造幕的划分时间。通过对野外剖面及岩心观察，本研究比较倾向于将桐湾运动划分为三幕，即桐湾运动Ⅰ幕、桐湾运动Ⅱ幕和桐湾运动Ⅲ幕，主要根据岩心和构造特征等资料能发现三幕构造运动的证据[17-18]。桐湾运动Ⅰ幕构造活动发生于灯二段沉积末期，桐湾运动Ⅱ幕构造发生于震旦系沉积末期，两期运动与地层中发育的两套区域不整合面有着很好的对应。

桐湾运动Ⅰ幕时期，受构造抬升作用造成乐山—龙女寺古隆起灯二段顶部被风化剥蚀，向上与灯三段平行不整合接触，局部为角度不整合接触。盆地周边露头可见灯三段平行不整合于灯二段之上，灯二段上部遭受风化、淋滤和溶蚀等作用，普遍发育顺层溶蚀孔洞和典型层间岩溶储层，同时还发育渗流豆状构造及凝灰质泥岩等大气淡水溶蚀和陆上暴露标志(图8)。

a.威117井灯二段溶蚀孔洞缝　　　b.高石1井灯二段溶蚀孔洞　　　c.高科1井灯二段上部渗流豆状构造

图8 灯二段上部岩心特征图

桐湾运动Ⅱ幕导致四川盆地差异抬升，灯影组上部遭受不同程度剥蚀，形成起伏不平的侵蚀面，局部地区震旦系上部被削截，尤其在川西南地区，灯三段、灯四段、川中部分地区剥蚀，导致灯二段直接与寒武系接触。研究发现，川西南乐山范店灯三段、灯四段总的残余厚度大于300m，与川中地区高石1井相似，高科1井及安平1井灯三段、灯四段残厚略大，威远地区和资阳地区灯三段、灯四段残厚小，威28井灯三段、灯四段残厚小于100m，而资1井灯三段、灯四段全部被剥蚀，龙女寺地区灯三段、灯四段残厚小于高石梯和安平地区，川北南江杨坝露头剖面灯四段也遭到一定的剥蚀，灯三段、灯四段残厚与高石1井相当。川西清平剖面灯四段被剥蚀殆尽，向川中地区再到川东地区，灯三段、灯四段残厚逐渐增厚，川北地区灯三段、灯四段也遭到剥蚀。

桐湾运动Ⅲ幕造成下寒武统麦地坪组与筇竹寺组呈不整合接触。在神农架、峡东、南漳等地区表现为寒武系内部水井沱组与天柱山组（或西嵩坪组）间，即发生于寒武纪筇竹寺组沉积期与梅树村组沉积期呈平行不整合接触[19]，四川盆地西南周缘的张村、乐山范店地区为岩性突变接触，含磷硅质岩上覆筇竹寺组泥页岩，南江杨坝地区麦地坪组为灰质白云岩上覆突变接触筇竹寺组页

岩[20]。钻井资料显示，高石梯、磨溪构造区及资阳—威远地区高石1井、资5井等，筇竹寺组黑灰色碳质、粉砂质泥页岩直接与下伏灯影组四段砂屑白云岩、藻云岩呈不整合接触。在整体抬升、局部差异升降影响下，地层整体遭受风化剥蚀，局部剥蚀殆尽[17]。

4.2 震旦系顶不整合形成的古环境

为了进一步认识桐湾运动末期灯影组上部遭受风化剥蚀作用，研究中对四川盆地震旦系地质露头剖面进行了勘查，发现在川西南的峨眉张村剖面、乐山范店剖面及川西北的旺苍国华剖面和沙滩剖面的震旦系与寒武系间都存在一层明显的风化黏土层（图4、图9），颜色以淡蓝色和褐色为主，张村剖面和国华剖面的风化黏土层相对较厚，最厚可达40cm。研究中选取了张村剖面和国华剖面的风化黏土层及其上下岩石样品，并对其开展了岩石微量元素、主量元素及同位素分析，以求探讨桐湾运动末期不整合形成的古环境。

图9 川西南峨眉张村剖面(左)和乐山范店剖面(右)风化黏土层图

研究表明，川西南张村风化黏土层与川西北国华风化黏土层的特征有着显著差异，前者为淡蓝色铝土风化壳，后者则是褐红色铁质风化壳。在元素组成方面，张村风化黏土层以 Al_2O_3 和 SiO_2 元素为主（图10），Al_2O_3 含量为19.11%，Fe_2O_3 含量较少；而国华风化黏土层以 Fe_2O_3 为主（图11），含量达77.86%，Al_2O_3 含量少，仅为2.38%。两个剖面的风化黏土层中均含有少量的 Ca、Na、Mg 和 K 等

常量组分，除了 Al_2O_3、Fe_2O_3、SiO_2 等外，其他元素均不超过5%。之所以风化黏土层中有这样的元素分布和特征，其原因是不整合在形成和演化过程中，由于各种元素的物理化学性质及生物活动的选择吸收等，使得各元素有不同的迁移序列，且迁移能力相差悬殊，如 Cl 和 S 的迁移速率是 Ca、Na、Mg 和 K 的20倍，是 Fe、Al 和 Ti 的2000倍，导致了风化作用是一个脱 Ca 和 Mg 等可溶组分，富

Si、Al 和 Fe 等黏土组分的过程。淡蓝色铝土黏土层在潮湿的气候环境下形成，雨水充沛，短时期或局部的暴露区形成了富铝的三水铝石。三水铝石在矿物风化顺序中位于高岭石之后，一般被认为是强烈风化作用的最后阶段产物，是岩石风化最后阶段在富铝化过程中形成[21-23]。当岩石中铁元素含量较高时，会被氧化形成+3 价铁离子，显现出褐红色，同时也与当时干热气候环境有关。褐红色黏土层和淡蓝色铝土矿的稳定存在指示不整合发育；另一方面也说明，Al 和 Fe 是岩石风化淋滤后最难淋失的两种元素。

微量元素组成方面，西南张村风化黏土层与川西北国华风化黏土层最大的不同在于和 Th/U 和 Rb/Sr(图 11)，张村风化黏土层的 Th/U 和 Rb/Sr 是 3.61 和 26.45，而国华风化黏土层的 Th/U 和 Rb/Sr 是 0.31 和 0.26，相差 10 多倍，反映了两者不同的形成环境。Rb 通常赋存在硅酸盐组分中，较稳定，而 Sr 主要赋存在碳酸盐组分中，较活泼。在潮湿环境下，Sr 的淋失程度大，Rb/Sr 高，而干旱环境下，Rb/Sr 值较低。

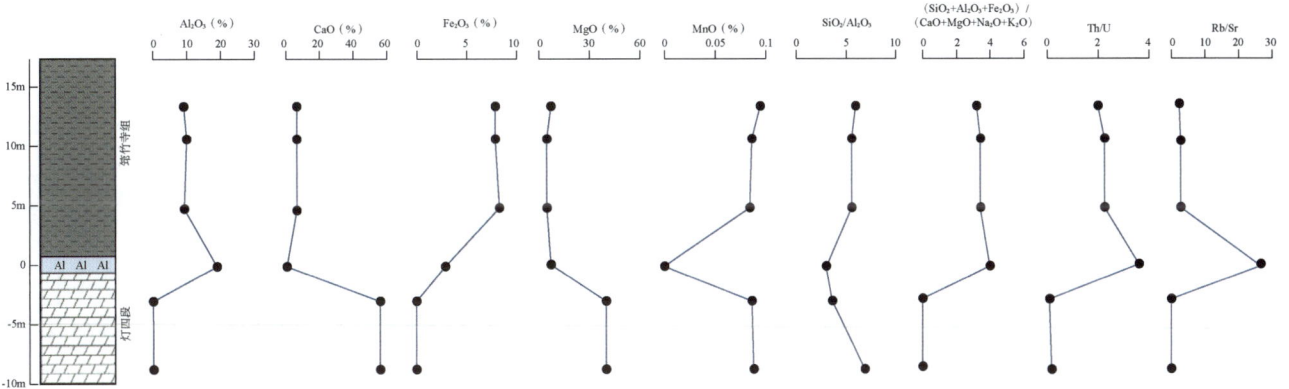

图 10　川西南峨眉张村不整合结构岩石元素分布特征图

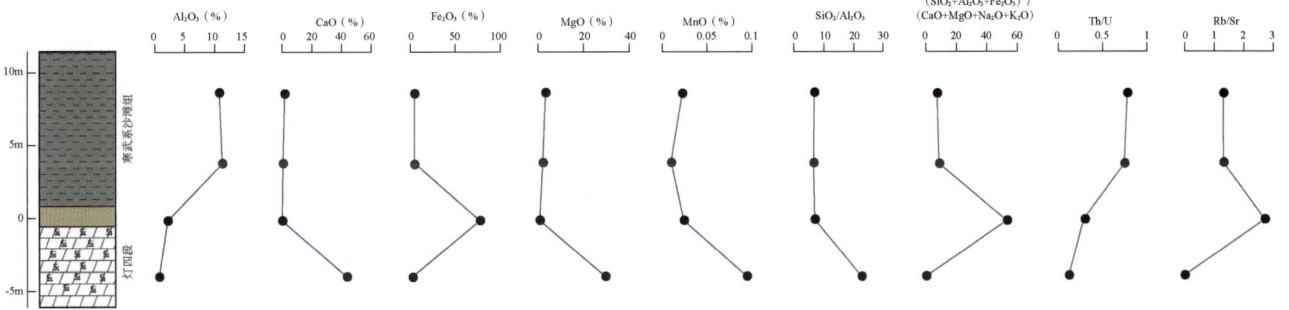

图 11　川西北旺苍国华不整合结构岩石元素分布特征图

利用岩石的氧、碳同位素的信息可以为认识地质历史时期的气候变化，海水原始氧、碳同位素的组成，陆地和海洋生物盛衰的长期变化特征，以及氧、碳等元素的外生循环等一些基础科学问题提供重要的依据[24-27]。研究中测定了西南张村剖面与川西北国华剖面不整合及上下岩石的碳、氧同位素。研究表明，两个剖面在风化黏土层处表现为明显的碳、氧同位素低负值(图 12)。指示了大气淡水成岩环境(图 13)，震旦系上部出露后遭受了强烈大气淡水作用的改造结果，由于大气淡水贫于 O^{18}、富于 C^{12} 导致了风化黏土层碳、氧同位素低负值，比上下岩层都要小。

$\delta^{13}C$、$\delta^{18}O$ 都与古海洋的盐度有关，因此可以利用 $\delta^{13}C$、$\delta^{18}O$ 恢复古水体盐度，为研究成岩作用提供一定的环境信息[28]。早在 1964 年 Keith 和 Weber 就提出利用石灰岩的 $\delta^{13}C$、$\delta^{18}O$ 区分侏罗纪及其之后的海相石灰岩和淡水相石灰岩的古盐度 Z 公式：

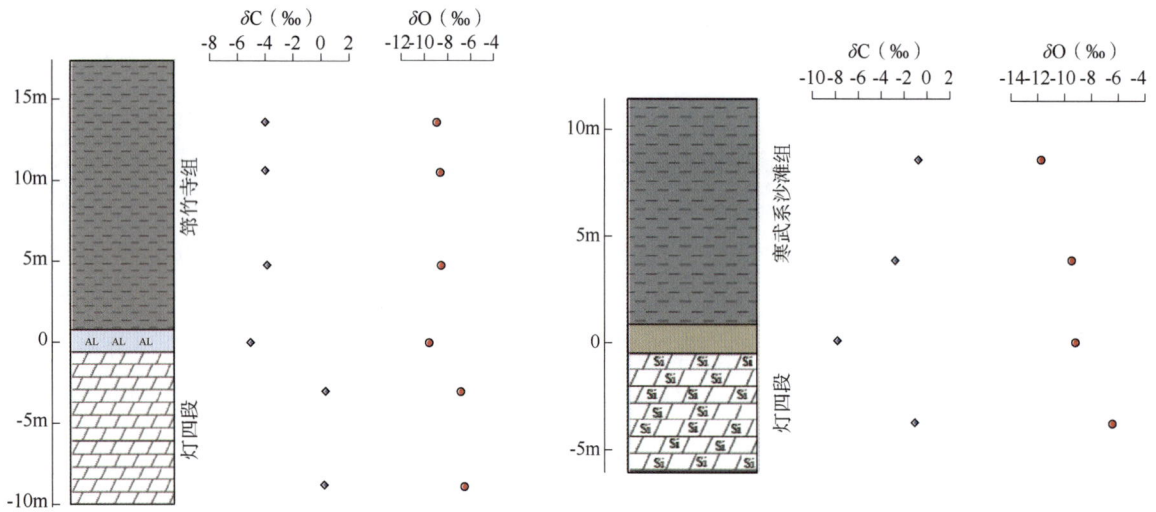

图12 张村剖面(左)和(右)国华剖面不整合面上下岩层碳氧同位素分布图

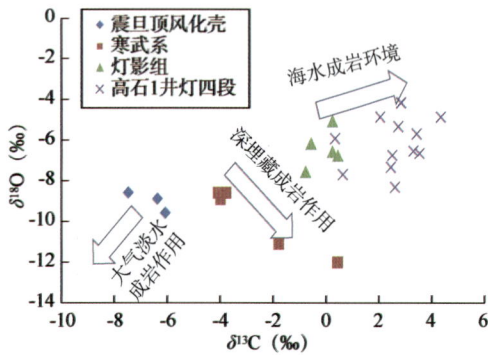

图13 不整合风化黏土层及上下岩层同位素分布图

$$Z = 2.048 \times (\delta^{13}C + 50) + 0.498 \times (\delta^{18}O + 50)$$

式中的 $\delta^{13}C$、$\delta^{18}O$ 均用 PDB 标准,且不存在碳氧同位素的校正问题;一般当 $Z>120$ 为海相盐

水环境,$Z<120$ 为淡水环境,上式现已广泛应用于中国元古宇、古生界等碳酸盐岩地层的古盐度分析,均取得了很好效果。利用此公式,通过对研究区古盐度的恢复(图14),可以发现,震旦系的古盐度均大于120,为海相沉积成岩作用,这与现在的认识一致。而不整合风化黏土层形成时水体古盐度低,反映了当时的淡水成岩环境。

在岩石地球化学研究中,稀土元素具有特殊意义。稀土元素中各元素具有相近的地球化学性质,一般作为一个整体参与地质作用。因为稀土元素间仍存在着结构上的差异,在不同的地质环境中各元素的表现也有所不同。稀土元素具有很强的化学稳

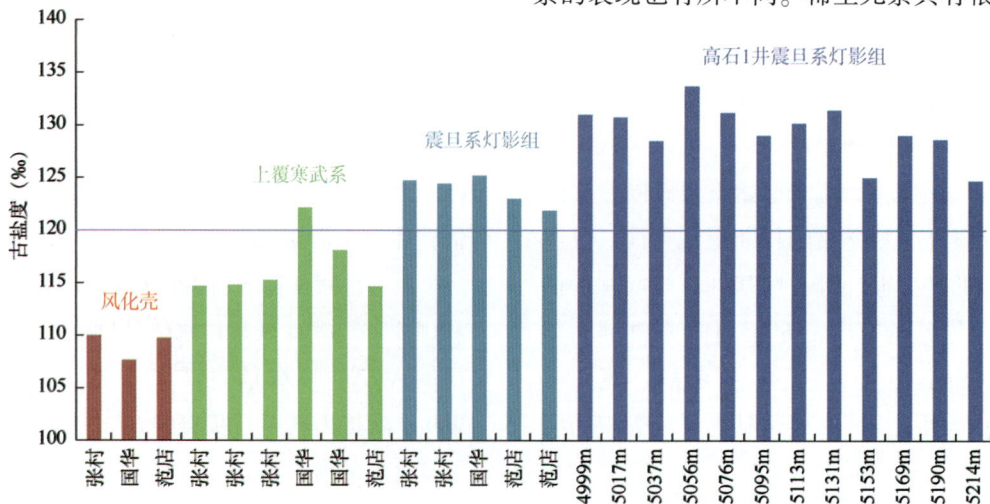

图14 不整合结构各部分岩层形成时水体古盐度的分布图

定性，可以作为良好的地球化学指示剂在金属矿产、泥岩、煤、油页岩等沉积物中进行地质成因、物质来源、古湖泊、古气候和古构造等方面的应用和研究，稀土元素在风化壳中富集的现象已为许多研究所证实，因此利用稀土元素的信息可以研究不整合形成时期的古环境[29-31]。

通过对研究区范店、张村和国华剖面不整合风化黏土层的稀土元素含量和分布研究，发现存在负铕(Eu)异常和负铥(Tm)异常，并且川西南剖面的负铕异常大于川西北国华剖面(图15)。决定沉积岩负铕和铥异常特征的因素有大地构造背景、氧化还原条件、沉积成岩时代、热水作用及源岩类型等，最主要的是沉积环境的氧化还原条件和源岩关系[32-38]。开放的氧化环境和湿润气候条件导致铕和铥损失。同时，一些负异常的出现可能是源岩的继承，即风化母岩沉积时具有负异常，如冕宁地区太古宙末期大量钾质花岗岩的出现，导致后太古宙沉积岩中出现铕的亏损[39]。

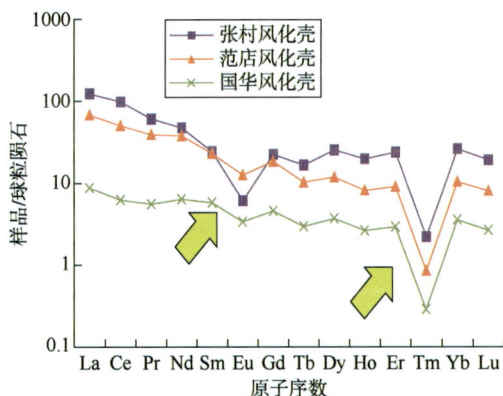

图15 范店、张村和国华剖面不整合风化
黏土层的稀土元素分布图

综上所述，桐湾运动末期，震旦顶不整合的形成是在一个炎热的氧化环境，不同的是川西南地区是一个雨量充沛、淡水丰富的湿热气候，而川西北则是相对干旱的干热环境。从侧面也反映了在震旦系沉积末期，川西南地区很可能发生干热气候向多雨湿热气候的变化。

5 结论

（1）四川盆地震旦系顶不整合以削截不整合和平行不整合为主，削截不整合主要分布在德阳—安岳裂陷槽，不整合演化受桐湾运动控制。

（2）川西震旦系顶不整合主要包含淡蓝色铝土风化壳和褐黄色富铁风化壳两种类型。

（3）震旦系顶不整合的形成是在一个炎热潮湿的氧化环境，不同的是川西南地区是一个雨量更充沛湿热气候，而川西北则相对雨量较少。

参考文献

[1] Dunbar C O, Rodgers J. Principles of st ratigraphy [M]. New York : John Wiley & Sons, 1957. 12356.

[2] 陈发景, 张光亚, 陈昭年. 不整合分析及其在陆相盆地构造研究中的意义[J]. 现代地质, 2004, 18 (3): 269-275.

[3] 何登发. 不整合面的结构与油气聚集[J]. 石油勘探与开发, 2007, 34(2): 142-149.

[4] 朱志澄, 曾佐勋, 樊光明. 构造地质学: 中国地质大学出版社, 2008.

[5] Fritz R D, Wilson J L, Yurewicz D A. Paleokarst related hydrocarbon reservoirs [M]. New Orleans: SEPM Core Workshop, 1993.

[6] 中国石油地质志编委会. 中国石油地质志. 卷十. 四川油气区[M]. 北京: 石油工业出版社, 1989.

[7] 童崇光. 四川盆地构造演化与油气聚集[M]. 北京: 地质出版社, 1992: 21-25.

[8] 魏国齐, 杨威, 杜金虎, 等. 四川盆地震旦纪—早寒武世克拉通内裂陷地质特征[J]. 天然气工业, 2015, 35(1): 24-35.

[9] 许海龙, 魏国齐, 贾承造, 等. 乐山—龙女寺古隆起构造演化及对震旦系成藏的控制[J]. 石油勘探与开发, 2012, 39(4): 406-416.

[10] 李启桂, 李克胜, 唐欢阳. 四川盆地不整合发育特征及其油气地质意义[J]. 天然气技术, 2010, 4(6): 21-25.

[11] 武赛军, 魏国齐, 杨威, 等. 四川盆地关键构造变革期不整合特征及其油气地质意义[J]. 科技导报,

2015, 33(10): 93-100.

[12] 许海龙, 魏国齐, 贾承造, 等. 乐山—龙女寺古隆起构造演化及对震旦系成藏的控制[J]. 石油勘探与开发, 2012, 39(4): 406-416.

[13] Liu K C. Orogenic Movements and Palaeogeographic Development in West Hunan[J]. 中国地质学会志, 2010, 24(增刊2): 221-234.

[14] 侯方浩, 方少仙, 王兴志, 等. 四川震旦系灯影组天然气藏储渗体的再认识[J]. 石油学报, 1999, 20(6): 16-21.

[15] 汪泽成, 姜华, 王铜山, 等. 四川盆地桐湾期古地貌特征及成藏意义[J]. 石油勘探与开发, 2014, 41(3): 305-312.

[16] 李伟, 刘静江, 邓胜徽, 等. 四川盆地及邻区震旦纪末—寒武纪早期构造运动性质与作用[J]. 石油学报, 2015, 36(5): 546-556, 563.

[17] 武赛军, 魏国齐, 杨威, 等. 四川盆地桐湾运动及其油气地质意义[J]. 天然气地球科学, 2016, 27(1): 60-70.

[18] 李宗银, 姜华, 汪泽成, 等. 构造运动对四川盆地震旦系油气成藏的控制作用[J]. 天然气工业, 2014, 34(3): 23-30.

[19] 湖北省地质矿产局. 湖北省区域地质志[M]. 北京: 地质出版社, 1990: 549-553.

[20] 邢凤存, 侯明才, 林良彪, 等. 四川盆地晚震旦世—早寒武世构造运动记录及动力学成因讨论[J]. 地学前缘, 2015, 22(1): 115-125.

[21] 邹才能, 侯连华, 杨帆, 等. 碎屑岩风化壳结构及油气地质意义[J]. 中国科学: 地球科学, 2014, 44(12): 2652-2664.

[22] 张莉, 季宏兵, 高杰, 等. 贵州碳酸盐岩风化壳主元素、微量元素及稀土元素的地球化学特征[J]. 地球化学, 2015, 44(4): 323-336.

[23] 张风雷, 季宏兵, 魏晓, 等. 黔中白云岩风化剖面微量元素的地球化学特征[J]. 地球与环境, 2014, 42(5): 611-619.

[24] 李任伟, 陈锦石, 陈志明. 蓟县早寒武—新元古不整合界面处风化壳碳酸盐碳、氧同位素组成特征[J]. 地质科学, 2000(1): 55-59.

[25] 王大锐, 白玉雷. 碳酸盐岩中稳定同位素对古气候的表征[J]. 石油勘探与开发, 1999(5): 30-32, 6.

[26] 罗贝维, 魏国齐, 杨威, 等. 四川盆地晚震旦世古海洋环境恢复及地质意义[J]. 中国地质, 2013, 40(4): 1099-1111.

[27] 李博媛, 张殿伟, 庞雄奇, 等. 川北米仓山地区震旦系灯影组差异化岩溶作用分析[J]. 天然气地球科学, 2015, 26(11): 2075-2084.

[28] 张秀莲. 碳酸盐岩中氧、碳稳定同位素与古盐度、古水温的关系[J]. 沉积学报, 1985(4): 17-30.

[29] 赵彦彦, 李三忠, 李达, 等. 碳酸盐(岩)的稀土元素特征及其古环境指示意义[J]. 大地构造与成矿学, 2019, 43(1): 141-167.

[30] 王宇航, 朱园园, 黄建东, 等. 海相碳酸盐岩稀土元素在古环境研究中的应用[J]. 地球科学进展, 2018, 33(9): 922-932.

[31] 陈宇轩, 刘建波. 微生物岩稀土元素恢复古海洋环境的研究综述[J]. 古生物学报, 2020, 59(4): 499-511.

[32] 陈炳辉, 韦慧晓, 黄志国, 等. 表生地质体的Ce异常及其影响因素综述[J]. 稀土, 2007(4): 79-83.

[33] 伊海生, 林金辉, 赵西西, 等. 西藏高原沱沱河盆地渐新世—中新世湖相碳酸盐岩稀土元素地球化学特征与正铈异常成因初探[J]. 沉积学报, 2008(1): 1-10.

[34] 戴凤岩, 张翊钧. 稀土元素中某些元素异常值在岩石成因研究中的意义[J]. 地质科技情报, 1987(2): 57-61.

[35] 章邦桐, 凌洪飞, 陈培荣. 多体系微量元素地球化学对比中存在的问题及解决途径[J]. 地质地球化学, 2003(4): 102-106.

[36] 黄晶, 储雪蕾, 常华进, 等. 三峡地区埃迪卡拉系陡山沱组帽碳酸盐岩的微量元素和稀土元素研究[J]. 科学通报, 2009, 54(22): 3498-3506.

[37] 杨扬. 白云岩地球化学特征与古气候和海侵事件的关系[D]. 吉林大学, 2014.

[38] 段立志, 李荣西. 大巴山构造带震旦系硅质岩类微量、稀土元素地球化学特征[J]. 矿床地质, 2012, 31(增刊1): 539-540.

[39] 倪志耀, 莫怀毅, 刘援朝. 冕宁前寒武纪沉积岩的铕、铈异常特征及成因解释[J]. 四川地质学报, 1998(4): 20-26.

海拉尔盆地宝日希勒矿区大磨拐河组煤岩地球化学特征及沉积环境分析

龚长芳[1]，董振国[2]，赵 伟[2]，刘 勇[3]，李雁飞[3]

1 哈斯基石油中国有限公司，广东深圳 518067；2 神华地质勘查有限责任公司，北京 102211；

3 神华宝日希勒能源有限公司，内蒙古呼伦贝尔 021008

摘　要：以海拉尔盆地宝日希勒矿区二号露天煤矿煤芯分析化验资料为基础，对大磨拐河组 1 号—4 号煤层的地球化学指标及主量元素分布特征进行分析，获得了各煤层沉积时的古气候、古盐度、古水深、氧化还原等指标，探讨了煤层元素分布与沉积环境之间的关系。结果表明：各煤层有机组分以镜质组和惰质组+半惰质组为主，干酪根类型为典型的腐殖型干酪根，煤处于零变质阶段，生气潜力较差。各煤层 Al_2O_3/TiO_2 比值较高，物源来自大陆边缘的基性岩，风化作用中等，沉积时期处于温暖潮湿—半干旱的古气候；沉积时古盐度较高，整体上属半咸水环境。泥岩颜色较深，菱铁矿类矿物含量较高，$Al_2O_3/(Al_2O_3+Fe_2O_3)$、$Al_2O_3/MgO$ 比值较高，分别为 0.75、12.01，推测为近岸湖沼沉积类型，但古水体较浅，更偏向于滨浅湖相沉积环境。自下而上，陆源元素逐渐降低，古水深指标逐渐增加，表明煤沉积过程中离岸渐远、陆源供给逐步减少、水体持续加深；煤灰灰分指数 K 值较高，平均为 5.07，表明 1 号—4 号煤组形成于弱还原性环境。大磨拐河组沉积期经历辫状河三角洲—湖沼相为主的演化，岩性为巨厚的暗色碎屑岩夹碳质泥岩和褐煤地层，煤层多发育于古气候相对潮湿的上部含煤段，研究区东部向斜区煤层埋藏较深，煤层气保存条件较好，为低阶煤层气勘探的有利区。

关键词：下白垩统；显微组分；主量元素；沉积环境；宝日希勒矿区

Geochemical Characteristics and Sedimentary Environment of Coal and Rock of Damoguaihe Formation in Baorixile Mining Area, Hailar Basin

Gong Changfang[1], Dong Zhenguo[2], Zhao Wei[2], Liu Yong[3], Li Yanfei[3]

1 Husky Oil China Ltd. , Shenzhen, Guangdong 518067, China；2 Shenhua Geological Exploration Ltd. Co. , Beijing 102211, China；3 Shenhua Baorixile Energy Ltd. Co. , Hulunbuir, Inner Mongolia 021008, China

Abstract：Through the coal core analysis data of the No. 2 open-pit coal mine in the Baorixile mining area, Hailar Basin, we obtained the geochemical indicators and the distribution characteristics of major elements of the No. 1—4 coal seams of the deposits of each coal layer in Damoguaihe Formation, and discussed the paleoclimate, paleo-salinity, paleo-water depth, oxidation-reduction and other indicators and the relationship between the distribution of coal seam elements and the sedimentary environment. The results show that the

基金项目：国家重点研发计划项目"煤炭高强度开采驱动下水资源监测及其工程应用"（2016YFC0501102-04）资助。

第一作者简介：龚长芳，1988 年生，女，硕士，工程师，主要从事石油工程和经济研究和应用工作。

邮箱：geniefang@ 163. com

通讯作者简介：董振国，1962 年生，男，硕士，高级工程师，主要从事石油地质和工程技术应用和研究工作。

邮箱：dzhenguo@ aliyun. com

organic components of each coal seam are mainly vitrinite and inertite+semi-inertite. The kerogen type is a typical humic kerogen. The coal is in the low metamorphic stage and has poor gas generation potential. Each coal seam has a high Al_2O_3/TiO_2 ratio, and its provenance comes from the basic rocks on the continental margin. It has moderate weathering and was in a warm and humid-semi-arid paleo-climate during the deposition period; the paleo-salinity during the deposition is relatively high, and it is likely brackish water environment. The mudstone has a darker color and a higher content of siderite minerals. The ratios of $Al_2O_3/(Al_2O_3+Fe_2O_3)$ and Al_2O_3/MgO are higher, 0.75 and 12.01 respectively. They are presumed to be the sedimentary type of coastal lake and swamp, but the ancient water bodies are shallower. It is biased towards the sedimentary environment of shore-shallow lake facies. From bottom to top, the terrestrial elements gradually decrease, and the paleo-water depth index gradually increases, indicating the offshore source gradually decreases, the land source supply gradually decreases, and the water body continues to deepen during coal deposition; the coal ash composition K value is higher, with an average of 5.07, indicating that No. 1—4 coal group was formed in a weakly reducing environment. During the deposition of the Damoguaihe Formation, its evolution experienced from braided river delta-dominant to lake-swamp facies. The lithology is composed of thick dark clastic rocks intercalated with carbonaceous mudstone and lignite strata. The coal seams mostly developed in the upper coal-bearing section with relatively humid paleoclimate. The eastern syncline area of the study area has deep coal seams and better storage conditions for coalbed methane, and it is a favorable area for low-rank coalbed methane exploration.

Key words: lower cretaceous system; microscopic components; main elements; depositional environment; Baorixile mining area

我国内蒙古地区煤炭资源丰富, 共探明煤炭资源 $10246×10^8$ t, 居全国首位。2020 年我国原煤累计产量 $38.4×10^8$ t, 其中内蒙古原煤产量为 $10.01×10^8$ t, 占全国总产量的 26.07%, 内蒙古东部海拉尔盆地煤系地层发育, 低煤阶煤层气资源量巨大, 是煤层气勘探的有利区。

宝日希勒矿区位于海拉尔河以北, 莫勒格尔河东南, 属于内蒙古呼伦贝尔市陈巴尔虎旗宝日希勒镇管辖, 距海拉尔市 25km。宝日希勒矿区煤炭地质储量为 $7661×10^4$ t(不包含备用采区), 总面积约为 $51.6km^2$, 主要开采 1 号、2 号、3 号煤层, 多为低阶褐煤, 原煤平均发热量为 27.5MJ/kg, 具有低灰、低硫、低磷等特点。煤层构造简单, 倾角为 $2°~3°$, 煤层最大可采厚度为 28m, 最小可采厚度为 7.21m, 平均厚度为 22.16m。煤层上覆剥离物薄, 剥采比小, 适合露天开采, 2020 年宝日希勒矿区原煤产量为 $2144×10^4$ t。

煤岩的组成、性质和沉积环境对含煤岩系地球化学指标及生气潜力起决定性作用, 煤岩的地球化学指标和元素特征是煤层气生成评价、煤炭资源深加工利用和沉积环境恢复的重要依据, 沉积环境、成煤物质和某些元素富集密切相关。煤岩形成时, 由于古气候、古盐度、氧化—还原作用强度等不同, 形成的机质类型和元素特征有明显差别, 含煤岩系沉积环境对煤岩的显微组分组成、元素丰度影响显著, 各种显微煤岩类型、元素丰度代表一种特定的沉积环境特征。

国内外学者在利用元素特征恢复古沉积环境和古气候环境等方面做了大量的研究工作。20 世纪 70 年代, 国外就有学者开始尝试用元素特征进行沉积环境的判别, 20 世纪 80 年代以来取得了许多成果, 但主要集中于砂岩、泥(页)岩和硅质岩的判别上。国内用元素特征判别古环境的研究开展较晚, 1984 年, 王开怡[1]利用沉积岩中微量元素的含量组合，在概率图解中找出相区以判别沉积环境；1986年，J. M. Slansky等[2]利用新南威尔士煤灰分的主量化学元素组合、比值辨别古沉积环境；李俊花等[3-5]在研究孤东油田馆上段元素特征的基础上，提出一种利用微量元素及其比值的变化分析沉积环境、划分微相类型及判断古盐度高低的方法；彭立才等[6]根据冷科1井泥岩元素分析数据，认为元素含量随沉积环境变化而有明显不同，主量元素Ca、K和Mg等在不整合面附近及泛滥平原泥岩中含量较高，湖相泥岩中含量低且变化小，沼泽相泥岩含量最低；吴波等[7-8]对金沙木孔煤矿煤层的常量元素进行分析，探讨了当时的古沉积环境；2015年，李艳芳等[9]根据四川盆地五峰组—龙马溪组露头样品主量元素、微量元素测试结果，分析了元素含量在垂向剖面上的变化规律及其与海盆古沉积环境的关系；2015年，郑一丁等[10]测试了鄂尔多斯盆地中南部Y1井张家滩页岩元素丰度，分析了其元素地球化学特征和页岩沉积环境的古气候、古水深、古盐度、古生产力、氧化还原特征；2018年，王琳霖等[11-12]通过对鄂尔多斯盆地东缘奥陶系马家沟组岩石类型和原生沉积物的主量元素、微量元素的分布特征进行分析，探讨了马家沟组元素地球化学分布与沉积环境之间的关系；2019年，马小敏[13]研究了黄县盆地古近系煤中的元素特征，并根据敏感元素的指示意义探讨了沉积环境；2019年，马央央等[14]对鄂尔多斯盆地东南部铜川延长组长7段砂岩、页岩样品进行元素地球化学分析，探讨延长组沉积时期古气候、氧化还原条件、古盐度等特征。

多年来，由元素含量和比值等参数作为沉积环境的元素地球化学标志，进而判断沉积岩形成的古地理环境的研究成果较多，而对陆相煤岩地球化学特征及成煤环境分析成果较少，未见以煤岩地球化学指标和元素组合特征入手分析矿区成煤环境的报道。本文以宝日希勒二号露天煤矿（简称研究区）勘探期间获取的大量钻孔煤芯煤样的工业分析、元素分析、煤灰成分等分析化验资料为依据，利用地球化学指标、元素组合特征等方法恢复古气候、古盐度、古水深、古氧化还原等成煤环境，为查明研究区成煤环境、煤层赋存情况提供依据，为煤层气勘探提供支承。

1 地质概况

海拉尔盆地位于额尔古纳隆起带和大兴安岭隆起带之间，为海西褶皱基底上发育起来的中新生代断陷盆地，构造格局是新华夏系与区域性东西向构造的复合。新华夏系构造形迹较发育，包括呼山盆地、呼和诺尔盆地、红花尔基盆地等，盆地内油气和煤炭资源丰富。陈旗煤田位于海拉尔沉降区的中偏北部，为一断陷型向斜含煤盆地、走向近东西向，南北两侧为F3、F4盆缘断裂控制，煤系基底为兴安岭群火山岩系。宝日希勒矿区位于陈旗煤田的东南部，矿区断裂不发育，构造简单，宏观地貌为略有起伏的高平原；研究区为一走向北东的褶曲构造形态，地层较为平缓，一般为2°～3°，在断层附近地层倾角稍陡地层倾角达5°，在西部发育背斜1个、东部发育向斜1个[15]。

根据钻孔揭露资料，地层主要有第四系和下白垩统大磨拐河组，大磨拐河组为主要含煤地层，地层情况见表1。

1.1 第四系(Q)

第四系十分发育，广泛分布于煤系地层之上。厚度为19.35～42.9m，平均为31.13m。主要以褐黄色黏土、砂质黏土、砂砾为主，少量的粉岩—中砂岩、砖红色砾石、腐殖土。

1.2 大磨拐河组(K_1d)

全区发育，以煤系地层为特征，煤层赋存集中且埋藏较浅，绝大多数属于中厚煤层。煤层多集中于地层上部，煤层间夹砾岩、砂质砾岩；中上部和中下部岩石粒度较细，中部和下部岩石粒度变粗。整套地层厚约595～1540m，按其岩性组合和含煤性，由下而上分为砂砾岩段、泥岩段、中部砂砾岩段、砂泥岩段和含煤段5个岩性段[16]。

含煤段以灰色、灰白色砾岩、砂质砾岩、细砂岩和暗灰色粉砂岩、泥岩为主，全区发育，含4个煤组，共计 7 个煤层，其中 1—2 号、2 号、3 号煤层厚度大，分布稳定，是主要开采煤层，4 号煤层为次要开采煤层。研究区处于宝日希勒煤田的东部，含煤盆地的北翼，含煤地层由北部边缘向盆地中心逐渐变厚，地层厚 12.5～162.06m，平均厚约 135m。

表 1 区域地层简表

统	组	段	符号	厚度(m)	岩性柱状	煤组号	主要岩性	沉积演化	沉积相
全新统更新统			Qh Qp	31.31			主要由冰碛、湖积、冰水沉积、冲积、洪积的更新统和湖沼沉积、风积、残积物所组成	抬升隆起	冲积相—洪积相
下白垩统	大磨拐河组	含煤段	K₁d⁵	135		1 2 3 4	主要由黑褐色煤、碳质泥岩、灰色—深灰色泥岩、灰色—浅灰色粉砂岩、浅灰色—灰白色砂岩及砂质砾岩等组成；全区发育，含 4 个煤组共 7 个煤层，地层由北向南逐渐抬起变薄	稳定沉降	湖沼相
		砂岩、泥岩段	K₁d⁴	110～330			主要为浅灰色、灰色、深灰色泥岩，粉砂岩和灰白色、浅灰色细砂岩，中夹薄层粗砂岩		滨浅湖相
		砂砾岩段	K₁d³	15～190			以灰色、灰绿色、深灰色以至暗灰色砾岩、砂岩、粉砂岩为主，夹薄层泥砾岩和泥岩		曲流河三角洲相
		泥岩段	K₁d²	300～520		15 16	主要为浅灰色、灰色、深灰色泥岩，粉砂岩和细砂岩，夹薄层粗砂岩和 1～2 层薄煤层		浅湖相
		砂砾岩段	K₁d¹	20～100			以灰色、灰白色砂砾岩为主，中夹薄层细砂岩	快速沉降	扇三角洲相

2 采样与测试

本次共采集钻孔煤芯样 229 个。煤芯煤样的采取数量及质量符合《煤炭地质勘查钻孔质量标准》（MT/T 1042—2007）中对煤芯采取的规定要求进行评定。煤样去除了泥皮、杂物，及时密封、包装送样。

采取原则：见到可采煤层（褐煤大于 1.5m、烟煤大于 0.8m）均进行采样，每个样品厚度不得大于 3m，复煤层各煤分层单独采样，煤芯煤样未污染、未磨烧。样品化验由东北煤田地质局沈阳测试研究中心完成，测试项目主要有工业分析、最高内在水分、全硫、各种形态硫、发热量、元素分析、煤灰成分、煤灰熔融性、有害元素、微量元素、透光率、真密度、视密度等。

3 结果与讨论

3.1 煤的物理性质和宏观煤岩类型

各煤层均呈黑褐色或黑色，具暗淡或沥青光

泽，多为层状、块状结构，少量片状、条带结构，偶尔可见清晰的年轮，断口多为参差状及阶梯状，外生裂隙发育，质地较松软，真密度为 1.52～1.65g/cm³，视密度为 1.21～1.31g/cm³。

各煤层以暗煤为主，次为丝炭，有时见有亮煤及少量镜煤，呈细条带状或透镜状夹于其中，宏观煤岩类型为暗淡型煤及半暗型煤。

3.2 煤岩的地球化学和元素特征

3.2.1 煤岩显微特征

煤岩(含矿物基)有机显微组分含量为96.6%～98.1%，其中镜质组(V)含量为31.7%～44.0%，惰质组(I)含量为50.6%～63.8%，稳定组分壳质组(E)含量为1.0%～4.6%[17](表2)。

无机组分以黏土矿物(M)和碳酸盐矿物(CM)为主，见少量的氧化物、硫化物。黏土矿物含量为1.6%～3.4%，为黑色—棕色细粒状和细粒状聚集体；碳酸盐矿物含量为0.1%～0.6%，以菱铁矿类为主；氧化物一般为氧化硅，硫化物一般为黄铁矿。

3.2.2 工业分析

各煤层水分产率变化不大，水分产率平均为7.73%；灰分产率平均为16.31%，均为低灰煤；挥发分产率为42.17%，依据《煤的挥发分产率分级》(MT/T 849—2000)，大多数为37%～50%，煤的挥发分产率分级为高挥发分煤；各煤层全硫平均含量为0.19%，为特低硫煤，其组成以硫化物硫(Sp)及有机硫(So)为主，硫酸盐硫(Ss)含量较低。

表2 煤岩显微组分和化学性质表

煤层号	R_o (%)	组分含量					工业分析				元素分析					
		V (%)	I (%)	E (%)	M (%)	CM (%)	Mad (%)	Aad (%)	Vad (%)	St.d (%)	C (%)	H (%)	N (%)	O (%)	H/C	O/C
1-1	0.282	38.7	53.5	4.6	1.9	0.6	7.27	16.09	44.00	0.22	74.32	4.72	1.28	19.27	0.06	0.26
1-2	0.335	34.3	59.0	4.5	2.0	0.1	8.06	14.84	43.17	0.20	73.68	4.62	1.14	20.15	0.06	0.27
2	0.329	31.7	63.8	1.0	3.4	0.5	7.75	14.35	42.07	0.19	72.75	4.59	1.18	19.46	0.06	0.27
3	0.329	31.7	63.8	1.0	3.4	0.2	7.93	17.22	41.51	0.18	74.83	4.06	1.25	19.77	0.05	0.26
4	0.324	44.0	50.6	2.7	2.4	0.3	7.62	19.03	42.78	0.17	74.99	4.62	1.40	18.68	0.06	0.25
平均	0.320	36.1	58.1	2.8	2.6	0.3	7.73	16.31	42.71	0.19	74.11	4.52	1.25	19.47	0.06	0.26

注：Mad—水分；Aad—灰分；Vad—挥发分；St.d—全硫。

3.2.3 干酪根元素分析和煤的变质程度判断

干酪根元素分析表明，煤岩主要由碳(C)、氧(O)、氢(H)元素组成，具有 H 低、O 高、H/C 原子比低的特点。各煤层 H/C 为0.05～0.06，O/C 为0.25～0.27。根据低成熟度(R_o<1%)条件下干酪根元素分类(表3)，干酪根类型为典型的腐殖型干酪根(Ⅲ型)。

表3 低成熟度(R_o<1%)条件下干酪根元素分类表

干酪根	H/C	O/C
Ⅰ	>1.45	0.05～0.15
Ⅱ₁	1.2～1.45	0.10～0.15
Ⅱ₂	1.0～1.2	0.15～0.20
Ⅲ	<1.0	0.2～0.3

主要煤层镜质组反射率 R_o 为 0.282%～0.335%，煤类为低阶褐煤，主要煤层均为零变质阶段，垂向上主要煤层镜质组反射率变化不大，有机质未成熟，生气潜力较差。

主要煤层甲烷碳同位素 $\delta^{13}C_1$(PDB) 测定为 -72.9‰，小于-55‰，属于生物成因气。

3.2.4 煤灰成分

煤中无机矿物质经高温灼烧均变为金属和非金属的氧化物及盐类。根据煤样分析，SiO_2 含量为49.66%～66.12%，Al_2O_3 含量为11.46%～24.07%，Fe_2O_3 含量为3.91%～7.11%，CaO 含量为6.04%～9.49%，其余各成分含量均较低(表4)。

表4　煤灰成分含量和比值表

煤层号	SiO_2 (%)	Al_2O_3 (%)	Fe_2O_3 (%)	CaO (%)	MgO (%)	TiO_2 (%)	SO_3 (%)	酸性氧化物(%)	碱性氧化物(%)	灰分指数 K	m 值	n 值	Al_2O_3/TiO_2	MgO/CaO
1-1	49.66	24.07	6.46	9.00	1.83	0.50	3.74	73.73	17.29	4.26	7.60	0.58	48.14	0.20
1-2	53.99	17.29	7.11	9.49	1.96	0.56	3.39	71.28	18.56	3.84	11.34	0.57	30.88	0.21
2-1	64.81	11.46	3.91	8.62	1.78	0.55	3.04	76.27	14.31	5.33	15.53	0.69	20.84	0.21
2	53.76	19.23	6.88	8.12	1.31	0.53	3.13	72.99	16.31	4.48	6.81	0.54	36.28	0.16
3	60.61	13.61	5.13	8.39	1.27	0.45	2.92	74.22	14.79	5.02	9.33	0.62	30.24	0.15
4	66.12	14.60	3.92	6.04	0.80	0.50	2.08	80.72	10.76	7.50	5.48	0.61	29.20	0.13

注：m—$100×MgO/Al_2O_3$；n—$CaO/(CaO+Fe_2O_3)$。

3.3　煤岩沉积环境分析

煤岩的均质性和成煤的还原环境较好地保留了原始沉积环境信息，比较适合开展地球化学物源追踪和古气候、古盐度、覆水条件等的分析，可为古环境恢复提供依据。

3.3.1　物源分析

Al、Ti、Zr 等氧化物在低温条件下溶解度较低，可作为稳定元素判别沉积岩的物源。来源于中性岩的沉积物 Al_2O_3/TiO_2 为 8～21，而来源于基性岩（长英质岩）的沉积物 Al_2O_3/TiO_2 大于 21。

1 号—4 号煤层的 Al_2O_3/TiO_2 分布范围为 20.84～48.14(图1a)，物源主要为基性岩（长英质岩），沉积过程中未经历物质循环过程，且成分稳定。

研究区煤中矿物的物源特征较为集中，均呈现大陆边缘基性岩（长英质岩）特征。

3.3.2　岩石化学风化作用

在地质历史时期，物源区的岩石会经历化学风化、淋滤和长距离的搬运，K、Na、Ca、Mg 等元素较活泼，易淋滤流失，而 Al、Ti、Zr 等元素比较稳定，不易迁出，大多会保存在风化残留物中。根据沉积岩中常见的稳定氧化物（Al_2O_3）和不稳定的氧化物（$CaO+Na_2O+K_2O$）的分布，以化学风化指数（Chemical Index of Alternation，CIA）作为判别物源区化学风化强度的判别指标，CIA 能很好地反映物源区化学风化情况。

CIA 代表长石在风化作用过程中向黏土矿物转化程度，与风化作用强度成正比，CIA 越大，风化强度越大[18]，计算公式如下：

$$CIA = [Al_2O_3/(Al_2O_3+CaO+Na_2O+K_2O)] × 100$$

（1）

CIA=60～80 指示中等风化作用强度。研究区煤

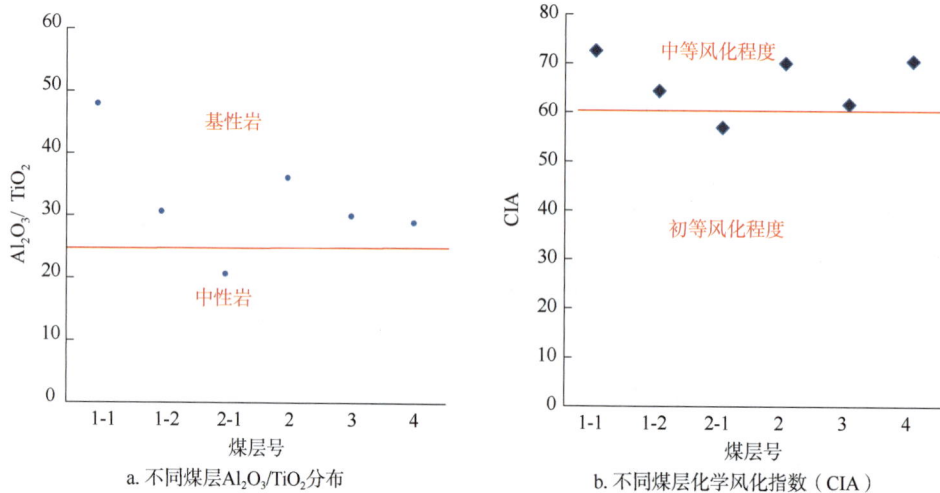

a. 不同煤层Al_2O_3/TiO_2分布

b. 不同煤层化学风化指数（CIA）

图1　研究区物源和化学风化分析图

岩化学风化指数为 57.07 ~ 72.79，平均为 66.22（表4），表征物源区经历中等风化作用强度（图1b）。

3.3.3 古气候、古盐度、古水深和古氧化还原指标

3.3.3.1 古气候

在温暖潮湿气候下，水体通常富 Al、Si，贫

K、Na、Ca。研究认为，岩石 SiO_2 和（$Al_2O_3+K_2O+Na_2O$）含量可判断古气候，$CaO/(MgO×Al_2O_3)$、MgO/CaO 等可以反映古气温的高低，高值对应干热气候，低值指示潮湿气候[20]。

根据煤样品 SiO_2 和 Al_2O_3 含量相关关系，判断煤岩沉积时期介于温暖潮湿—半干旱的古气候（图

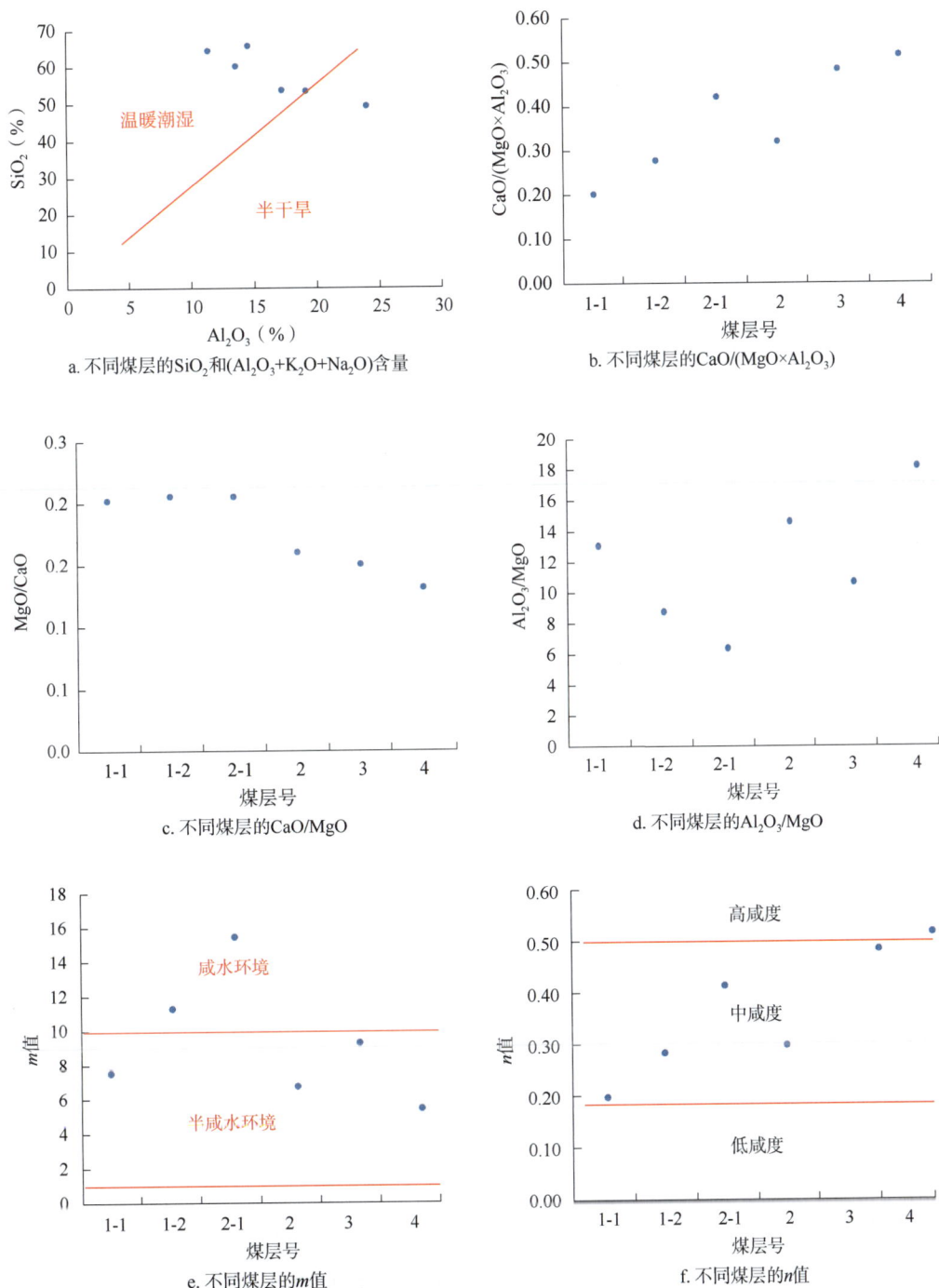

a. 不同煤层的SiO_2和($Al_2O_3+K_2O+Na_2O$)含量

b. 不同煤层的$CaO/(MgO×Al_2O_3)$

c. 不同煤层的CaO/MgO

d. 不同煤层的Al_2O_3/MgO

e. 不同煤层的m值

f. 不同煤层的n值

图 2　不同煤层的古气候、古盐度指标分析图

2a)。

煤层CaO/(MgO×Al₂O₃)和MgO/CaO低，且范围小，CaO/(MgO×Al₂O₃)为0.2~0.52，平均为0.37；MgO/CaO为0.13~0.21，平均为0.18(图2b、c)，据此判断煤层沉积期主要为温暖潮湿气候。各煤层在垂向上相对稳定，表明沉积期气候条件比较稳定。

煤层的Al₂O₃/MgO及其变化可反映沉积过程中古气候环境，其值越大，表示水体淡化，指示温暖潮湿气候条件；其值越小，则指示干旱炎热气候条件。

煤层Al₂O₃/MgO较高，平均为12.01，表明主要煤层沉积期为比较潮湿的气候条件(图2d)。

3.3.3.2 古盐度

沉积岩中Mg、Al、Fe等元素对环境变迁较为敏感，实验发现，镁为亲水性元素，铝为亲陆性元素，元素含量与古盐度相关[19]，用100×MgO/Al₂O₃可辨别海陆相沉积环境：

当100×MgO/Al₂O₃<1时为淡水环境，1<100×MgO/Al₂O₃<10时为半咸水环境，100×MgO/Al₂O₃>10时为咸水环境。

K、Na、Ca等元素离子比较活跃，在水体迁移过程中，容易被伊利石等黏土吸附沉积下来，在碱性环境中，K、Na、Ca含量与水体介质盐度成正比关系。水体盐度越高，K、Na、Ca离子就越容易被黏土吸附而沉淀下来，因此根据K₂O+Na₂O含量可以大体判断古盐度。研究表明，CaO/(CaO+Fe₂O₃)为反映古盐度的敏感指标。当CaO/(CaO+Fe₂O₃)<0.2时为低盐度，0.2<CaO/(100×CaO+Fe₂O₃)<0.5时为中盐度，CaO/(CaO+Fe₂O₃)>0.5时为高盐度。

研究区100×MgO/Al₂O₃为5.43~15.53，平均为9.35；CaO/(CaO+Fe₂O₃)为0.57~0.69，平均为0.60，反映湖水蒸发量较大，古盐度较高，整体上属半咸水环境(图2e、f)，1号—4号煤层古盐度呈震荡变化，可能与气候变化和河水汇入有关。

3.3.3.3 古水深

由于各元素的活泼性不同，元素在水中的迁移距离不同，元素的分散和富集与水体深度(离岸距离)有一定相关性，湖盆的水体深度变化对微量元素富集、植物堆积和成煤、聚煤起主要控制作用。

(1) 自生矿物。

含铁自生矿物的形成与沉积环境和水深有直接关系，沉积物中赤铁矿、褐铁矿、菱铁矿、黄铁矿的出现代表着沉积环境由氧化到还原的转变，对应水深依次为0~1m、1~3m、3~15m、大于15m。各煤层碳酸盐矿物含量为0.1%~0.6%，以菱铁矿类为主；硫化物含量为0.1%~0.2%，一般为黄铁矿，泥岩颜色以灰色、灰黑色为主，判断煤岩沉积时期的古水深为3~15m。

(2) Al₂O₃/(Al₂O₃+Fe₂O₃)。

不同成煤环境下形成的煤岩Al₂O₃/(Al₂O₃+Fe₂O₃)不同：大陆边缘成煤环境下该值为0.6~0.9，滨浅湖成煤环境中该值为0.4~0.6，而深湖环境中该值多小于0.4；研究区内煤层Al₂O₃/(Al₂O₃+Fe₂O₃)为0.71~0.79，指示大陆边缘成煤环境，有利于植物堆积和成煤演化(图3)。

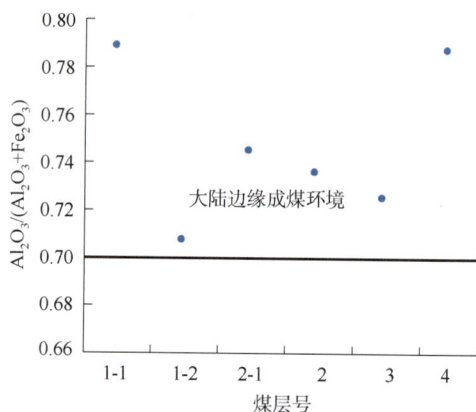

图3 不同煤层的Al₂O₃/(Al₂O₃+Fe₂O₃)比值图

3.3.3.4 古氧化还原指标分析

煤岩中显微组分、灰分等蕴含着丰富的地球化学信息。一般来说，在地壳沉降迅速地区、潮湿还原环境容易形成具结构的煤，富含镜质组；在地壳沉降缓慢的稳定地区，氧化环境下形成无结构的煤，惰质组含量高；灰分的来源主要为成煤植物自身所含的无机元素、随成煤植物混入泥炭沼泽的物源杂质及与煤伴生的矿物质等，灰分含量与水动力强度等密切相关，水动力较强则带入泥炭沼泽中的物源杂质增多，灰分增高，反之灰分较低[22]。

（1）镜惰比。

镜惰比（V/I）是良好的成煤环境判断指标。镜惰比（V/I）能直观地反映成煤沼泽覆水环境，一般覆水深、处于还原环境的泥炭沼泽，V/I 值高，反之则 V/I 值低。研究认为，0.25<（V/I）<1 为潮湿—弱覆水环境[23]，研究区煤层的 V/I 均较低，为 0.5~0.87，平均为 0.63，表明泥炭沼泽处于较潮湿—弱覆水环境，凝胶化作用中等(图4)。

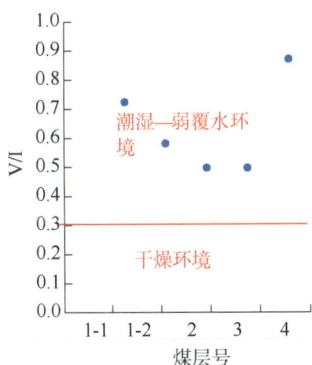

图4　不同煤层镜惰比

硫分中的无机硫与成煤环境密切相关，还原环境下硫在煤中主要以黄铁矿、菱铁矿等形式存在；煤中硫分含量可以很好地反映不同地质历史时期形成的泥炭沼泽还原性的强弱程度，还原性弱的泥炭沼泽相对形成低硫煤[24]。研究区煤层中硫分含量较低，硫化铁含量为 0.02%~0.12%，硫酸盐硫含量为 0~0.01%，具陆相成煤环境特征，煤中硫以菱铁矿为主，少量黄铁矿，为还原环境成煤的标志；煤中灰分和硫分呈较好的相关关系（图5），硫分含量总体随着水进而增高，研究区垂向上煤层全硫含量较稳定，说明煤层形成过程总体为水进、覆水程度逐渐加深，泥炭沼泽的还原性随之变强。

（2）煤的灰分指数。

沉积环境的变化对成煤影响十分明显，煤灰的氧化物可反映成煤沼泽环境的地球化学特征及古地理环境。酸性氧化物（$SiO_2+Al_2O_3$）占优势时，成煤环境属于弱还原性；碱性氧化物（$Fe_2O_3+CaO+MgO$）占优势时，成煤环境属于强还原性。用灰分

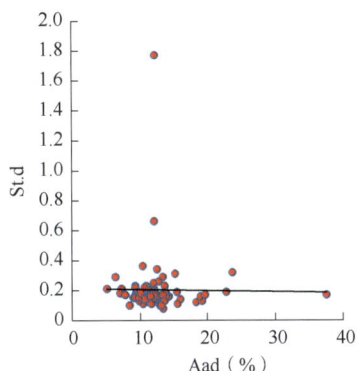

图5　1-2号煤层灰分(Aad)与全硫(St. d)关系图

指数 K(酸/碱比值)可作为判别煤层形成时的地球化学环境和相环境指标，K 计算公式为：

$$K=(SiO_2+Al_2O_3)/(Fe_2O_3+CaO+MgO) \quad (2)$$

研究区酸性氧化物为 71.28%~80.82%、碱性氧化物为 10.76%~16.56%，K 为 3.84~7.5。各煤层酸性氧化物含量较高、K 较低，表明在研究区成煤期整体为覆水较深的泥炭沼泽环境，还原性较强，为有利的成煤环境。自下而上，K 有降低趋势，表明由 4 号—1 号煤沉积时期覆水程度增强，早期 4 号煤沉积时处于弱还原环境的湖滨三角洲进积阶段，而后湖水侵入，到晚期 1 号煤沉积时演变为还原程度较强的浅湖亚相成煤环境，聚煤作用增强(图6)。

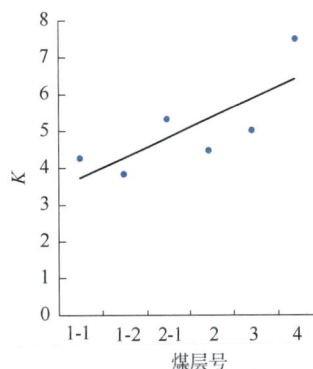

图6　不同煤层灰分指数图

从 V/I、硫分、K 值等均反映为覆水较深的还原性环境，有利于成煤。

3.3.4　煤层气成藏的主控因素和勘探有利区预测

研究表明，在早白垩世以来，研究区经历了快速沉降、稳定沉降和萎缩阶段，沉降区充填序列依

次是巨厚的灰色、灰白色或黑灰色砾岩、砂质砾岩、粉—粗砂岩、泥岩、碳质泥岩和褐煤地层，沉积环境以辫状河三角洲—湖沼相为主。

（1）沉积环境：大磨河拐组是湖泊淤浅的基础上形成三角洲—湖泊沉积体系，呈现"广盆、浅水"特点，上部含煤段主要发育在断陷盆地的稳定沉降阶段。该时期沉积环境多为湖沼相，具备大规模的泥炭堆积、保存、演化成煤的有利条件。此时古气候温暖潮湿，大量植被发育，湖盆的沉降速率与泥炭堆积速率基本保持平衡，有利于煤层形成和积聚，在湖滨三角洲和滨浅湖发育泥炭沼泽化，发生了强烈的聚煤作用[26]。研究区煤层具有埋藏浅、厚度大、层数多、分布较稳定的特点。如3号煤层平均埋深164.55m，煤层总厚1.04~9.79m，平均为6.77m；面积可采系数为100%，煤层基本在全区发育（表5）。

表5 研究区的煤层赋存特征表

煤层号	可采面积/发育面积（km²）	面积可采系数（%）	总厚度（m）最小~最大/平均（样数）	采用厚度（m）最小~最大/平均（样数）	埋深（m）最小~最大/平均（样数）	层间距（m）最小~最大/平均	煤层对比	赋存标高（m）最小/最大	煤层可采性	煤层稳定性
1-1	5.08/5.41	94	0.52~21.02/14.30(90)	2.00~20.96/15.08(81)	25.86~116.37/72.55(90)	22.46~78.52/40.67	可靠	553.98/641.17	局部可采	较稳定
1-2	17.90/19.07	94	1.44~18.16/11.15(190)	1.83~16.88/10.52(188)	27.99~167.34/87.55(190)	1.01~5.46/2.46	可靠	501.26/627.68	大部可采	较稳定
1-3			0.40~3.84/1.48(99)		36.56~182.21/117.12(99)	7.50~50.29/25.00	较可靠	486.39/620.37	不可采	不稳定
2-1	5.05/9.86	51	1.30~7.35/4.68(77)	1.50~7.02/4.61(71)	40.10~148.75/85.98(77)	12.1~66.16/8.15	可靠	513.18/607.10	大部可采	较稳定
2	23.36/25.74	94	0.42~20.56/11.91(214)	1.50~20.12/12.06(203)	36.77~198.13/128.07(214)	9.49~51.10/35.23	可靠	475.91/610.77	大部可采	较稳定
3	29.47/29.47	100	1.04~9.79/6.77(215)	1.55~9.79/6.63(213)	46.05~240.58/164.55(215)	5.50~30.90/13.22	可靠	431.71/591.01	全区可采	较稳定
4	13.88/22.800	61	0.32~7.07/3.36(187)	1.50~5.77/3.31(151)	29.75~253.68/182.38(187)		可靠	415.37/602.75	大部可采	较稳定

研究区位于陈旗煤田的东部，地势较为平坦，构造运动较为平缓，为构造稳定区域，大部分断层都停止活动或活动微弱，因此，断层对煤层气的破坏作用有限，对煤层气藏保存影响较大的主要为泥岩盖层封闭性。大磨河拐组含煤段在堆积和聚煤过程中，由于湖沼相周期性出现，使得煤层上覆地层泥岩发育，直接顶板岩性为碳质泥岩或砂质泥岩，砂泥比低，分布稳定，与巨厚煤层形成良好的储盖组合，有利于煤层气的保存。

（2）构造：根据地震地质成果，在研究区东部发育一个宽阔的向斜，走向为南北转北东，向斜最低点在中部B24-05孔附近，3煤层底板埋深为425.39m，向南向北抬起，向斜南段轴部在24-25勘探线之间，走向近南北，北段转为北东向，轴部在B24-05孔-83-99孔连线附近，向斜幅度45m左右，跨度450~930m，延展长度2520m。在向斜轴部地区，煤层埋藏较深，热演化程度较高，有利于煤层气的富集。

（3）有利区预测：根据煤层瓦斯化验结果，各煤层甲烷含量均低，一般为0.01~0.02m³/t，小于褐煤煤层气含量下限标准（1m³/t），为低甲烷分布区，煤层瓦斯分带属二氧化碳—氮气带，煤层气开发利用价值低。但东部向斜区煤层埋藏较深，厚煤层弥补了含气量的不足，提高了煤层气资源丰度，

9

1

上覆地层具有较好的自封闭能力，为低阶煤层气勘探的有利区。

4 结论

（1）各煤层有机组分以镜质组和惰质组+半惰质组为主，各煤层具有 H 低、O 高、H/C 原子比低的特点，干酪根类型为典型的腐殖型干酪根，R_o 为 0.282%～0.335%，煤变质程度低，可生成低成熟气。

（2）各煤层 Al_2O_3/TiO_2 较高，平均为 54.06，表明物源特征较为集中，均来自大陆边缘基性岩（长英质岩）；煤岩化学风化指数为 59.15～74.52，平均为 65.42，表征物源区经历中等程度的风化作用。

（3）各煤组 $100 \times MgO/Al_2O_3$、$CaO/(CaO+Fe_2O_3)$ 平均值较高，分别为 3.17、0.60，$CaO/(MgO \times Al_2O_3)$、MgO/CaO 平均值较低，分别为 0.37、0.18，反映为温暖潮湿—半干旱气候特征，湖水蒸发量较大，古盐度较高，整体上属半咸水环境。

（4）各煤组无机组分中碳酸盐矿物以菱铁矿类为主，硫化物微量，一般为黄铁矿，泥岩颜色以灰色、灰黑色为主，古水深 3～15m。

各煤组 $Al_2O_3/(Al_2O_3+Fe_2O_3)$、$Al_2O_3/MgO$ 较高，分别为 0.75、12.01，为近岸湖沼沉积类型特征，但古水体较浅，更偏向于滨浅湖相沉积环境。

自下而上，陆源元素 $\Sigma(Al_2O_3+TiO_2)$ 含量逐渐降低，全硫(St,d)比值逐渐增加，表明煤岩沉积过程中离岸渐远、水体持续加深、陆源供给逐步减少。

（5）煤灰成分以 SiO_2 和 Al_2O_3 为主，其次为 Fe_2O_3 和 CaO，少见 MgO、TiO_2、SO_3 等；酸性氧化物 $\Sigma(SiO_2+Al_2O_3)$ 平均高达 71.23%～80.72%，则反映成煤环境属弱还原性。

地球化学指标 V/I 较低，平均为 0.63；无机硫含量较低，为 0.02%～0.12%；成分指数 K 较高，平均为 5.07；表明 1 号—4 号煤组沉积于弱还原性环境，泥炭沼泽处于较潮湿—弱覆水环境，凝胶化作用中等。

（6）中生代以来，受构造演化及古地理环境制约，研究区煤层多发育并保存于断陷盆地中，聚煤古地貌为山间湖盆型，煤层多发育于古气候相对潮湿的上部含煤段，在研究区东部向斜区煤层埋藏较深、煤层较厚，煤层气保存和富集条件较好，为低阶煤层气勘探有利区。

参考文献

[1] 王开怡. 以微量元素组合区分沉积环境初探[J]. 大地构造与成矿学, 1984(3)：296-304.

[2] Slansky J M, 马昌前. 澳大利亚新南威尔士煤中高温煤灰分的地球化学和沉积环境[J]. 基础地质译丛, 1986(3)：100.

[3] 李俊花, 白光勇, 张谊理. 孤东油田上第三系馆陶组上段微量元素的分布特征及沉积环境分析[J]. 石油大学学报(自然科学版), 1993(3)：114-117.

[4] 谭红兵, 于升松. 我国湖泊沉积环境演变研究中元素地球化学的应用现状及发展方向[J]. 盐湖研究, 1999(3)：58-65.

[5] 张茂盛, 胡晓静. 微量元素在地质沉积环境中的应用[J]. 光谱仪器与分析, 2001(4)：19-21.

[6] 彭立才, 韩德馨, 周家驹. 柴达木冷科 1 井不同沉积环境元素地球化学特征[J]. 煤田地质与勘探, 2001(6)：1-3.

[7] 吴波, 陈恨水, 朱光荣. 贵州金沙木孔煤矿可采煤层常量元素特征及沉积环境分析[J]. 贵州地质, 2013, 30(4)：266-270.

[8] 王淑芳, 董大忠, 王玉满, 等. 四川盆地南部志留系龙马溪组富有机质页岩沉积环境的元素地球化学判别指标[J]. 海相油气地质, 2014, 19(3)：27-34.

[9] 李艳芳, 邵德勇, 吕海刚, 等. 四川盆地五峰组—龙马溪组海相页岩元素地球化学特征与有机质富集的关系[J]. 石油学报, 2015, 36(12)：1470-1483.

[10] 郑丁, 雷裕红, 张立强, 等. 鄂尔多斯盆地东南部张家滩页岩元素地球化学、古沉积环境演化特征及油气地质意义[J]. 天然气地球科学, 2015, 26(7)：1395-1404.

[11] 王琳霖, 浮昀, 方诗杰. 鄂尔多斯盆地东缘马家沟组元素地球化学特征及古沉积环境[J]. 石油实验地质, 2018, 40(4): 519-525.

[12] 彭治超, 李亚男, 张孙玄琦, 等. 主微量元素地球化学特征在沉积环境中的应用[J]. 西安文理学院学报(自然科学版), 2018, 21(3): 108-111.

[13] 马小敏. 黄县盆地古近系煤中元素地球化学特征及其沉积环境指示意义[J]. 科学技术与工程, 2019, 19(24): 46-55.

[14] 马奂奂, 刘池洋, 张龙, 等. 鄂尔多斯盆地延长组长7段沉积岩元素地球化学特征及沉积环境分析[J]. 现代地质, 2019, 33(4): 872-882.

[15] 李玲, 姚海鹏, 李文华, 等. 海拉尔盆地伊敏凹陷煤层气成藏条件及成藏模式[J]. 东北石油大学学报, 2019, 43(4): 78-87, 9-10.

[16] 徐发. 内蒙古新巴尔虎左旗诺门罕煤田地质背景及沉积环境聚煤规律分析[J]. 矿产与地质, 2010, 24(5): 440-444.

[17] 董振国, 赵伟, 郭军军, 等. 胜利煤田胜利组褐煤地球化学特征及古环境地质意义[J]. 煤炭科学技术, 2020, 48(11): 172-181.

[18] 孙莎莎, 姚艳斌, 齐文. 鄂尔多斯盆地南缘铜川地区油页岩元素地球化学特征及古湖泊水体环境[J]. 矿物岩石地球化学通报, 2015, 34(3): 642-645.

[19] 王善博, 杨君, 李建国, 等. 鄂尔多斯盆地西缘宁东地区侏罗系含铀地层元素地球化学特征[J]. 煤田地质与勘探, 2018, 46(6): 19-25, 32.

[20] 韦咏梅, 李建慧, 孙亮亮. 内蒙古巴彦宝力格煤田赛汉塔拉组中煤层煤质特征分析[J]. 西部资源, 2012(2): 79-81.

[21] 李玉坤, 李广. 吐哈盆地沙尔湖煤田煤质煤岩特征及煤相分析[J]. 煤炭科学技术, 2019, 47(5): 198-205.

[22] 王绍清, 孙翙博, 沙玉明. 不同聚煤区内富氢煤有机地球化学特征研究[J]. 煤炭科学技术, 2018, 46(9): 233-238.

[23] 郭彪, 邵龙义, 马施民, 裴文泽. 扎赉诺尔凹陷下白垩统含煤岩系层序-古地理与聚煤规律研究[J]. 中国煤炭地质, 2015, 27(3): 6-11.

[24] 张才利, 高阿龙, 刘哲, 等. 鄂尔多斯盆地长7油层组沉积水体及古气候特征研究[J]. 天然气地球科学, 2011, 22(4): 582-587.

[25] 郭彪, 邵龙义, 张强, 等. 内蒙古海拉尔盆地早白垩世含煤岩系层序地层与聚煤规律[J]. 古地理学报, 2014, 16(5): 631-640.

[26] 刘善德. 永陇矿区南缘煤岩煤质特征及成煤环境分析[J]. 煤田地质与勘探, 2018, 46(增刊1): 11-15.

鄂尔多斯盆地临县地区下石盒子组致密砂岩储层特征

郭晓宇[1]，王新宇[1]，赵迪斐[2]，郭英海[1]

1 中国矿业大学资源与地球科学学院，江苏徐州 221116；
2 中国矿业大学人工智能研究院，江苏徐州 221008

摘　要：以鄂尔多斯盆地临县地区下石盒子组致密砂岩为研究对象，通过岩心系统观察、铸体薄片镜下观察和扫描电镜、高压压汞、覆压孔渗等实验分析，结合前人研究成果，对砂岩储层的岩石学、储集空间、成岩作用与孔隙演化、储层影响因素等进行了研究，并对储层进行了评价。研究区下石盒子组为曲流河三角洲沉积，岩性主要为岩屑砂岩、次为岩屑石英砂岩；储层孔隙类型主要为原生粒间孔、微孔、溶孔、晶间孔及微裂隙，储集物性较差，以细孔喉为主，孔渗关系呈正相关、非均质性强。经历的成岩作用主要包括对储集空间起破坏作用的压实、压溶、胶结、交代作用，以及对储集空间起建设性作用的溶蚀、破裂等作用，成岩阶段为中成岩 B 期。鄂尔多斯盆地临县地区下石盒子组致密砂岩储层的发育特征受到沉积作用、成岩作用和构造作用等共同控制。

关键词：鄂尔多斯盆地；储层特征；沉积—成岩作用；下石盒子组；砂岩储层

Tight Sandstone Reservoir Characteristics of Lower Shihezi Formation in Linxian Area, Ordos Basin

Guo Xiaoyu[1], Wang Xinyu[1], Zhao Difei[2], Guo Yinghai[1]

1 School of Resources and Geosciences, China University of Mining and Technology, Xuzhou, Jiangsu 221116, China;
2 Institute of Artificial Intelligence, China University of Mining and Technology, Xuzhou, Jiangsu 221008, China

Abstract: In this paper, the sandstone of Lower Shihezi Formation in Linxian area of Ordos Basin is taken as the research object. Through systematic observation of core, microscopic observation of cast thin section and experimental analysis of scanning electron microscope, high-pressure mercury injection, overburden pressure porosity and permeability, combined with previous research results, the petrology, reservoir space, diagenesis, pore evolution and influencing factors of sandstone reservoir are analyzed. The reservoir is evaluated. The Lower Shihezi Formation in the study area is meandering river delta deposit. Sandstone reservoir is mainly lithic sandstone, followed by lithic quartz sandstone; reservoir pore types are mainly primary intergranular pore, micro pore, solution pore, intergranular pore and micro fracture, reservoir physical property is poor, mainly fine pore throat, positive correlation between porosity and permeability, strong heterogeneity. The main diagenesis of sandstone reservoir includes formation of reservoir space, compaction, pressure solution, cementation and metasomatism, and dissolution and fracture. The diagenetic stage is middle diagenetic stage B. Reservoir development is mainly controlled by sedimentation, diagenesis and tectonism.

第一作者简介：郭晓宇，1994 年生，女，在读硕士研究生，研究方向为非常规油气地质。
邮箱：532489603@qq.com

Key words：Ordos Basin；reservoir characteristics；sedimentation diagenesis；Lower Shihezi Formation；sandstone reservoir

近年来，随着中国常规能源的持续开采和大量消耗，其地质储量减少、勘探成本和难度的增加毋需置疑，煤层气、致密气、页岩气等非常规能源的开发利用成为国内外众多学者的关注焦点，我国已实现从常规能源向非常规能源的跨越式发展[1-2]。致密砂岩气作为非常规能源的重要成员之一，在非常规能源中有重要占比。目前对于致密砂岩储层的定义尚不统一[3-9]，但多数采用2011年国家能源局颁布实施的第一个关于致密砂岩气的行业标准(SY/T 6832—2011)[10]，以及孔隙度小于10%、原地渗透率小于0.1mD或空气渗透率小于1mD、孔喉半径小于1μm、含气饱和度低于60%。

伴随致密砂岩储层研究的深化，众多学者提出了不同的观点，认为造成砂岩储层致密与否的原因复杂，概括起来主要有：(1)沉积作用阶段，从母岩遭受风化剥蚀到沉积物形成，经历一系列的风化、剥蚀、搬运、沉积过程造成的沉积组分差异是致密砂岩储层形成的基础[11-12]。(2)成岩作用阶段，破坏性成岩作用(包括压实作用、胶结作用、压溶作用和交代作用等)和建设性成岩作用(包括早期绿泥石包边、溶蚀作用等)对储层的进一步改造是制约致密砂岩储层形成的关键因素[11-14]。(3)在构造应力影响下，储层构造破裂的发育程度可以影响砂岩孔渗性，有时可形成低孔高渗储层[15]。(4)除了埋藏深度的影响外，埋藏速度对致密砂岩的形成同样有一定影响[16-17]。

山西省临县位于鄂尔多斯盆地东部，该地区下石盒子组砂岩粒度粗，具有低孔隙度、低渗透率、大面积展布、成岩作用类型复杂、非均质性强的特征，属于典型的致密砂岩。录井时有一定的天然气显示，但目前已有的天然气开发井的开发效果差别较大，主要与该区下石盒子组致密砂岩储层孔隙喉道窄、连通性差、渗透率低及成岩与孔隙演化复杂

等因素有关。通过铸体薄片镜下观察和扫描电镜、高压压汞、覆压孔渗等实验，对研究区致密砂岩岩石学特征、储集空间特征、成岩作用及储层影响因素等进行了深入讨论，以期为致密砂岩储层勘探开发和理论研究提供借鉴。

1　地质概况

鄂尔多斯盆地是一个地史过程中长期稳定发育起来的大型克拉通叠合盆地，是我国形成历史最早、演化时间最长的沉积盆地，同时也是我国陆上第二大沉积盆地和重要的能源基地[18]。盆地北起黄河断裂，西至乌达—平凉，南抵岐山、金华山，东达吕梁山，整体轮廓呈矩形。山西临县位于鄂尔多斯盆地六大构造单元之一的伊陕斜坡东部的陕北古坳陷，与晋西挠褶带相连(图1)。研究区位于晋西挠褶带中部，目的层位主要为中二叠统下石盒子组，为河流作用主导的浅水型湖泊三角洲沉积相[19]，微相研究识别为曲流河三角洲沉积相[20]，并以水下分流河道沉积为主。

2　储层特征

2.1　岩石学特征

2.1.1　碎屑组分特征

对X-1井下石盒子组砂岩样品的铸体薄片进行镜下观察、统计和分析，得出X-1井下石盒子组砂岩碎屑组分和填隙物组分含量。将统计结果进行投点[21](图2)，结果表明：研究区下石盒子组砂岩主要碎屑组分为石英类(包括单晶石英、多晶石英)和岩屑，长石含量极少。碎屑含量为88%~96%，平均为93.06%，其中石英含量为25%~55%，平均为41.35%；岩屑含量为27%~65%，平均为50%；长石含量为1%~3%，平均为1.41%；成分成

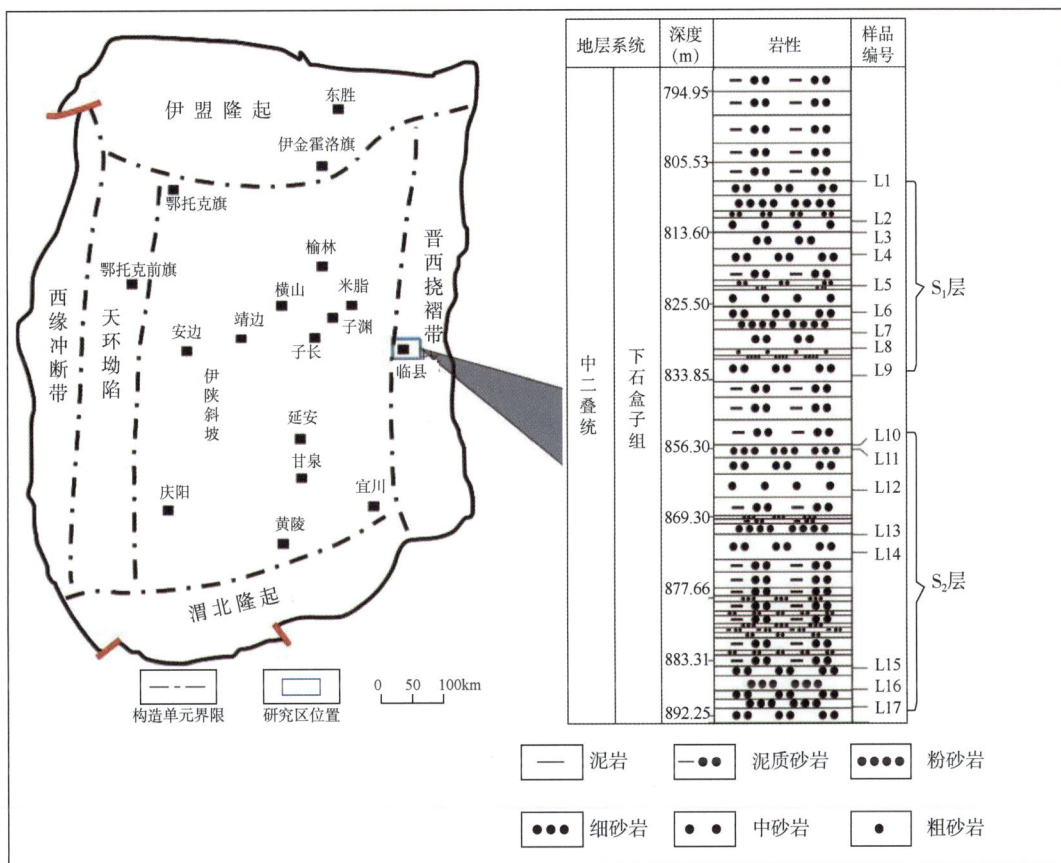

图 1　研究区区域位置及 X-1 井地层综合柱状图

熟度较低，主要在 0.38~1.87 之间，平均为 1.46，S_2 层上部样品成分成熟度较高(大于 3)。

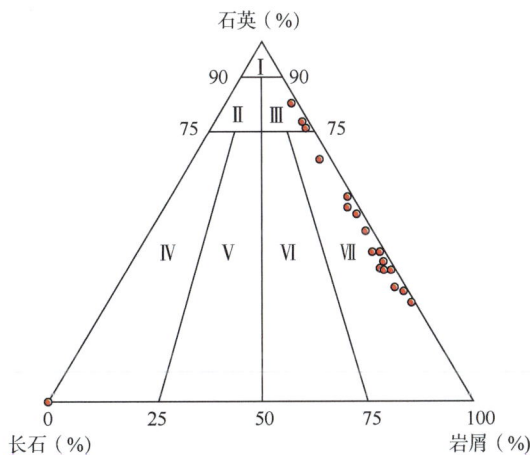

图 2　砂岩分类三角图

Ⅰ—石英砂岩；Ⅱ—长石石英砂岩；Ⅲ—岩屑石英砂岩；

Ⅳ—长石砂岩；Ⅴ—岩屑长石砂岩；

Ⅵ—长石岩屑砂岩；Ⅶ—岩屑砂岩

岩石类型主要为岩屑砂岩，占比在 82% 左右，

其次为岩屑石英砂岩，占 18% 左右。砂岩中富含岩屑是研究区下石盒子组砂岩的基本特点。岩屑砂岩粒度以细—中粒为主，石英含量为 25%~60%，岩屑含量为 27%~65%，岩屑类型以浅变质的板岩、千枚岩岩屑为主，少量石英岩岩屑。岩屑石英砂岩主要为粗砂岩，其次为中砂岩，石英含量为 73%~78%，岩屑含量为 5%~22%，以浅变质岩屑为主。

2.1.2　填隙物组分特征

研究区下石盒子组砂岩中填隙物含量为 4%~12%，平均为 6.82%，其中杂基含量为 1%~10%，平均为 4.18%，胶结物含量为 2%~4%，平均为 2.65%。杂基含量普遍较低，主要为凝胶状火山尘，单偏光下较污浊，反映砂岩形成于牵引流且水动力条件较强的沉积环境。胶结物主要类型为硅质胶结物、自生黏土矿物胶结物、碳酸盐胶结物等。

2.1.3　碎屑结构特征

研究区下石盒子组砂岩主要为中粒砂岩、粗粒

砂岩，少量细砂岩，S₂ 层上部可见中—粗粒含砾砂岩和粉砂岩。碎屑颗粒的分选为较好—好，磨圆以棱角状为主，其次是次棱—次圆状，颗粒支撑为主，颗粒间主要是点接触和线接触，少数呈点—线接触或凹凸接触，孔隙式胶结（图3）。

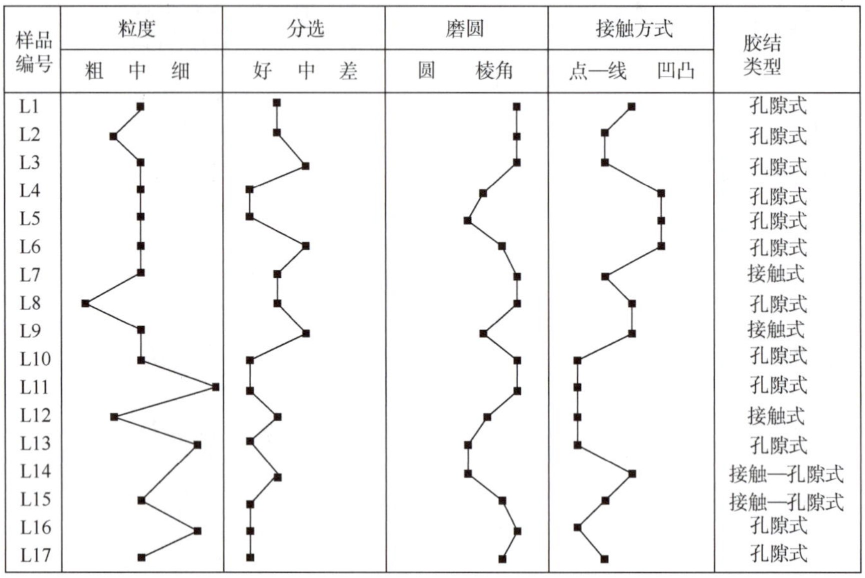

图3　研究区下石盒子组砂岩碎屑结构特征图

注：支撑方式为颗粒支撑。

2.2　储集空间特征

2.2.1　储集空间类型

铸体薄片和扫描电镜等观察显示，研究区下石盒子组砂岩主要储集空间为原生孔隙和次生孔隙。原生孔隙主要有粒间孔（图4a）和微孔；次生孔隙主要有溶孔[包括粒间溶孔（图4b）、粒内溶孔（图4c）]和铸模孔（图4d）、晶间孔（图4e）和微裂隙（图4f）。喉道作为连接两个孔隙空间的狭窄通道，其存在可以大大改善储层孔隙的连通性，是致密砂岩储层具有开发价值的重要因素之一。研究区下石盒子组砂岩储层的喉道主要存在缩颈型喉道（图5a）、孔隙缩小型喉道（图5b）、弯片状喉道（图5c）和管束状喉道（图5d）等类型。

2.2.2　孔隙结构类型

下石盒子组砂岩储层的孔隙组合主要为单一型的微孔型、粒内溶孔型和复合型的微孔—微裂隙型、粒间孔—晶间孔—粒内溶孔型、晶间孔—粒内溶孔—微裂隙型（表1）。结合孔渗可

表1　研究区 X-1 井下石盒子组孔隙组合类型表

样品	主要孔隙组合类型
L1	微孔
L2	粒内溶孔
L3	粒内溶孔
L4	晶间孔—粒内溶孔
L5	晶间孔—粒内溶孔—微裂隙
L6	晶间孔—粒内溶孔
L7	微孔
L8	粒间孔—晶间孔—粒内溶孔—微裂隙
L9	晶间孔
L10	粒内溶孔—粒间溶孔
L11	微孔
L12	粒间孔—晶间孔—粒内溶孔
L13	微孔
L14	微孔
L15	微孔—微裂隙
L16	微孔
L17	微孔—微裂隙

知，以粒间孔、晶间孔和溶孔为主的复合型孔隙组合多存在于中—粗粒岩屑石英砂岩中，孔径较大，连通性好，对储层渗透率贡献大；以微孔、微裂隙为主的孔隙组合多存在于粒度小的岩屑砂岩中，连通性较差，虽然数量较多，

图4　X-1井下石盒子组砂岩孔隙特征图

a. 局部粒间孔发育，形态规则（X-1，855.8m，×20，单偏光）；b. 石英颗粒粒间溶孔（X-1，833m，×100，单偏光）；

c. 石英岩岩屑粒内溶孔（X-1，855.8m，×50，单偏光）；d. 铸模孔（X-1，P_2X，855.8m，×100，单偏光）；

e. 书页状高岭石晶间孔（X-1，855.8m，×2000，SEM）；f. 微裂隙（X-1，818m，×800，SEM）

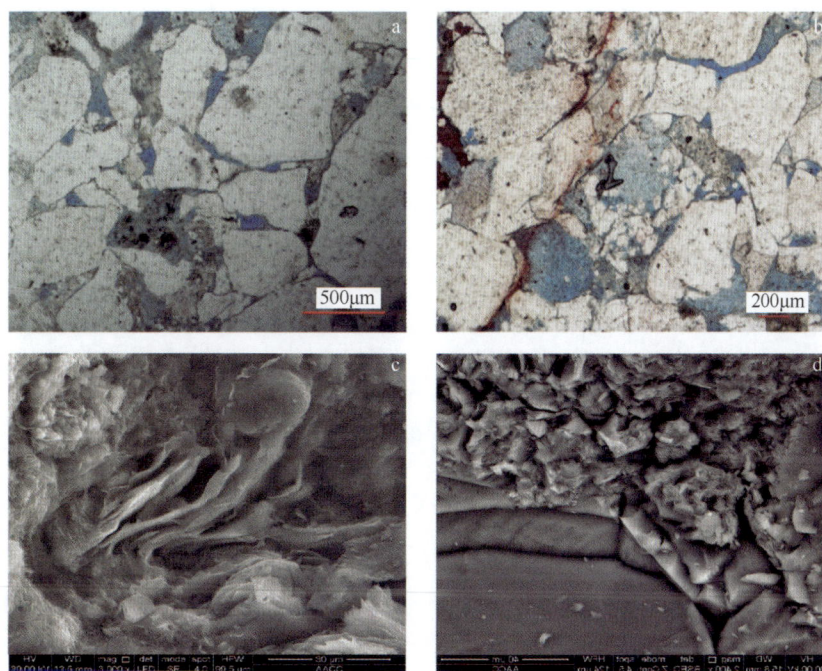

图5　X-1井下石盒子组砂岩喉道特征图

a 缩颈型喉道（X-1，855.8m，×50，单偏光）；b. 孔隙缩小型喉道（X-1，855.8m，×50，单偏光）；

c. 弯片状喉道（X-1，833m，×3000，SEM）；d. 管束状喉道（X-1，890.48m，×2400，SEM）

对孔隙度有一定贡献却无益于渗透率。

　　毛细管压力曲线能反映岩样孔隙喉道的分布规

律，其曲线形态可以评估岩石储集性能好坏。研究

区5个砂岩样品高压压汞分析表明（图6），孔隙

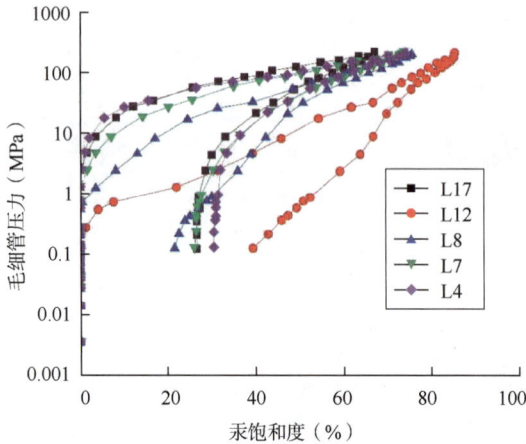

图6　X-1井下石盒子组砂岩毛细管压力曲线图

度、渗透率较低，排驱压力较小，孔隙结构较好；中值压力较高，储集物性较差；中值半径较小，分选系数平均为1.7897，喉道歪度主要为负歪度，表明大部分砂岩的孔喉以细孔喉为主，较小孔喉的分选较好；最大进汞饱和度较高，孔喉连通性较好（表2）；退汞效率较大，孔隙与喉道的尺寸大小较均匀。孔渗关系呈正相关且非均质性强。

2.3　储集物性

2.3.1　孔渗特征

孔隙度和渗透率是一般储层评价的物性参数，

表2　压汞参数统计表

样品编号	孔隙度（%）	渗透率（mD）	排驱压力（MPa）	中值压力（MPa）	分选系数	歪度	中值半径（μm）	最大进汞饱和度（%）	退汞效率（%）
L17	5.5	0.0193	7.4917	110.54	1.3472	-0.313	0.0066	66.27	60.82
L12	16.4	6.3582	0.5273	11.519	2.6586	0.093	0.0638	85.47	54.29
L8	8.0	0.7358	1.2203	52.597	2.1887	-0.272	0.0140	75.12	71.73
L7	5.5	0.0139	4.3581	80.956	1.5865	-0.307	0.0091	73.22	64.73
L4	7.6	0.6716	15.004	88.990	1.1674	-0.217	0.0083	73.92	59.11
平均	8.6	1.5598	5.7202	68.920	1.7897		0.0204	74.8	62.14

也是衡量储集空间储集物性的重要定量指标，能反映岩石存储流体和运输流体能力。研究区下石盒子组孔隙度主要分布在0~12%之间，大部分都在4%~8%之间（图7），最大的为16.4%，最小为5.5%，平均为8.6%，均小于10%，为典型的致密储层。下部S_2层孔隙度比上部S_1层孔隙度大，与S_2层主要孔隙类型为粒间孔有关系。

研究区砂岩渗透率分布主要集中在0.01~1mD之间（图8），最大渗透率为6.3582mD，最小为0.0139mD，平均为1.55976mD。下部S_2层渗透率比上部S_1层渗透率大。对渗透率贡献最大的是0.1

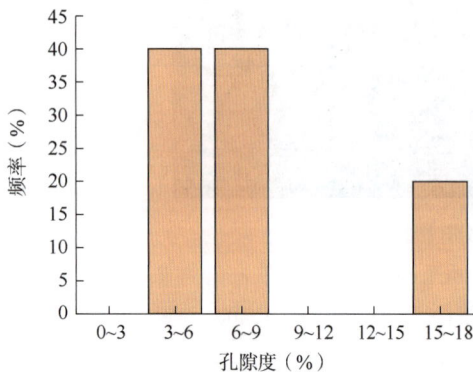

图7　下石盒子组砂岩孔隙度分布频率图

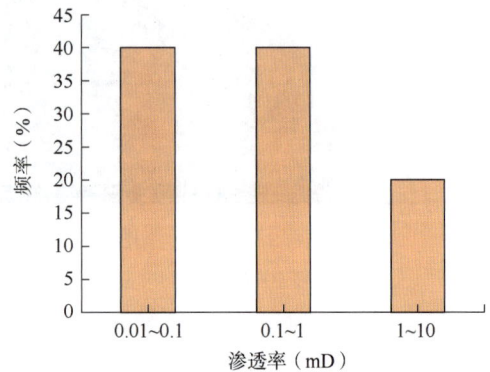

图8　下石盒子组砂岩渗透率分布频率图

~0.7μm 半径的孔喉。

2.3.2　孔渗相关性

　　垂向上孔隙度与渗透率的变化具有一致性，说明二者具有正相关关系；渗透率变化范围为 0～6.3528mD，孔隙度变化范围在 4%～8% 之间。在 S2 层上部 855.8m 处存在一个高孔渗层，孔隙度平均为 16.4%，渗透率平均为 6.3528mD。孔隙度与渗透率正相关(图 9)，大致呈指数关系，相关系数为 0.7322。

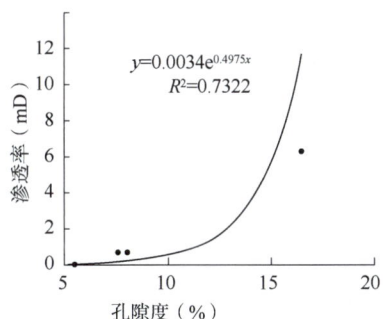

图 9　孔隙度与渗透率相关性图

2.4　孔隙结构分形特征

　　分形理论可以用来研究解释地质现象，建立的分形模型可以反映地质现象的空间复杂性，砂岩的孔隙结构在一定尺度内具有分形特征[22]。

　　利用 Mandlbrot 的几何维数方法，结合某一压力下进入岩样的汞体积等于该压力对应的连通孔隙和喉道体积之和这一原理，推导分形维数得到：

$$\ln S_{Hg} = (D-2)\ln p_c + \ln\alpha$$

式中　S_{Hg}——汞饱和度,%;

　　　p_c——毛细管压力，MPa;

　　　α——常数;

　　　D——分形维数[23]。

　　利用分形方法，结合压汞参数做出每个样品 $\ln S_{Hg}$—$\ln p_c$ 的拟合关系并得到分形维数，孔喉结构分形维数应在 2~3 的区间内。但 X-1 井结果显示全部下石盒子组砂岩样品在拐点之下的分形维数大于 3，因而不具备分形特征(图 10、表 3)。

　　X-1 井下石盒子组砂岩样品 $\ln S_{Hg}$—$\ln p_c$ 的拟合

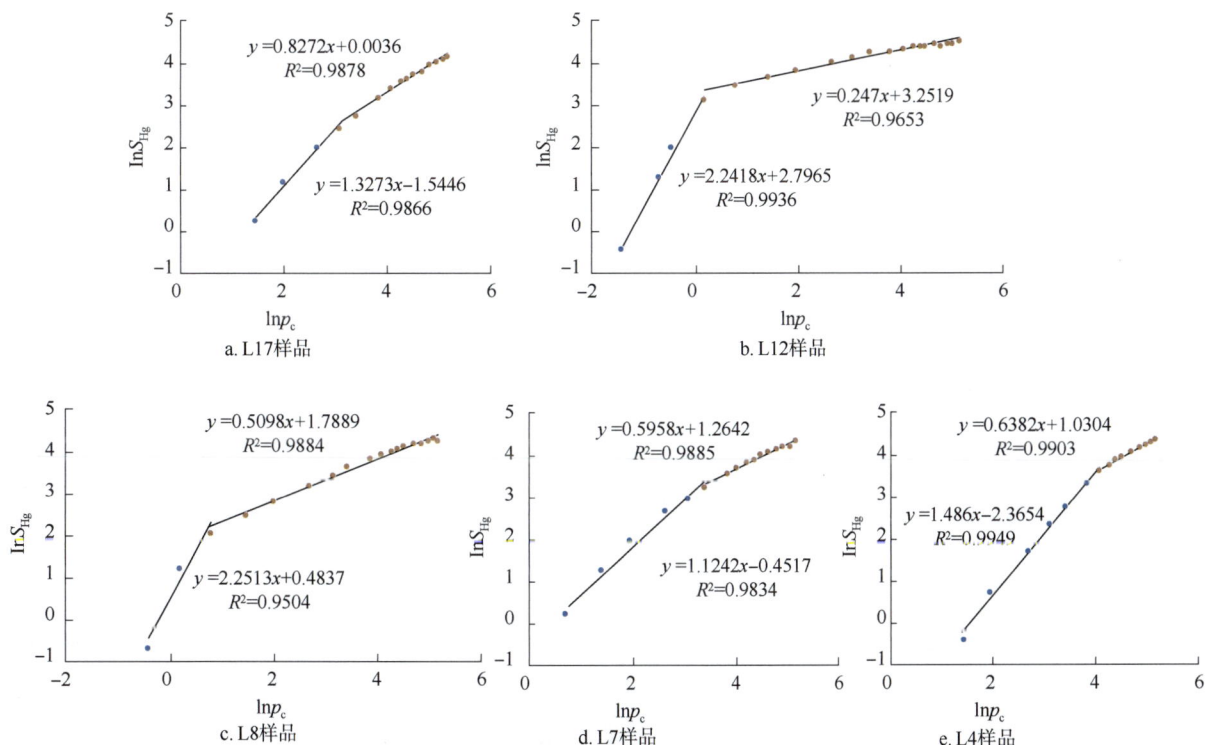

图 10　致密砂岩高压压汞数据分形特征图

关系曲线呈两段分形结构，表明孔喉结构偏复杂，孔喉分布非均质性较强。分形维数介于 2.5~2.85，S_1 层和 S_2 层下部砂岩分形维数趋于 3，说明孔喉分选较差，S_2 层上部样品分形维数趋于 2，孔喉分布集中。相关系数均大于 0.95，结果可信。

孔隙结构的复杂程度会对储层物性造成一定影响，根据样品分形维数与孔隙度和渗透率的关系图可知：分形维数与孔隙度和渗透率呈负相关关系（图11）。随着分形维数增大，孔喉表面的光滑程度、孔隙分布的均匀程度及连通程度都会由高变低，从而导致储层物性由好变差，非均质性由弱变强。

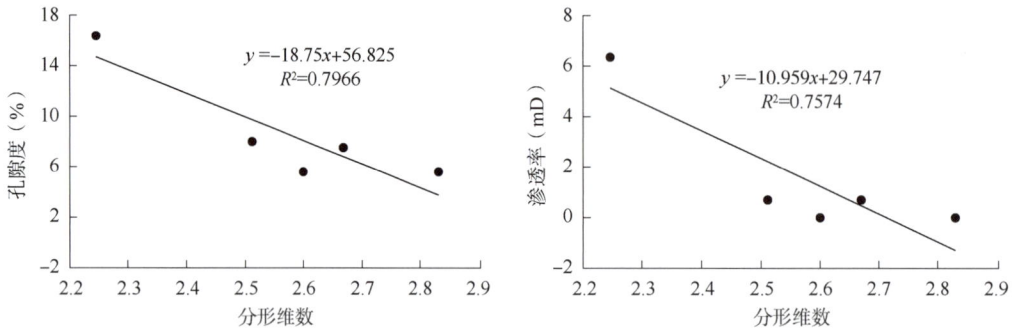

图 11　储层物性与分形维数关系图

表 3　研究区砂岩分形维数表

样品编号	深度（m）	分形 D1		分形 D2	
		分形维数	相关系数	分形维数	相关系数
L17	890.48	3.34	0.99	2.83	0.99
L12	855.80	4.25	0.99	2.25	0.97
L8	833.00	4.24	0.95	2.51	0.99
L7	830.50	3.14	0.98	2.60	0.99
L4	818.00	3.49	0.99	2.67	0.99

利用高压压汞实验得出的样品孔隙结构参数与分形维数进行相关性分析可知，排驱压力、中值压力与分形维数呈正相关关系，中值半径、最大孔喉半径、分选系数、歪度与分形维数呈负相关关系。随着分形维数由小变大，排驱压力和中值压力由小变大，储层物性由好变坏；中值半径和最大孔喉半径由大变小，大孔数量由多变少，储层储集性由好变差；分选系数和歪度由大变小，孔喉分布趋于集中，孔喉大小分布更靠近相对小的，分选系数小、歪度大的储层物性相对较好（图12）。分形维数小，

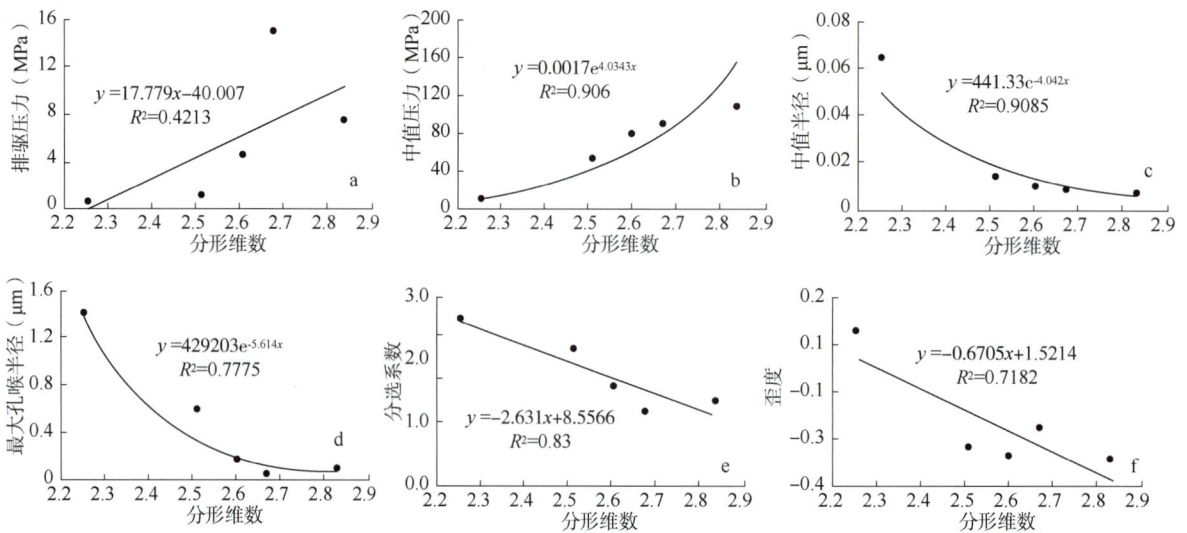

图 12　孔隙结构参数与分形维数关系图

排驱压力和中值压力小、中值半径和最大孔喉半径大、分选系数小、歪度大的储层物性好，所以 S_1 层和 S_2 层下部砂岩储层物性较差，S_2 层上部砂岩储层物性较好。

3 成岩作用特征

3.1 成岩作用类型

对 X-1 井、Y1 井下石盒子组砂岩 17 个样品铸体薄片进行显微镜下观察分析，结果表明，储层主要经历的成岩作用有：压实作用、压溶作用、溶蚀作用、胶结作用、交代作用及破裂作用。

3.1.1 破坏性成岩作用

（1）压实作用、压溶作用。X-1 井下石盒子组砂岩主要为颗粒支撑，颗粒间以线接触、孔隙式胶结为主，表明所受的压实、压溶作用强烈。强烈的

压实作用后，刚性碎屑颗粒压碎或出现裂纹；塑性颗粒发生塑性变形、扭曲和假杂基化（图13a）；部分颗粒之间呈凹凸接触和缝合线接触。

（2）胶结作用。X-1 井下石盒子组砂岩胶结类型主要有硅质胶结、碳酸盐胶结及黏土矿物胶结。硅质胶结主要有石英次生加大和自生石英充填两种方式；碳酸盐胶结物主要有方解石和少量菱铁矿（图13b、c）、铁白云石；黏土矿物是重要的填隙物，X-1 井下石盒子组砂岩中黏土矿物主要为高岭石（图13d）、伊利石、绿泥石。

（3）交代作用。X-1 井下石盒子组砂岩交代作用主要为方解石交代岩屑、斜长石发生绢云母化并且在石英颗粒边缘与绢云母接触的地方呈微锯齿状（图13e），交代作用使得大颗粒转化为细小颗粒，虽然增加了微孔数量，但降低了渗透率，一定程度上破坏了储集性能。

图 13 研究区 X-1 井下石盒子组砂岩成岩作用特征图

a. 压实作用导致云母、岩屑变形（X-1，818m，×50，正交偏光）；b. 方解石镶嵌连晶状充填粒间孔（X-1，848.5m，×50，单偏光）；c. 菱铁矿沿纹层富集（X-1，890.48m，×50，单偏光）；d. 六方书页状高岭石松散充填粒间孔（X-1，855.8m，×1000，SEM）；e. 方解石交代碎屑（X-1，827.2m，×100，单偏光）；f. 铸模孔（X-1，833m，×100，单偏光）

3.1.2 建设性成岩作用

（1）溶蚀作用。溶蚀作用能增大储集空间，对改善储层物性起到很重要的作用。Y1 井下石盒子

组砂岩溶蚀作用较为普遍，形成的粒内溶孔、粒间溶孔在孔隙类型中占主导地位，长石、岩屑、黏土杂基等均受溶蚀形成次生溶孔，强烈的溶蚀还可以

形成铸模孔(图13f)。

（2）破裂作用。显微镜下观察可见沿颗粒边缘发育微裂隙，微裂隙长短不一宽窄不等，对黏土矿物间的微孔起沟通作用，改善了渗透性，同时也促进了溶蚀作用。

3.2 成岩作用阶段

依据2003年SY/T 5477—2003《碎屑岩成岩阶段划分》中的沉积水介质为淡水—半咸水的分类标准划分X-1井下石盒子组砂岩成岩阶段，颗粒间主要呈点—线接触，脆性颗粒有破裂，云母等塑性颗粒发生明显挤压变形，黏土矿物以高岭石、绿泥石为主，碳酸盐胶结物以方解石为主，孔隙组合类型主要为微孔型、粒内溶孔型、微孔—微裂隙型、晶间孔—粒内溶孔型。综合判断X-1井下石盒子组砂岩的成岩演化阶段为中成岩B期。

3.3 储层成岩序列及孔隙演化

X-1井下石盒子组砂岩自沉积到晚三叠世经历了早、中成岩A期、B期。

早成岩阶段：A期，以压实作用为主，发育粒间孔，绿泥石、菱铁矿充填孔隙，降低储集空间，B期石英次生加大边较普遍，常呈厚环边状包裹在碎屑石英颗粒边缘，含有少量自形石英晶体，早期的亮晶方解石等矿物形成，压实作用较早成岩A期变弱，到早成岩末期达到最小。该阶段原生孔隙随埋深增加而逐渐减少，高岭石和自生石英充填孔隙，但铝硅酸矿物发生溶蚀产生的次生孔隙增加了孔隙体积。

中成岩阶段：A期早期，高岭石沉淀，大部分松散的堆积在碎屑颗粒粒间孔中，并且保留良好的晶间孔；少数高岭石分布于长石的溶孔中，此类高岭石重结晶后堆积紧密，晶间孔极小。A期末期，储层成岩流体由酸性变为碱性，铁白云石形成，晶形呈很好的菱形粉晶—细晶，常见数个晶体聚合在一起零星分布于砂岩的粒间孔或溶孔内。B期主要表现为孔隙充填绿泥

石、伊利石的形成。该阶段受胶结作用和溶蚀作用的影响，其次还受构造作用的影响，以次生溶孔和微孔为主，发育少量残余粒间孔、高岭石晶间孔和微裂隙。

沉积初期X-1井下石盒子组砂岩储层中主要为岩屑石英砂岩和岩屑砂岩，原始孔隙度平均为33.6%，早成岩期之后砂岩的平均孔隙度降至15.1%，中成岩阶段末的孔隙度为9.3%[9]，受压实作用影响减少的孔隙度为18.5%，受胶结作用、溶蚀作用减少的孔隙度为6.8%，可见压实作用、胶结作用对孔隙演化的影响极大。

综上所述，下石盒子组砂岩储层的成岩演化顺序为：压实作用→早期黏土矿物薄膜形成→菱铁矿、绿泥石胶结→石英次生加大边形成→亮晶方解石胶结→长石等溶蚀→高岭石、伊利石沉淀→次生溶孔→铁白云石胶结→早期方解石溶解(图14)。

4 储层影响因素

4.1 沉积作用

骨架颗粒类型、物质成分、粒度、分选、磨圆、杂基含量等决定了优质储层发育的物质基础，沉积环境决定了沉积物的性质，进而对后续成岩作用产生影响。研究区X-1井下石盒子组砂岩以岩屑砂岩为主，较高的岩屑含量导致储层易压实，物性变差。且成分成熟度较低，不利于储层的发育。

4.2 成岩作用

成岩作用是储层发育的关键因素，研究区X-1井下石盒子组的成岩作用对物性的影响主要体现如下：

（1）强烈的压实作用直接降低了孔隙度和渗透率，导致储层物性变差。脆性颗粒发生断裂、塑性颗粒弯曲变形、碎屑颗粒间线接触等现象揭示了明显的强压实作用。

（2）不同类型、不同时期的胶结作用对孔隙既有保护作用又有破坏作用。早期自生石英、方解石

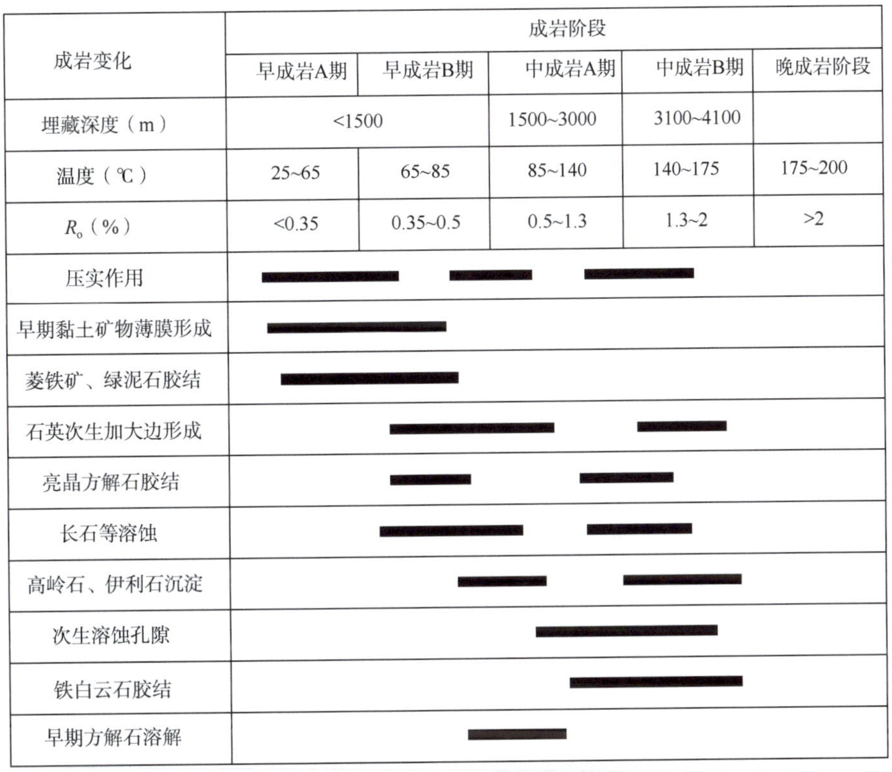

成岩变化	成岩阶段				
	早成岩A期	早成岩B期	中成岩A期	中成岩B期	晚成岩阶段
埋藏深度（m）	<1500		1500~3000	3100~4100	
温度（℃）	25~65	65~85	85~140	140~175	175~200
R_o（%）	<0.35	0.35~0.5	0.5~1.3	1.3~2	>2
压实作用					
早期黏土矿物薄膜形成					
菱铁矿、绿泥石胶结					
石英次生加大边形成					
亮晶方解石胶结					
长石等溶蚀					
高岭石、伊利石沉淀					
次生溶蚀孔隙					
铁白云石胶结					
早期方解石溶解					

图 14　研究区致密砂岩成岩演化模式图

等胶结物充填阻塞孔喉，导致物性降低；绿泥石薄膜的形成虽然占据了一定的孔隙空间，但是也削弱了压实作用对储层孔隙的破坏；晚期胶结物只是充填孔隙，降低储层物性；Y1 井下石盒子组砂岩胶结物中以高岭石居多，提高了砂岩的抗压性，并且形成大量高岭石晶间孔，改善了储集性能；而硅质胶结物和碳酸盐胶结物含量则与储层孔渗呈负相关。

（3）后期溶蚀作用有效改善了储层物性。不稳定组分受溶蚀分解，形成次生溶孔，扩大孔隙空间。

4.3　构造作用

构造应力作用下岩石破碎形成微裂隙，改善了渗透性，对储层发育有利。研究区地层处于整体抬升的构造背景，裂隙不发育，显微镜下极少见微裂隙，也导致了储层的渗透率较低。

5　结论

（1）下石盒子组砂岩成分成熟度低，岩石类型主要为岩屑砂岩，其次为岩屑石英砂岩，岩屑含量高，胶结物主要为硅质、碳酸盐、黏土矿物。中粒、粗粒砂岩为主，分选较好—好，磨圆为次棱状—次圆状，颗粒支撑，颗粒间点、线接触为主，孔隙式胶结。主要储集空间有原生粒间孔、微孔、溶孔、晶间孔及微裂隙。主要孔隙组合为微孔型、粒内溶孔型、微孔—微裂隙型、粒间孔—晶间孔—溶孔型、晶间孔—溶孔—微裂隙型。喉道类型有缩颈型、孔隙缩小型、片状、弯曲片状及管束状喉道。

（2）下石盒子组砂岩孔隙度、渗透率较低，排驱压力较小，以细孔喉为主，较小孔喉的分选较好；最大进汞饱和度较高，孔喉连通性较好；未饱和汞饱和度较小，喉道较少；退汞效率较高，孔隙与喉道的尺寸大小较均匀。孔渗呈正相关且非均质性强。分形呈两段结构，分形维数介于 2.5~2.85，相关系数大于 0.95，孔喉分选较差，孔隙结构复杂。

（3）下石盒子组砂岩储层主要经历的成岩作用有：压实作用、压溶作用、溶蚀作用、胶结作用、交代作用、破裂作用。其中压实作用、压溶作用、胶结作用、交代作用对储集空间的形成起破坏性作用，溶蚀作用、破裂作用起建设性作用。成岩阶段达到中成岩 B 期，成岩序列为：压实作用→早期黏土矿物薄膜形成→菱铁矿、绿泥石胶结→石英次生加大边形成→亮晶方解石胶结→长石等溶蚀→高岭石、伊利石沉淀→次生溶孔→铁白云石胶结→早期方解石溶解。

（4）下石盒子组砂岩储层发育受沉积、成岩及构造等多因素影响，沉积控制了原始沉积物的成分结构，成岩作用中压实作用直接导致储层物性变差，胶结作用对孔隙既有保护作用又有破坏作用，后期的溶蚀作用有效改善了储层物性。构造应力下产生的微裂隙可有效改善储层渗透性。

参考文献

[1] 邱振，邹才能，李建忠，等. 非常规油气资源评价进展与未来展望[J]. 天然气地球科学，2013，24(2)：238-246.

[2] Gao H, Li H A. Pore structure characterization, permeability evaluation and enhanced gasrecovery techniques of tight gas sandstones[J]. Journal of Natural Gas Science & Engineering, 2016, 28: 536-547.

[3] Spencer C W. Geologic aspects of tight gas reservoirs in the rocky mountain region[J]. Journal of Petroleum Technology, 1985, 37(8): 1308-1314.

[4] Holditch S A. Tight Gas Sands[J]. Journal of Petroleum Technology, 2006, 58(6): 86-93.

[5] 关德师. 中国非常规油气地质[M]. 北京：石油工业出版社，1995.

[6] 杨晓宁，张惠良，朱国华. 致密砂岩的形成机制及其地质意义：以塔里木盆地英南 2 井为例[J]. 海相油气地质，2005，10(1)：31-36，59

[7] 张哨楠. 致密天然气砂岩储层：成因和讨论[J]. 石油与天然气地质，2008，29(1)：1-3.

[8] 戴金星，倪云燕，吴小奇. 中国致密砂岩气及在勘探开发上的重要意义[J]. 石油勘探与开发，2012，39(3)：257-264.

[9] 赵靖舟，付金华，姚泾利，等. 鄂尔多斯盆地准连续型致密砂岩大气田成藏模式[J]. 石油学报，2012，33(增刊 1)：37-52.

[10] 国家能源局. 致密砂岩气地质评价方法：GB/T 30501—2014[S]. 北京：石油工业出版社，2011.

[11] 张兴良，田景春，王峰，等. 致密砂岩储层成岩作用特征与孔隙演化定量评价：以鄂尔多斯盆地高桥地区二叠系下石盒子组盒 8 段为例[J]. 石油与天然气地质，2014，35(2)：212-217.

[12] Mode A W, Anyiam O A, Anigbogu E C. The effect of diagenesis on reservoir quality of Mamu Sandstone, Anambra basin, Nigeria[J]. Journal of the Geological Society of India, 2016, 87(5): 583-590.

[13] 刘伟，张德峰，刘海河，等. 致密砂岩储层特征及产能有效性测井评价[J]. 测井技术，2014，38(6)：735-739.

[14] Yang L, Xu T, Liu K, et al. Fluid-rock interactions during continuous diagenesis of sandstonereservoirs and their effects on reservoir porosity[J]. Sedimentology, 2017, 64(5).

[15] 杨晓萍，裴怿楠. 低渗透储层成因机理及其优质储层的形成与分布[C]. 第二届中国石油地质年会，2006.

[16] Leder F, Park W C. Porosity reduction in sandstone by quartz overgrowth[J]. AAPG Bulletin, 1986, 70(11): 1713-1728.

[17] Scherer M. Parameters influencing porosity in sandstones: a model for sandstone porosityprediction[J]. AAPG Bulletin, 1987, 71(5): 485-491.

[18] 郭德运. 鄂尔多斯盆地东部上古生界沉积体系研究[D]. 西安：西北大学，2009.

[19] 李洁，陈洪德，侯中健，等. 鄂尔多斯盆地东北部下石盒子组盒 8 段辫状河三角洲沉积特征[J]. 沉积与特提斯地质，2008，28(1)：27-32.

[20] 沈玉林，郭英海，李壮福. 鄂尔多斯盆地苏里格庙地区二叠系山西组及下石盒子组盒八段沉积相[J]. 古地理学报，2006，8(1)：53-62.

[21] 曾允孚. 沉积岩石学[M]. 北京：地质出版社，1986.

[22] Katz A J, Thompson A H. Fractal sandstone pores: Implications for conductivity and poreformation.[J]. Physical Review Letters, 1985, 54(12): 1325-1328.

[23] 杨海，孙卫，明红霞，等. 分形几何在致密砂岩储层微观孔隙结构研究中的应用：以苏里格气田东南部上石盒子组盒 8 段为例[J]. 石油地质与工程，2015，29(6)：103-107.

准噶尔盆地中拐凸起
二叠系佳木河组天然气藏地质特征

靳　军，杨海波

中国石油新疆油田公司实验检测研究院，新疆克拉玛依 834000

摘　要：准噶尔盆地中拐凸起二叠系佳木河组的沉积岩、火山岩储层广泛分布，是岩性气藏的有利靶区。为加大中拐凸起天然气藏的研究力度，在前人研究的基础上，通过近年来发现的典型油气藏的地质特征进行分析，重点针对二叠系佳木河组气藏的构造、岩性、烃源岩和沉积相等地质特征开展分析。建立了中拐凸起佳木河组火山岩和沉积岩岩性识别图版，指出了佳木河组储层岩性以沉积岩为主，火山岩次之，气藏类型为岩性控制下的自生自储型气藏。对 561 井—581 井区佳木河组天然气藏进行了细致解剖，重新计算了探明含气面积和天然气储量，取得了显著效果，对中拐凸起下一步的勘探和生产提供了地质导向。

关键词：准噶尔盆地；中拐凸起；佳木河组；天然气藏；地质特征

Geological Characteristics of Natural Gas Reservoir of Permian Jiamuhe Formation in Zhongguai Margin, Junggar Basin

Jin Jun, Yang Haibo

Research Institute of Experiment and Testing, Xinjiang Oilfield Company, PetroChina, Karamay, Xinjiang 834000, China

Abstract：The Permian Jiamuhe Formation in Zhongguai margin of Junggar Basin, which includes various sediment rocks and carboniferous igneous rocks, is a perfect section of lithological gas reservoir research. In order to gain deeply insights into the natural gas reservoir, based on the previous study results and geological characteristics analysis of typical reservoir, this paper mainly discusses the structure, lithology, hydrocarbon and sediment characteristics, and builds up models for identifying lithology of sediment rocks and carboniferous igneous rocks, and points out the primary lithology of Jiamuhe Formation is sediment rocks, lesser carboniferous igneous rocks, and gas reservoir is self-source reservoir control by lithology. Based upon this opinion, it reinvestigates the gas reservoir characteristics and the gas reservoir area of 561-581 well-region, providing geological guidance for further exploration and production in Zhongguai margin.

Key words：Junggar Basin；Zhongguai Margin；Jiamuhe Formation；natural gas reservoir；geological characteristics

---

第一作者简介：靳军，1970 年生，男，博士，从事石油地质综合研究工作。

邮箱：jinjun@ petrochina. com. cn

1 勘探现状

中拐凸起构造上位于准噶尔盆地西部隆起克百断裂带东南部，区内二叠系各组地层自南东向北西逐层超覆沉积，风城组（P_1f）、夏子街组（P_1x）、下乌尔禾组（P_2w）沉积范围小，佳木河组（P_1j）和上乌尔禾组（P_3w）沉积范围广、厚度大，在二叠系之上较为完整地沉积了三叠系、侏罗系和白垩系。勘探面积约为 2500km²（图 1）。

区内含气储层主要为二叠系佳木河组，由碎屑岩和火山岩—火山碎屑岩组成，自上而下分为上、中、下 3 个亚组，其中，在中拐凸起东北翼发育中下亚组，缺失上亚组；凸起高部位仅发育下亚组，甚至佳木河组整体缺失。根据中拐凸起二叠系天然气勘探成果，天然气主要富集层位为佳木河组中亚组，如 561 井区、581 井区、克 82 井区气藏；其次为上乌尔禾组，如 546 井区、克 75 井区[1-2]。

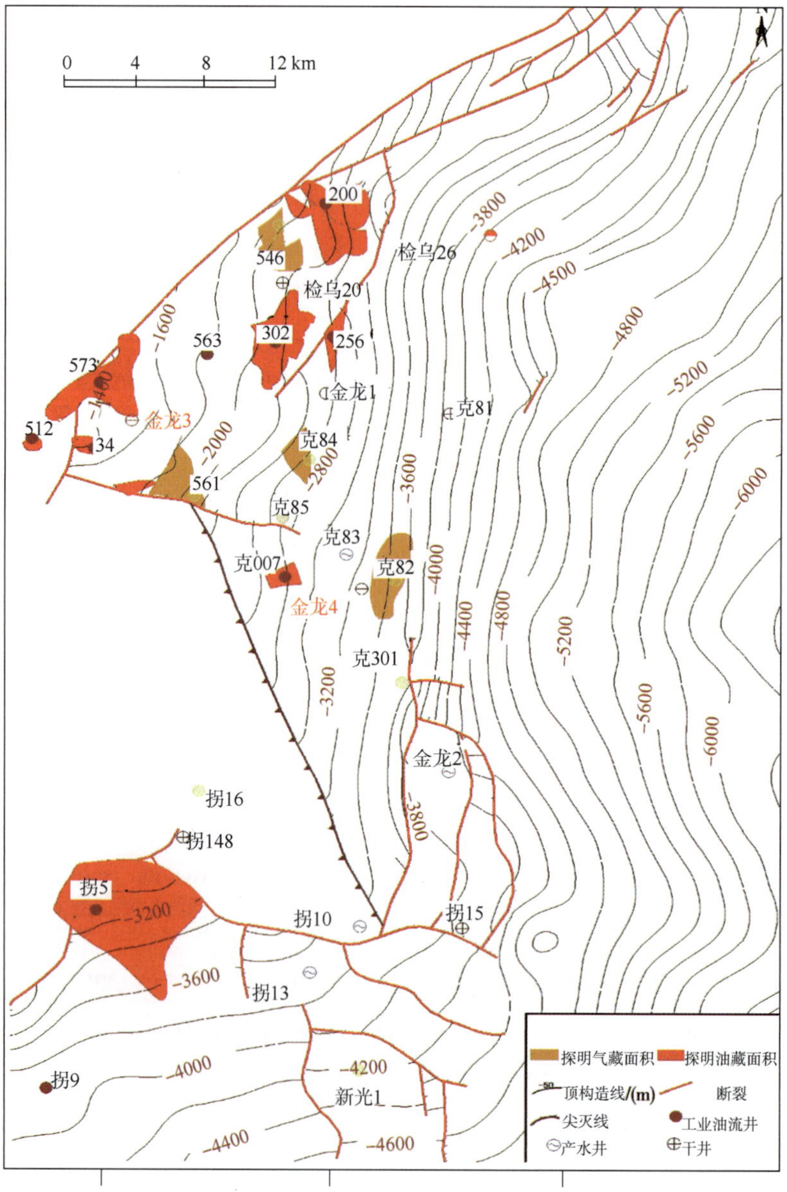

图 1 中拐凸起二叠系佳木河组勘探成果图

2　佳木河组天然气藏地质特征

2.1　构造特征

中拐凸起二叠纪时经历多期构造运动，造成地层多次抬升、剥蚀、尖灭，构造形态表现为南东倾的单斜。中—下二叠统的地层尖灭线延伸方向基本上平行于中拐凸起轴向，表明中拐凸起在二叠纪早期活动较为强烈，控制了中—下二叠统特别是佳木河组的地层展布，而在二叠纪晚期构造活动趋弱。

受构造运动的影响，中拐凸起二叠系发育北东向和南东向两组逆断裂，平面上，凸起南部断裂较发育，北部断裂欠发育；纵向上，下二叠统佳木河组断裂广泛发育，自下而上断裂发育程度逐渐降低。强烈的构造运动背景造就了二叠系多个不整合面、多期断裂系统和复杂的岩性类型，在中拐凸起主体部位佳木河组削蚀线附近发育了一系列岩性圈闭、断块圈闭和断层—地层圈闭(图2)。

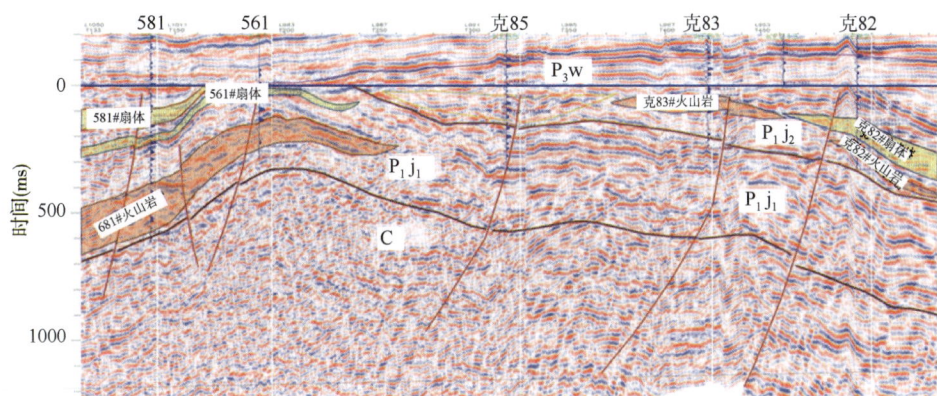

图2　581井—克82井过井地震—岩相解释剖面图

2.2　岩性特征

中拐凸起二叠系佳木河组岩性类型十分复杂，按岩性特征可分为3个亚段：下亚段厚约1000m，与下伏石炭系不整合接触，下亚段下部为深灰色凝灰质角砾岩、斑状粗面安山岩夹角砾状凝灰岩，中部为深灰色沉玻屑凝灰岩、岩屑砂岩夹辉石安山岩互层，上部以灰黑色沉凝灰岩、凝灰质粉砂质泥岩、黑色泥岩为主夹棕灰色凝灰质粉砂岩。中亚段厚约1800m，整体岩性较粗，与下亚段整合接触，自下而上分为火山岩+火山碎屑岩段、火山岩段和砂砾岩段。火山岩+火山碎屑岩段岩性与下亚段相似，但火山岩含量明显增多。火山岩段下部为棕红色凝灰岩，中部为浅灰色玄武岩，上部为褐灰色、暗棕色火山角砾岩。砂砾岩段岩性为轻变质的棕褐色、灰褐色不等粒砾岩。上亚段厚170～900m，与中亚段假整合接触，为一套中酸性喷发岩、凝灰岩和凝灰质碎屑岩。

为了应用测井资料有效识别岩性，通过岩心和薄片刻度测井，分别建立了火山岩和沉积岩常规测井识别图版，并依据岩性识别图版开展了96口探井佳木河组岩性综合解释。解释成果表明，二叠系佳木河组以沉积岩为主，火山岩次之。其中，主力含气层佳木河组中亚组主要为沉积岩，上亚组和下亚组火山岩和沉积岩厚度相当(图3)。

2.3　烃源岩分析

中拐凸起佳木河组向西北缘断裂带方向呈楔状加厚的趋势明显，而向盆地中心方向则为减薄趋势。以此变化趋势，推测佳木河组烃源岩主要分布于中拐凸起及其西北翼，最大厚度可达250m。上亚段、中亚段基本不具备生烃条件，烃源岩主要分布在下亚段。

佳木河组现有烃源岩样品为凝灰岩和泥岩，主要采自581井、561井、574井及558井。有机质丰度较低，有机碳含量为0.08%～0.74%，平均为0.33%；氯仿沥青"A"含量为0.0014%～0.0103%，平均为0.0040%；S_1+S_2为0.05～0.25mg/g，平均

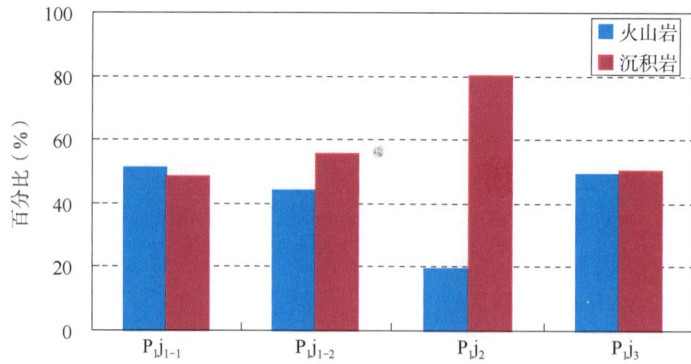

图3 二叠系佳木河组钻揭岩类比率统计图

为0.12mg/g；镜质组反射率为1.38%～1.90%，有机质热演化程度总体上较高，但随区域和层位的不同而有所差异。干酪根H/C、O/C原子比已处于热演化的终结阶段，镜鉴结果以Ⅲ型为主，表明佳木河组烃源岩以腐殖型有机质为主，有机质成熟度已达到高成熟—过成熟阶段。

中拐凸起二叠系原油地球化学特征对比和天然

气碳同位素特征对比发现，二叠系原油来自风城组烃源岩，天然气来自佳木河组腐殖型烃源岩。因此，佳木河组天然气藏为自生自储型气藏，属晚期成藏，成藏条件较好。

2.4 沉积相和储层特征

佳木河组碎屑岩沉积相以冲积扇为主，亚相类

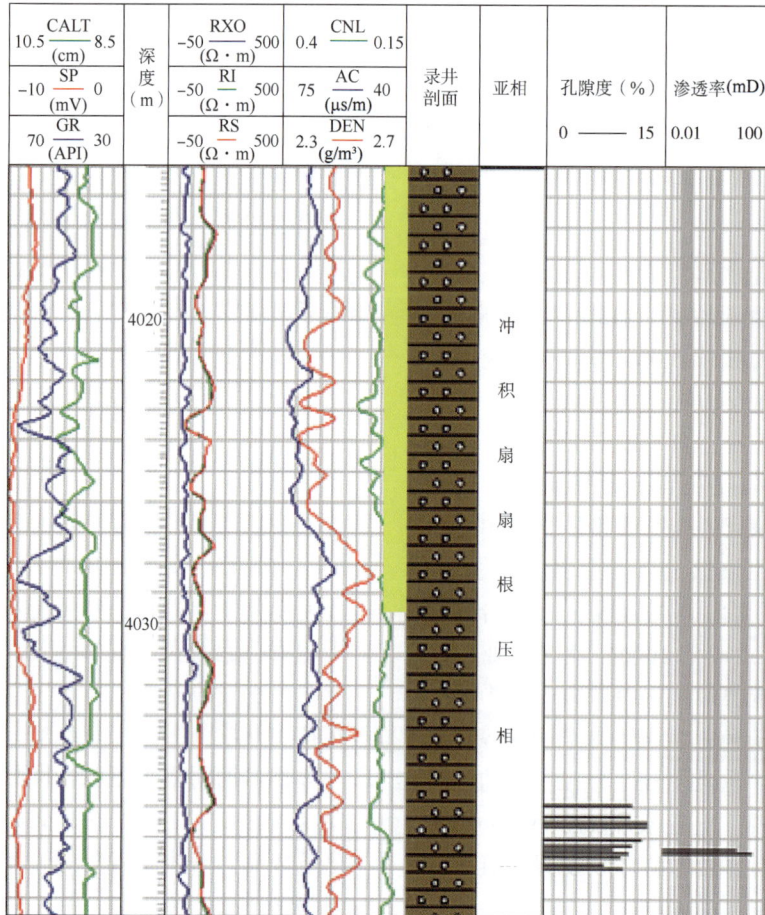

图4 克82井碎屑岩储层与岩相关系图

型主要有扇根、扇中和扇缘。扇根为厚层、块状混杂沉积的砂砾岩沉积，属泥石流微相；扇中为泥岩夹中厚层的砂岩沉积，砂质纯净，与泥岩冲刷接触，磨圆为次棱角状—次圆状，属分流河道微相，扇缘为砂砾岩、砂岩、泥岩的薄互层沉积，粒度较扇根明显变细，属漫流微相。

火山岩相以溢流相和火山爆发相为主，主要分布于断裂带和尖灭带。溢流相岩性主要为安山岩、流纹岩，爆发相岩性主要为火山角砾岩、凝灰岩。

中拐凸起佳木河组储层的岩性、物性多样。碎屑岩有效储层主要为冲积扇扇根—扇中亚相的砂砾岩和砂岩（图4）。砂砾岩孔隙结构较好，孔隙类型以粒内溶孔为主，喉道多为中喉道，压汞曲线发育平缓段，而砂岩以细喉道—微喉道为主，物性略差（图5）。火山岩有效储层主要为火山爆发相的火山角砾岩和溢流相的流纹岩、安山岩，具有相对较好的孔隙类型及孔隙结构。火山角砾岩孔隙类型为粒内溶孔、气孔和基质孔，流纹岩、安山岩孔隙类型以气孔为主，其次为斑晶和基质溶孔和收缩缝。统计分析表明，佳木河组储层与深度关系不明显，即埋深对储层物性影响不大[3-5]。

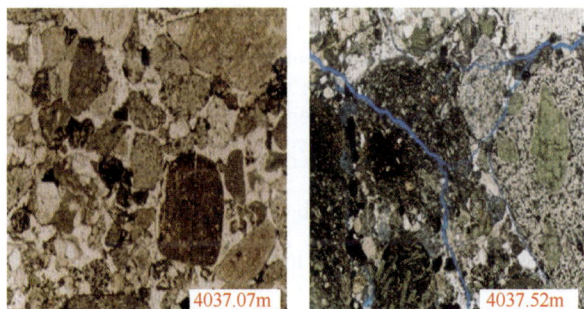

图5　克82井碎屑岩储层岩性显微照片

3　典型勘探实例

中拐凸起561井—581井区佳木河组天然气藏在申报控制储量时认为是断块型构造气藏，储层岩性主要为砂砾岩，属冲积扇扇中亚相。为进一步深化中拐凸起佳木河组天然气藏的地质认识，从构造、岩性和沉积储层等特征精细对比和刻画入手，

对气藏控制因素和类型进行了重新解剖，发现581井区气藏开发井K50210井气层与581井气层并非同一层，也不是同一断块气藏，而与断块外的561井气层属同一气藏。结合克82井区佳木河组已探明气藏和克84井、克85井、克301井、金龙4井气层特点分析，由于佳木河组沉积岩、火山岩储层厚度大，内部断裂断距普遍小于储层厚度，对气藏控制作用较小，故气藏类型和含气面积分布主要应受岩性控制，其次为断裂、地层控制。重新计算并探明561井—581井区佳木河组地层岩性气藏地质储量，并取得显著勘探效果。

4　结论与认识

（1）中拐凸起含气储层主要为二叠系佳木河组，自上而下分为上、中、下3个亚组，岩性以沉积岩为主，火山岩次之。

（2）佳木河组碎屑岩储层以冲积扇扇根—扇中亚相的砂砾岩、砂岩为主，火山岩储层主要为火山爆发相的火山角砾岩。

（3）中拐凸起佳木河组气藏的主控因素为储层岩性，其次为断裂、地层，气藏类型为自生自储型，主要富集于佳木河组中亚组，属晚期成藏，成藏条件较好。

参考文献

[1]　陈新发，曲国胜，马宗晋，等．准噶尔盆地构造格局与油气区带预测[J]．新疆石油地质，2008，29(4)：425-430.

[2]　何登发，陈新发，张义杰，等．准噶尔盆地油气富集规律[J]．石油学报，2004，25(3)：1-10.

[3]　李景明，魏国齐，李东旭．中国天然气地质学研究新进展[J]．天然气工业，2006，26(2)：11-15.

[4]　吴胜和，熊琦华，彭士宓．油气储层地质学[M]．北京：石油工业出版社，1998.

[5]　戴金星，胡安平，杨春，等．中国天然气勘探及其地学理论的主要新进展[J]．天然气工业，2006，26(12)：10-11.

沉积—成岩作用对致密砂岩储层发育的控制因素
——以鄂尔多斯盆地子洲地区 **M1** 井山 **1** 段为例

王新宇[1]，郭英海[1]，赵迪斐[2]

1 中国矿业大学资源与地球科学学院，江苏徐州 221116；
2 中国矿业大学人工智能研究院，江苏徐州 221008

摘　要：为探究沉积成岩作用对致密砂岩储层发育的控制因素，通过铸体薄片鉴定、高压压汞、粒度分析等手段，初步分析了气层与干层的岩石学特征、沉积环境、孔隙结构特征等，并通过气层与干层的对比进一步探讨沉积—成岩作用对储层发育的影响因素。结果表明，储层岩石颗粒的成分成熟度和结构成熟度越高，水动力条件越好，更有利于优质储层的发育。压实作用、硅质胶结物和碳酸盐胶结物降低孔隙度，堵塞孔隙喉道，使储层物性变差，不利于优质储层的发育。溶蚀作用增加次生孔隙，黏土矿物胶结物可提供大量晶间孔，对储层发育有明显的建设性作用。

关键词：致密砂岩；沉积—成岩作用；粒度分析；高压压汞

Controlling Factors of Sedimentary-Diagenesis on Development of Tight Sandstone Reservoirs：A Case Study of M1 Well in Zizhou Area of Ordos Basin

Wang Xinyu[1]，Guo Yinghai[1]，Zhao Difei[2]

1 School of Resources and Geosciences，China University of Mining & Technology，Xuzhou，Jiangsu 221116，China；
2 Institute of Artificial Intelligence，China University of Mining & Technology，Xuzhou，Jiangsu 221008，China

Abstract：In order to explore the controlling factors of sedimentary-diagenesis on the development of tight sandstone reservoirs，through microscopic identification of casting thin slices，high-pressure mercury intrusion，particle size analysis experiments，etc.，the petrological characteristics，depositional environment and pore structure characteristics of the gas layer and the dry layer were preliminarily explored，and through the comparison to further explore the influencing factors of sedimentary-diagenesis on reservoir development. The results show that the higher the compositional maturity and textural maturity，the better the hydrodynamic conditions，which are generally beneficial to the development of the reservoir. Mechanical compaction and the generation of siliceous cement and carbonate cement are not conducive to the reservoir development，dissolution and the generation of clay mineral cements have a significant constructive effect on reservoir development.

Key words：tight sandstone；sedimentation-diagenesis；particle size analysis；high-pressure mercury intrusion

第一作者简介：王新宇，1996 年生，男，在读硕士研究生，研究方向为储层地质学。邮箱：742485236@ qq. com
通信作者简介：郭英海，1963 年生，男，教授，从事沉积学及煤油气地质的方面研究。邮箱：guoyh@ cumt. edu. cn

沉积环境决定沉积物的成分、粒度、分选、磨圆等原始特征，是储层孔隙发育的物质基础。不同水动力条件下形成的沉积物存在多方面差异，不同沉积相砂体一般具有不同的孔喉组合和孔隙特征[1]。成岩作用在沉积物原始组分的基础上改造储层孔隙系统，其演化路径由温度、压力、岩性、流体等4个要素控制，通常将成岩作用大致分为建设性、破坏性及保持性3种类型[2]。破坏性成岩作用主要是通过压实、胶结、水岩化学反应等方式造成储层的孔隙闭合或喉道的阻塞，从而使得储层的赋存能力下降或连通性变差，而建设性成岩作用是通过流体对岩石的溶解、岩石的破裂、晶间孔的扩大来使得储层的储集能力和连通性得到改善[3-8]。孔隙结构特征在不同的沉积成岩作用等影响因素控制下，储层的储集空间和运移通道发育程度、类型等存在显著的非均质性，进而影响储层的物性与含气性[9-12]。

致密砂岩气作为非常规天然气的重要类型，是我国非常规能源领域的热点之一，具有巨大的发展潜力[13]。本文通过铸体薄片显微镜下鉴定、高压压汞、粒度分析等手段，探讨沉积成岩作用对鄂尔多斯盆地东部M1井山西组山1段孔隙的控制作用，进一步深化沉积成岩对储层孔隙的控制作用研究。

1 地质背景与研究样品

1.1 地质概况

研究区位于鄂尔多斯盆地伊陕斜坡东部（图1），北连米脂，南连清涧、子长，东临绥德，西面与横山衔接。鄂尔多斯盆地上古生界自上而下发育了上二叠统石千峰组（P_3sh）、中二叠统上下石盒子组（P_2sh、P_2x）、下二叠统山西组（P_1s）和太原组（P_1t）、上石炭统本溪组（C_2b）6套地层，受加里东运动影响，区域于中奥陶世整体抬升接受剥

蚀，缺失中—上奥陶统、下石炭统和整个志留系、泥盆系，造成上石炭统本溪组与下伏奥陶系马家沟组呈平行不整合接触。山西组是盆地上古生界的主要产气层之一，目标层段为山1段。

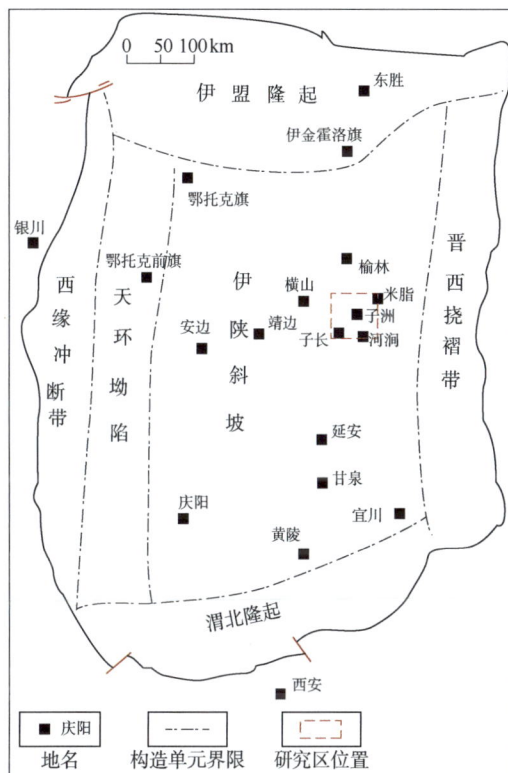

图1 研究区位置及盆地构造分区图

1.2 测试样品

本次实验的样品取自鄂尔多斯盆地东部子洲气田的M1井，研究层段砂体柱状图如图2所示，样品取心深度为1710.43～1719.58m，累计长度9.15m。样品编号及深度如表1所示。

测试项目包括铸体薄片鉴定、高压压汞实验、粒度分析实验等，其中高压压汞实验5个、铸体薄片鉴定13个、粒度分析实验5个。高压压汞实验样品编号为M-4、M-8、M-11、M-13、M-22，铸体薄片鉴定样品编号为M-1、M-3、M-5、M-6、M-9、M-10、M-12、M-15、M-16、M-17、M-19、M-20、M-21，粒度分析实验样品编号为M-2、M-7、M-14、M-18、M-21。

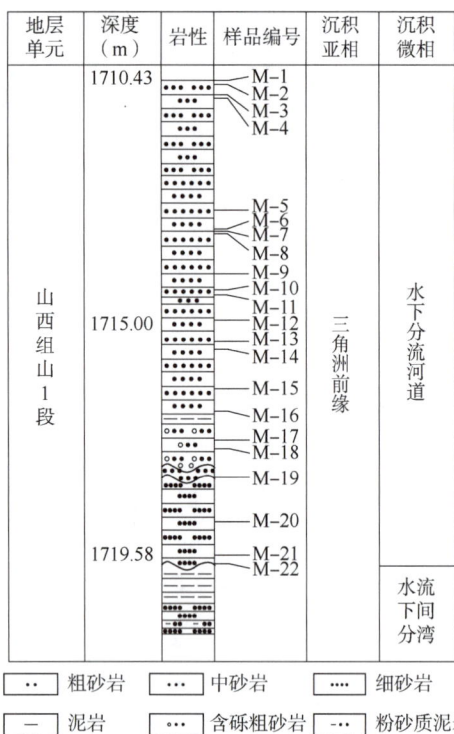

图 2　研究层段砂体柱状图

表 1　样品编号及深度表

样品深度（m）	样品编号
1712.43	M-1
1710.53	M-2
1710.57	M-3
1710.58	M-4
1712.56	M-5
1713.01	M-6
1713.12	M-7
1713.17	M-8
1714.57	M-9
1714.68	M-10
1714.73	M-11
1714.90	M-12
1715.74	M-13
1715.90	M-14
1716.00	M-15
1716.72	M-16
1717.07	M-17
1717.38	M-18
1718.05	M-19
1718.97	M-20
1719.58	M-21
1719.63	M-22

1.3　实验条件

对 5 个代表性样品进行高压压汞测试，使用 Autopore 9520 压汞仪，依据 SY/T 5346—2005《岩石毛管压力曲线的测定》标准，样品处理成 4cm 左右，测试中最大进汞压力为 200MPa，测试极限孔径为 4nm。使用尼康 ECLIPSE LV100N POL 偏光显微镜对铸体薄片进行镜下观察。

2　致密砂岩储层岩石学特征

2.1　岩石类型

山 1 段砂岩气层的主要岩性为粗—中粒岩屑石英砂岩和岩屑砂岩，以褐灰色为主（图 3）。干层岩性全部为细—中粒岩屑砂岩，颜色主要为灰色。

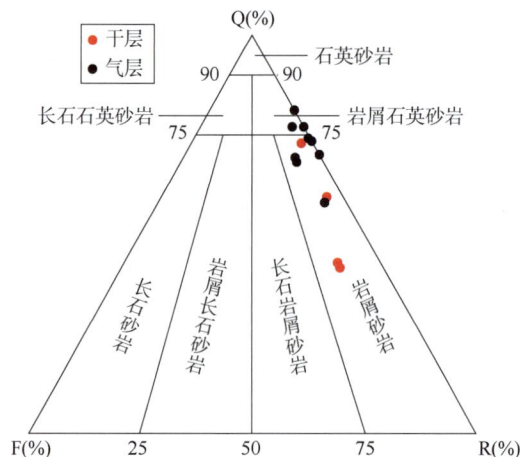

图 3　砂岩分类三角图

2.2　成分成熟度分析

对干层的 4 个铸体薄片和气层的 9 个铸体薄片进行显微镜观察，结果显示（表 2）：气层内石英类物质平均含量为 71.89%，其次为岩屑类物质（10.89%），各类岩屑中，变质岩岩屑占比最大，达到 6.9%，其余岩屑由多到少分别为其他碎屑（2.5%）、火成岩碎屑（1.3%）和沉积岩碎屑（0.2%），长石类物质含量最少，为 2.4%。干层中，石英类物质平均含量 54.25%，岩屑类平均含量为26.38%，岩屑类物质中仍是以变质岩最多，为19.5%；剩余各组分岩屑分别为其他岩屑、火成岩岩屑，平均含量分别为4.75%、2.1%。气层和干层对比显示，气层的成分成熟度明显高于干层。研究层段火成岩岩屑的出现与鄂尔多斯盆地周缘晚古生代频繁的火山活动相符[14]。

表2　测试样品砂岩粒度参数特征表　　　　　　　　　　单位:%

类型	石英类	长石类	岩屑类	黏土矿物胶结物	碳酸盐胶结物	硅质胶结物
干层	42~73/54.25	2~8/5.25	12~38/26.38	7~8/7.50	2~9/5.00	0.5~2/1.17
气层	58~81/71.89	0~5/1.89	6~15/10.89	4~14/7.94	2~8/3.33	1~5/2.83

注：最小值~最大值/平均值。

2.3　结构成熟度分析

测试样品胶结物主要分为3类：黏土矿物、碳酸盐矿物和硅质。气层和干层均以黏土矿物为主，平均含量相似（气层平均含量为7.94%，干层平均含量为7.50%）。硅质胶结物产状多样，干层中的硅质胶结物相对较少（1.17%），气层中发育较多（2.83%），这与干层中岩屑含量高相符。碳酸盐胶结物中菱铁矿含量明显高于方解石等矿物，原因是处于还原环境，并且孔隙水流动性差，导致菱铁矿交代方解石的菱铁矿化发生[15]。气层以粗粒石英砂岩为主，极少数层位能见中粒和细粒，磨圆度主要为次圆状—圆状，且砂岩的颗粒分选好，颗粒间的接触关系以线状—凹凸接触为主，以加大式—孔隙式胶结为主。干层碎屑颗粒以中粒石英砂岩为主，分选好，磨圆为次棱角状—次圆状，颗粒间的接触关系为线状—凹凸状接触，孔隙式胶结。以上数据表明，气层比干层具有更高的结构成熟度。

2.4　粒度分析

用显微镜进行粒度分析（图4），得到颗粒组分含量百分比（图5），与三角洲前缘沉积环境相符合。根据福克和沃德公式对砂岩粒度参数进行求值可知（表3）：干层样品M-2、M-21粒度较细，粒度变化稳定，水动力条件稳定；气层样品M-7、M-14、M-18粒度较粗，平均粒度不稳定，表明沉积水动力不稳定。研究层段的粒度变化表明，储层由下向上水动力由弱变强再变弱。之后采用弗里德曼对现代海洋、河流粒度统计海滩与河流的分界[16]，得到表征粒度参数的离散图（图6），并结合研究层段的柱状图，发现研究层段下部有冲刷面和泥岩出现，因此认为，研究层段为三角洲前缘沉积亚相，目标层段以冲刷面为界，上部为水下分流河道微相，下部为水下分流间湾微相。

表3　砂岩样品粒度参数表

编号	粒度中值(φ)	平均粒径(φ)	标准偏差	分选程度	偏度	不对称程度	峰度	尖锐程度
M-2	1.400	1.500	0.517	较好	0.199	正偏	1.093	中等
M-7	1.200	1.217	0.566	较好	0.074	近于对称	1.025	中等
M-14	0.200	0.183	0.598	较好	0.015	近于对称	1.200	尖锐
M-18	-0.250	-0.217	0.633	较好	0.155	正偏	1.061	中等
M-21	1.400	1.467	0.538	较好	0.179	正偏	1.112	尖锐

段落： 天然气文集

a.M-2,1710.53m   b.M-7,1713.12m

c.M-14,1715.9m   d.M-18,1717.38m   e.M-21,1719.58m

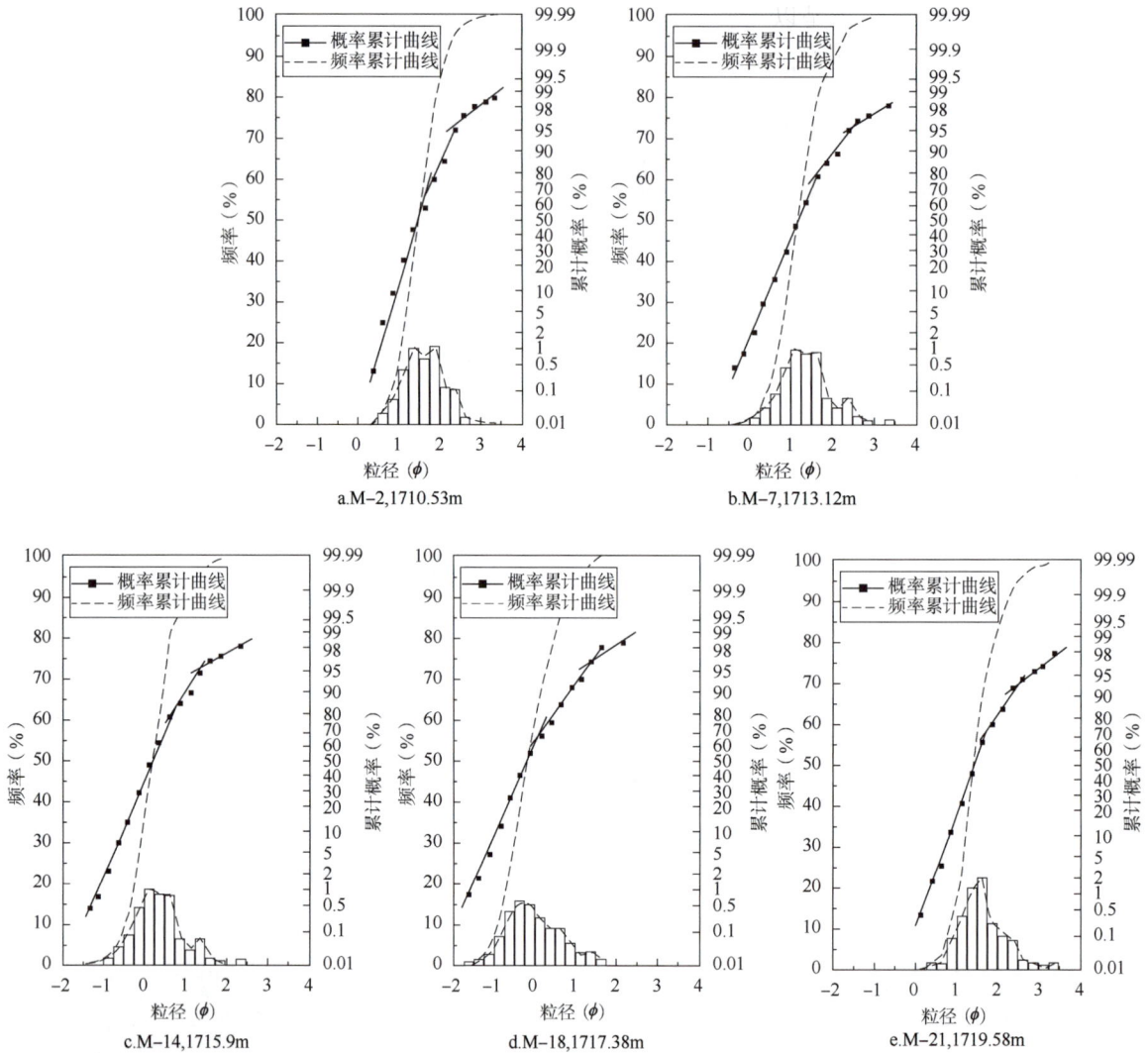

图 4　山 1 段砂岩样品粒度分析图

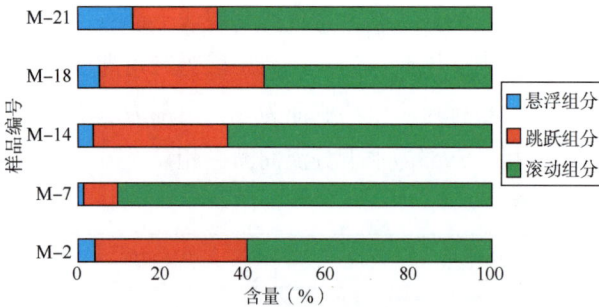

图 5　砂岩样品颗粒组分含量百分比堆积图

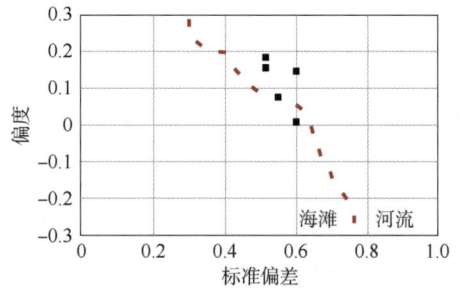

图 6　测试样品标准偏差与偏度离散图

3　储层孔隙结构特征

3.1　孔隙类型

研究层段内原生孔隙小、含量少。次生孔隙是

提供储集空间的主要类型，其中粒内溶孔是最主要的孔隙类型，为储层贡献了一半以上的储集空间，长石溶孔在气层和干层的平均面孔率分别为 0.625% 和 0.5%，岩屑溶孔在气层和干层的平均面孔率为 0.76% 和 0.5%。其次为黏土矿物晶间孔，

在气层内分布广泛，平均面孔率为0.58%，占总孔隙的21.5%，在干层内未见晶间孔的存在。同时，研究层段微裂缝分布比较广泛，平均面孔率为0.3%，占总孔隙的15.3%，微裂缝在储层中分布不均匀，提供的储集空间有限，但可以增加孔隙系统连通性，改善储层物性。

3.2 高压压汞

高压压汞得到的毛细管压力曲线能够辅助评估岩石储集性能的优劣，实验所得毛细管压力曲线如图7所示。分析可知，干层和气层的毛细管压力曲线明显不同，样品M-8、M-11、M-13的最大进汞量明显较多，中间有比较明显的平缓阶段，说明储集空间较大，喉道分布比较集中；而样品M-4、M-22的最大进汞量较小，平缓阶段不明显，反而尾部上翘阶段明显，且样品M-4、M-22的岩性为岩屑砂岩，说明储集空间小，连通性差，需要较大的压力才能压入小孔隙中。

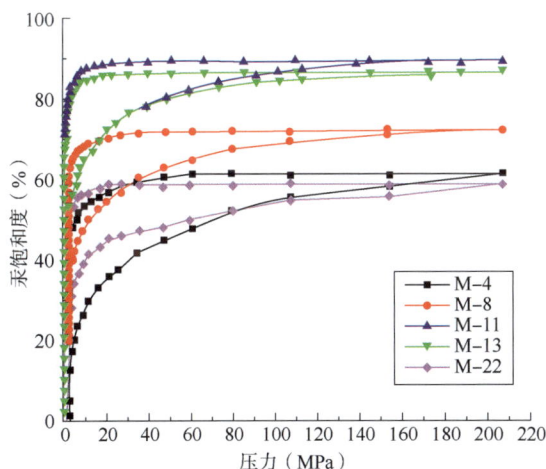

图7　测试样品进汞—退汞曲线图

对高压压汞数据进行处理，得到测试样品的孔径分布曲线(图8)，曲线特征表明，砂岩孔喉分布主要有多峰型和单峰型两种形式；孔喉半径主要集中于0.1~4μm和0.004~0.02μm。干层样品M-4、M-22孔喉分布为多峰型，在0.009μm、0.047μm及0.3μm等多处出现峰值，反映干层微小孔喉多且大小不集中，表明储层非均质性强。气层样品M-8、

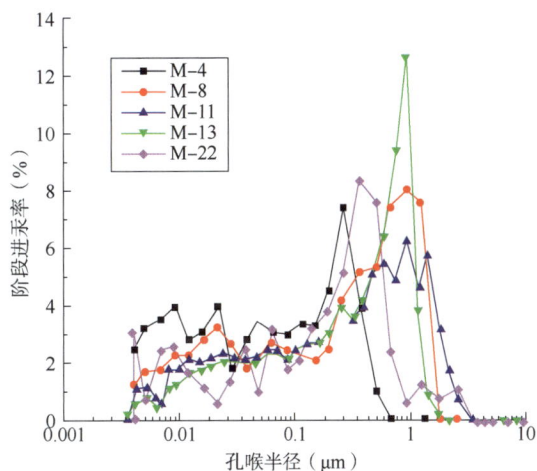

图8　测试样品压汞孔喉分布图

M-11、M-13孔喉分布表现为单峰型，峰值为0.2~2μm，相比于干层样品孔隙半径明显较大，且分布集中，即气层孔喉相对较大且均质性好。

4　沉积成岩作用对储层发育的影响

4.1 沉积作用

储层沉积环境及成岩作用直接或间接控制储层的发育特征[17]，不同的沉积环境控制了储层的沉积原始物质，在气层和干层的对比中，气层的石英平均含量为71.89%、岩屑平均含量为10.89%，而干层的石英平均含量为54.25%，岩屑平均含量为26.38%，石英和岩屑的含量具有明显差异，这与其所处的沉积环境相符合。石英和岩屑的含量对孔隙发育有明显的控制作用，砂岩的孔隙度和渗透率与石英的含量呈正相关，与岩屑的含量呈负相关。石英稳定性好、相对较硬，含量越高，储层的抗压能力越强，在后期改造过程中能使更多的原生孔隙保存下来；相反，当岩屑、云母等抗压能力弱、压实程度较高时，颗粒之间的孔隙减小，喉道闭合。同时脆性矿物在较大应力的影响下，还容易产生微裂缝，极大加强孔隙之间的连通性，有效提高储层物性。

研究区山西组发生过海侵[18]，主要涉及水下分流河道和水下分流间湾两种沉积微相，不同的沉积环境代表了不同的水动力条件，水下分流河道水

流速度快，水动力条件较好，形成的沉积物粒径较大，分选较好；而水下分流间湾水流速度缓慢，搬运能力也比较弱，沉积物主要为细沙和泥岩，颗粒的分选也较差。分选、大小和磨圆对储层产生影响主要体现在：颗粒分选程度较差会导致在原本颗粒骨架的空隙中继续充填较小颗粒，导致储层的孔隙度降低。粒度越粗，磨圆度越好，颗粒骨架的支撑能力越强，在受到压实作用时不易发生颗粒的相互错动。

4.2 成岩作用

成岩作用控制孔隙系统及储层物性的演化，不同的成岩作用对储层影响程度不一[2]。

4.2.1 压实作用

压实作用主要发生在成岩早期，随着沉积的不断进行，上覆岩层对下伏地层的压实强度增加，在强大的应力下，岩屑云母等塑性成分发生挤压变形，石英和长石等刚性成分发生破裂；沉积物之间的空间被压缩，导致颗粒之间的接触关系由点接触变到凹凸接触，造成储层物性变差。铸体薄片观察发现，目的层段压实作用非常强烈，可见较多变形的云母，气层内还可见少量残余粒间孔，干层内的孔隙已经基本闭合。

4.2.2 胶结作用

胶结物通常会充填在孔隙和喉道之中，如石英次生加大和铁方解石充填孔隙等，造成储集和运移空间的进一步减少，对储层具有破坏作用。研究层段内气层黏土矿物胶结物平均含量为 7.9%，碳酸盐胶结物平均含量为 3.3%，硅质胶结物平均含量为 2.8%，干层黏土矿物胶结物、碳酸盐胶结物、硅质胶结物平均含量分别为 7.5%、5%、1.2%。硅质胶结物和碳酸盐胶结物会造成储集空间的减少，但是黏土矿物胶结物，特别是高岭石会发育大量晶间孔，有可能对储层发育有建设性作用。

4.2.3 溶蚀作用

中成岩阶段，溶蚀性液体在与碳酸盐、长石、岩屑等碎屑颗粒发生长期接触的过程中使其发生溶蚀，产生大量的次生孔隙，对储层发育有重要的建设性作用。研究层段的粒内溶孔非常发育，平均占总孔隙的 58.5%，其中气层的粒内溶孔占总孔隙 93.2%，而干层的粒内溶孔仅占总孔隙 6.8%。说明溶蚀作用有利于孔隙的发育。

5 结论

（1）气层主要岩性为岩屑石英砂岩，干层主要岩性为岩屑砂岩。气层的石英含量明显高于干层，岩屑含量低于干层。气层的成分成熟度和结构成熟度高于干层。

（2）目的层段以冲刷面为界，上部为水下分流河道微相，下部为水下分流间湾微相。水下分流河道水动力条件好，更有利于储层的发育。

（3）储层孔隙类型有原生孔隙、次生溶孔、晶间孔和微裂缝。气层的孔隙较大，喉道多样且发育较好，分布集中，连通性也比较好。干层的微小孔喉多且分布不集中，储层非均质性强。

（4）孔隙的控制因素主要为沉积—成岩作用，沉积作用控制了储层沉积的原始物质，石英和岩屑含量对储层的发育有明显的控制作用。压实作用、硅质胶结物和碳酸盐胶结物对储层起破坏性作用，溶蚀作用和黏土矿物胶结物则对储层起建设性作用。

参考文献

[1] 赖锦，王贵文，孟辰卿，等. 致密砂岩气储层孔隙结构特征及其成因机理分析[J]. 地球物理学进展，2015，30(1)：217-227.

[2] 赵迪斐，郭英海，杨玉娟，等. 渝东南下志留统龙马溪组页岩储集层成岩作用及其对孔隙发育的影响[J]. 古地理学报，2016，18(5)：843-856.

[3] 王香增，王念喜，于兴河，等. 鄂尔多斯盆地东南部上古生界沉积储层与天然气富集规律[M]. 北京：科学出版社，2017.

[4] 钟宁宁，陈孟晋，刘锐娥，等. 鄂尔多斯盆地东部上古生界石英砂岩储层成岩及孔隙演化[J]. 天然气地球科学，2007(3)：334-338.

[5] 侯明才，窦伟坦，陈洪德，等. 鄂尔多斯盆地苏里格

气田北部盒8、山1段成岩作用及有利储层分布[J]. 矿物岩石，2009，29（4）：66-74.

[6] 高阳，王志章，易士威，等. 鄂尔多斯盆地天环地区盒8段致密砂岩岩石矿物特征及其对储层质量的影响[J]. 天然气地球科学，2019，30（3）：344-352.

[7] 卢晨刚，张遂安，毛潇潇，等. 致密砂岩微观孔隙非均质性定量表征及储层意义：以鄂尔多斯盆地 X 地区山西组为例[J]. 石油实验地质，2017，39（4）：556-561.

[8] Clarkson C R, Freeman M, He L, *et al*. Characterization of tight gas reservoir pore structure using USANS/SANS and gas adsorption analysis[J]. Fuel, 2012, 95: 371-385.

[9] 刘登科，孙卫，任大忠，等. 致密砂岩气藏孔喉结构与可动流体赋存规律：以鄂尔多斯盆地苏里格气田西区盒8段、山1段储层为例[J]. 天然气地球科学，2016，27（12）：2136-2146.

[10] 赵迪斐，郭娟，梁孝柏，等. 低成熟度富有机质页岩微观孔隙结构特征表征：以广东茂名盆地油柑窝组为例[J]. 东北石油大学学报，2020，44（1）：1-11，135.

[11] 钟大康，周立建，孙海涛，等. 储层岩石学特征对成岩作用及孔隙发育的影响：以鄂尔多斯盆地陇东地区三叠系延长组为例[J]. 石油与天然气地质，2012，33（6）：890-899.

[12] 赵迪斐，郭英海，朱炎铭，等. 海相页岩储层微观孔隙非均质性及其量化表征[J]. 中国矿业大学学报，2018，47（2）：296-307.

[13] 赵迪斐，马素萍，王玉杰，等. 我国沉积学热点问题与研究趋势：基于《沉积学报》的文献计量学分析[J]. 沉积学报，2020，38（3）：463-475.

[14] 杨华，杨奕华，石小虎，等. 鄂尔多斯盆地周缘晚古生代火山活动对盆内砂岩储层的影响[J]. 沉积学报，2007，25（4）：526-534.

[15] 董贞环，黄恒铨. 砂岩、粉砂岩中的菱铁矿胶结特征[J]. 矿物岩石，1980（2）：60-62，113-115.

[16] 胡文瑞，翟光明. 鄂尔多斯盆地油气勘探开发的实践与可持续发展[J]. 中国工程科学，2010，12（5）：64-72.

[17] 赵迪斐，郭英海，Geoff Wang，等. 层序地层格架及其对页岩储层发育特征的影响：以四川盆地龙马溪组页岩为例[J]. 沉积学报，2020，38（2）：379-397.

[18] 庞军刚，李文厚，郭艳琴，等. 陕北子洲地区二叠纪山西组沉积环境[J]. 煤田地质与勘探，2006，34（5）：5-8.

库车坳陷北部山前带中生界大气田形成条件再分析

董才源[1]，魏国齐[1]，李德江[1]，刘满仓[1]，张荣虎[2]，马　卫[1]

1 中国石油勘探开发研究院，河北廊坊 065007；2 中国石油杭州地质研究院，浙江杭州 310023

摘　要：库车坳陷北部山前带是"四新"风险领域之一，但迪北气藏和吐东 2 气藏发现后拓展勘探效果不理想，重新梳理北部山前带油气成藏条件、明确勘探方向十分必要。经过区域构造、烃源岩、沉积相及储层、油气藏解剖等研究，取得以下 4 点成果：北部山前带主要勘探对象为侏罗系—三叠系源间油气藏，重点勘探类型为致密油气藏和构造—岩性油气藏；侏罗系阿合组巨厚砂体加积叠置连片，下伏紧邻三叠系厚层优质烃源岩，源储共生结构有利于发育大面积致密油气藏；侏罗系阳霞组—克孜勒努尔组、三叠系塔里奇克组中薄层砂体呈透镜状展布，自身烃源岩品质好、规模大、源储间互、泥包砂结构有利于形成大规模构造—岩性油气藏群；北部山前带具备形成大气田的地质条件，背斜构造围斜区与平缓构造带是下一步油气勘探有利区带。

关键词：库车坳陷北部山前带；大气田；成藏条件；致密油气藏；构造—岩性油气藏

Formation Conditions Reanalysis of Mesozoic Large Gas Field in Piedmont of Northern Kuqa Depression

Dong Caiyuan[1], Wei Guoqi, Li Dejiang[1], Liu Mancang[1], Zhang Ronghu[2], Ma Wei[1]

1 PetroChina Research Institute of Petroleum Exploration and Development, Langfang, Hebei 065007, China;
2 PetroChina Hangzhou Research Institute of Geology, Hangzhou, Zhejiang 310023, China

Abstract: The piedmont zone of northern Kuqa Depression is one of the "four new risk areas". The continuing exploration effect after the discovery of Dibei gas reservoir and Tudong 2 gas reservoir is not ideal. It is necessary to reinvestigate hydrocarbon accumulation conditions and exploration direction in piedmont zone. Through research on regional structure, source rock, depositional facies and strata, reservoir anatomy, the following four results have been achieved: The main exploration objects in piedmont zone are Jurassic-Triassic inter-source oil and gas reservoirs, and the key exploration types are tight oil and gas reservoirs and structural-lithologic reservoirs; The Jurassic Ahe Formation's super-thick sand bodies are superimposed and stacked, and the underlying layer is Triassic high-quality source rocks. The source and reservoir are coexisting and closely adjacent, which is conducive to the development of large-scale tight oil and gas reservoirs; The thin sand bodies of the Jurassic Yangxia-Kezilenur Formation and the Triassic Tariqike Formation are lenticular, coexisting with good quality and large scale source rock. Source and reservoir are mutual interacted, among which source is predominant. These are conducive to the formation of large-scale structural-li-

---

基金项目：国家重点研发计划资助项目（2019YFC0605501）。

第一作者简介：董才源，1986 年生，男，博士，高级工程师，主要从事油气地质综合研究。

邮箱：dongcn69@petrochina.com.cn

thologic reservoirs；Piedmont in the north has favorable geological conditions for forming atmospheric oil and gas field. The anticline slope and deep gentle structural zone are favorable zones for oil and gas exploration in the next step.

Key words：piedmont in the north of Kuqa Depression；large gas field；accumulation conditions；tight oil and gas reservoirs；structural-lithologic reservoir

库车坳陷是塔里木盆地油气勘探开发两大战略根据地之一，是西气东输的源头，库车坳陷整体富油气，中部构造带克拉—克深万亿立方米大气田区业已形成，博孜—大北万亿立方米大气田区基本落实，秋里塔格万亿立方米大气田正在规划建设之中，除此3个万亿立方米大气田区外，寻找下一个接替区是重大勘探问题。北部山前带位于中部主体构造部位以北、天山以南，勘探面积大，约为5900km²，占库车坳陷勘探面积的21%；油气资源丰富，据"四次资评"计算，天然气资源量为1.63×10¹²m³、石油8500×10⁴t；勘探程度低，仅发现依矿、迪北、吐孜、吐东2等4个油气藏，天然气探明率为1.4%、石油探明率为4%[1-2]。该区虽然潜力大、地位重要，但近年来勘探成效不甚理想，特别是迪北油气藏和吐东2油气藏发现之后的勘探拓展未达预期，尚未形成大场面，山前带是否具备大气田形成条件、未来能否成为库车坳陷第4个万亿立方米大气田区亟待深入研究。前人对北部山前带做过诸多研究，涵盖构造[3-7]、烃源岩[8-10]、沉积

储层[11-15]、油气来源[16-17]、成藏特征与过程[18-27]等多个方面，但研究工作尚存在以下两点不足：一是单项成藏条件研究较多，系统研究相对薄弱；二是勘探对象不明，勘探类型不清，是否具备大气田形成条件需要进一步明确。本次在区域构造整体研究和已发现油气藏解剖的基础上，明确北部山前带油气勘探主要对象和重要类型，进而分析是否具备形成大气田的地质条件，并指出油气勘探方向，为勘探实践夯实理论基础。

1 勘探对象与类型

库车坳陷是一个以中生代、新生代沉积为主的再生前陆盆地，位于塔里木盆地北部，北面与南天山断裂褶皱带以逆冲断层相接，南侧与塔北隆起相连，西起乌什凹陷，东至阳霞凹陷（图1）。库车坳陷沉积物以碎屑岩为主，自下而上发育三叠系、侏罗系、白垩系、古近系等多套地层，厚度为3000~10000m[28-29]（图2）。

库车坳陷已发现大气田主要分布在克拉—克

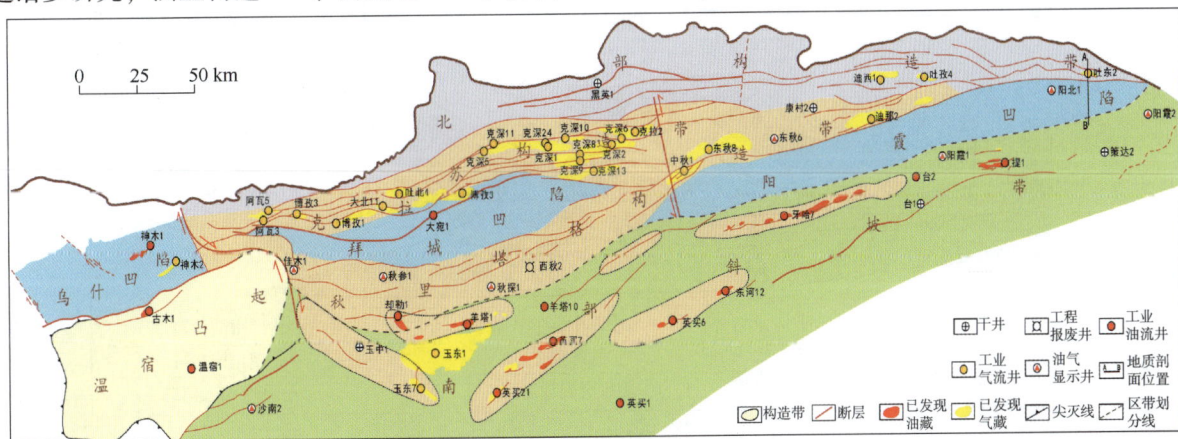

图1 库车坳陷构造区带与油气藏分布图

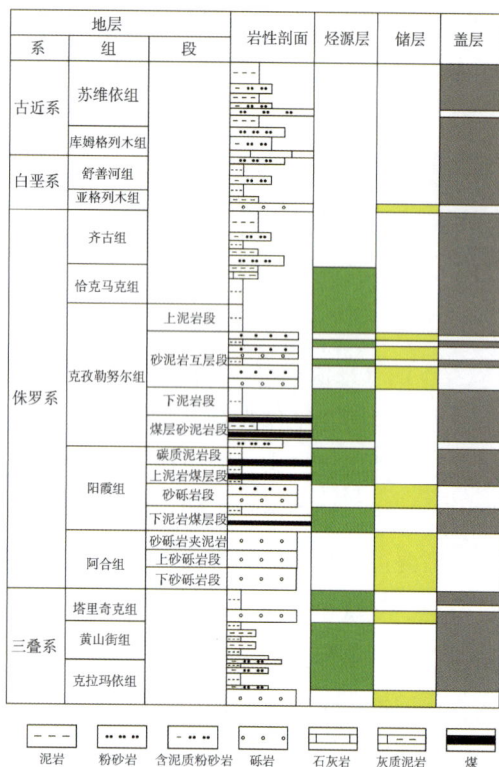

图 2　库车坳陷北部山前带重点层系地层柱状图

深、博孜—大北、中秋—东秋等中部构造带，位于前陆盆地的前缘带（图 3），以盖层滑脱构造为主要构造样式，以膏盐岩下白垩系、古近系砂岩为主要产层，以下伏侏罗系—三叠系多套煤系烃源岩为主要气源岩，断层—砂体—不整合面共同组成高效输导体系，油气聚集于逆冲断层形成的系统叠瓦构造圈闭中[30-32]，源上构造型油气藏是

主要勘探对象。

北部山前带相比中部构造带更靠近山前，位于前陆盆地楔顶构造带（图 3），以基底卷入构造为主要构造样式，平面上大部分地区缺少古近系、新近系的膏盐岩区域盖层。断层规模大、活动剧烈，膏盐岩不发育，白垩系、古近系源上油气藏保存条件相对较差，难以聚集大量油气，地表已发现大量油气苗便是源上油气大量散失的重要证据。侏罗系、三叠系是源上大气田的主要烃源岩层系，泥砂互层是其重要特征，源间油气藏更加近源，且较源上油气藏保存条件更好，是北部山前带主要勘探对象。已发现的迪北、吐东 2 油气藏都是源间侏罗系油藏，而源上白垩系—古近系勘探效果不好，进一步证实侏罗系—三叠系源间油气藏是北部山前带未来勘探大气田、形成大场面的主要勘探对象。

迪北、吐东 2 油气藏是北部山前带已发现的两个典型油气藏，迪北油气藏以侏罗系阿合组为主要产层，属于源间油气藏，为致密气藏。该油藏下气上水，从低部位迪西 1 井、依南 2 井到高部位依南 4 井、依深 4 井，由气逐渐过渡到水（图 4），气藏面积明显不受构造控制，气藏气柱高度达 236m，远高于 50m 的圈闭幅度，构造圈闭范围之外的迪北 102 井、迪北 103 井、迪北 101 井测试产气；气藏储层致密且连续稳定分布，储层渗透率分布区间为 0.01～10mD，以 0.01～1mD 为主，孔喉半径以

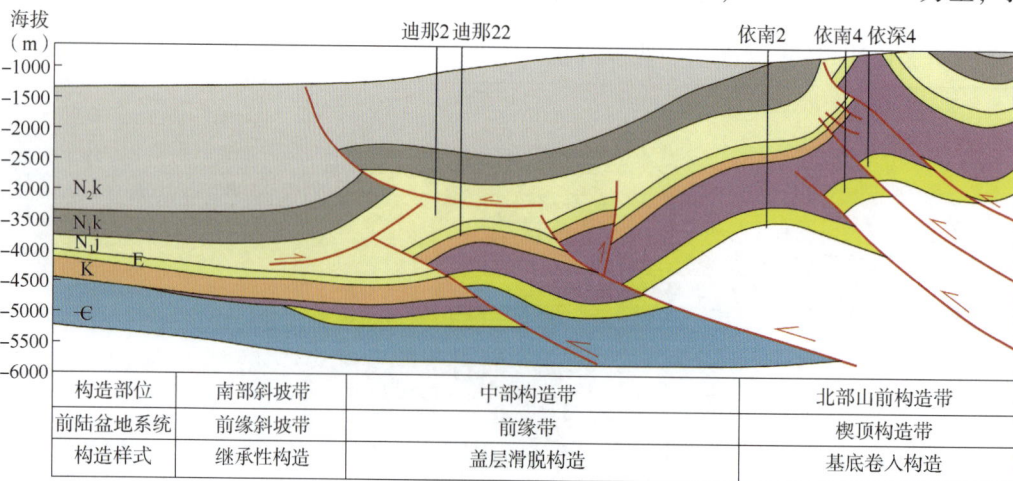

图 3　库车坳陷前陆盆地系统构造体系与样式图

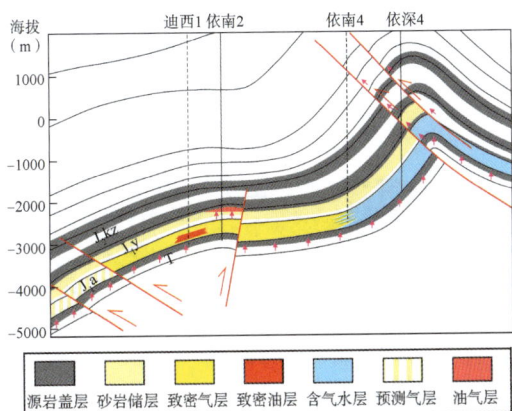

图 4　迪北油气藏南北向剖面图

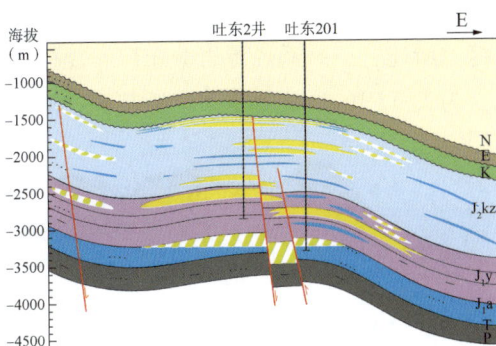

图 5　吐东 2 油气藏东西向剖面图

亚微米级为主，主要为 0.1~0.9μm，孔隙度主要分布于 6%~9%。吐东 2 井主要在侏罗系阳霞组、克孜努尔组获得高产工业气流，属于源间油气藏，阳霞组测试获得日产气 12.7×10⁴ m³、油 33.7m³。吐东 2 井区储层非均质性强，横向砂体不连通，构造与砂体共同控制气藏形成与分布（图 5），气藏位于背斜翼部，压力系数为 1.26，为发育在构造背景上的岩性油气藏。综上所述，库车坳陷北部山前带油气勘探对象为侏罗系—三叠系源间油气藏，勘探类型为致密油气藏和构造—岩性油气藏。

2　致密砂岩大气田形成条件

侏罗系阿合组储层紧邻下伏三叠系烃源岩，形成有利成藏组合。利用多种生物标志化合物、稳定同位素及天然气计算 R_o 与烃源岩实测 R_o 等多项指标对比，得出北部山前带阿合组油气主要来源于三叠系烃源岩[16]。三叠系烃源岩主要分布在上统塔里奇克组、黄山街组，分布广、厚度大、质量优。井震结合重新评价三叠系烃源岩展布，结果表明，

烃源岩分布面积达 1.2×10⁴ km²，北部山前带为烃源岩沉积中心，累计厚度主要为 100~400m，最厚可达 800m；TOC 分布为 0.4%~10.1%，峰值为 1%~2.9%，综合评价为中等—好烃源岩（图 6），为大气田的形成奠定资源基础。生气强度主要分布于 (25~100)×10⁸ m³/km²，能够为大气田的形成提供强充注条件。

侏罗系阿合组大型辫状河三角洲巨厚砂体加积叠置连片，东西向可以分为 4 个物源区、6 个物源亚区，大型辫状河三角洲退覆式沉积，主体为平原区（图 7），砂体大面积广泛分布。北部山前带阿合组储层孔隙度主体为 6%~10%，储层物性与迪北致密气藏物性条件相似。阿合组裂缝十分发育，受到多种因素控制：宏观方面，山前带断裂系统非常发育，喜马拉雅期剧烈构造运动为裂缝的形成提供了构造背景；微观研究表明，裂缝发育受到岩性、沉积微相、成岩相、异常高压等多种因素控制[14]，阿合组储层以中低孔中砂岩、细砂岩为主，储层致密，粒度细、分选好；沉积相以三角洲前缘相为主，储层普遍高压，异常高压降低了有效应力，这

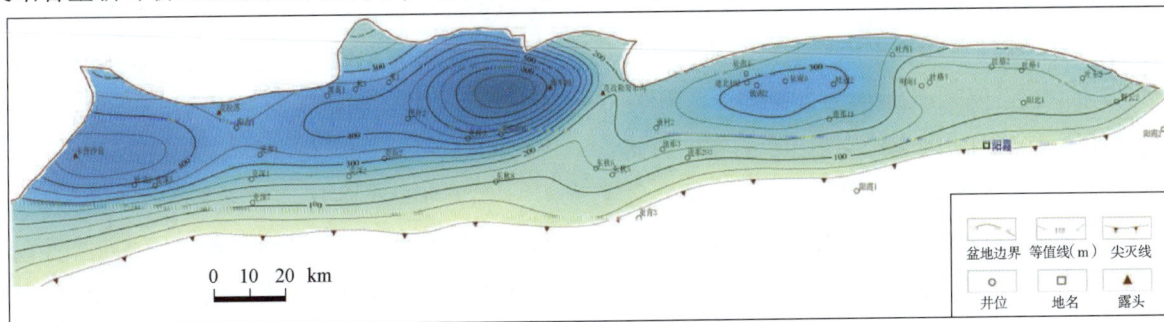

图 6　库车坳陷山前带三叠系烃源岩厚度分布图

些条件都有利于裂缝发育。

综上所述,三叠系烃源岩分布广、规模大、品质优,为大气田的形成奠定了资源基础;阿合组致密储层大面积分布且裂缝十分发育,为大气田的形成提供了储集空间;源储紧邻有效匹配;侏罗系阿合组具备形成大型致密油气藏的有利条件。

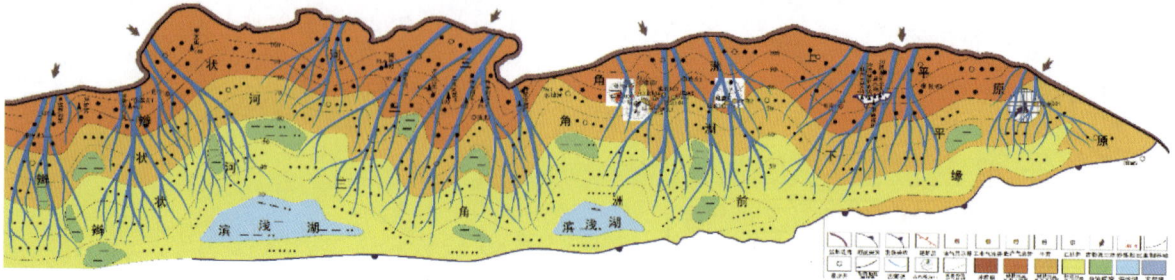

图 7　库车坳陷北部山前带侏罗系阿合组二段沉积相展布图

3　构造—岩性大气田形成条件

侏罗系阳霞组—克孜勒努尔组、三叠系塔里奇克组以泥包砂为主要岩性组合形式,中薄层砂体呈透镜状分布于烃源岩之中,形成有利成藏组合。北部山前带阳霞组—克孜勒努尔组及以上地层的油气来源于侏罗系烃源岩[16]。侏罗系烃源岩主要发育于阳霞组、克孜勒努尔组,以煤系烃源岩为主,山前带为侏罗系烃源岩沉积中心,烃源岩厚度大,总厚度主要分布于 200~400m,最厚可达 700m,TOC 普遍高于 2%,为优质烃源岩(图 8)。侏罗系总生气强度大,主要分布于 $(50~350)×10^8 m^3/km^2$,为大气田的形成提供强充注条件。

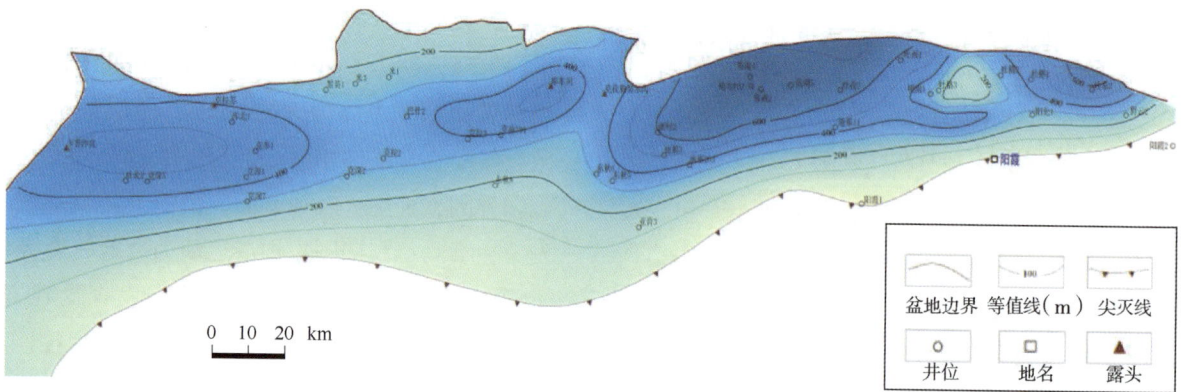

图 8　库车坳陷山前带侏罗系烃源岩厚度分布图

侏罗系阳霞组—克孜勒努尔组和三叠系塔里奇克组中—薄层砂体透镜状展布,发育规模优质储层。阳霞组主要为辫状河三角洲平原—前缘沉积,辫状河道砂体侧向叠瓦迁移,砂地比为 20%~45%,阳霞组二段、四段砂岩以Ⅱ—Ⅲ类储层为主,自东向西储层变薄变差,露头区平均孔隙度为 13.9%,覆盖区平均孔隙度为 6%~12%;克孜勒努尔组主体为辫状河三角洲前缘沉积,复合砂体最厚 30m,复合砂体延伸一般为 500~1000m,最远可达 4km,克孜勒努尔组二段露头区储层孔隙度主要为 10%~16%,覆盖区为 9%~15%,发育Ⅱ—Ⅰ类规模优质储层;三叠系塔里奇克组三角洲前缘透镜状砂体厚度一般小于 10m,复合砂体侧接延伸距离为 1~2km,累计厚度为 200~800m,储层孔隙度为 7%~13%。

综上所述,该区侏罗系烃源岩厚度大、品质好,气源充足;储层平面分布广、纵向叠置,储层规模大,源储间互,加之砂地比低、泥包砂岩性组合易形成岩性尖灭,为岩性油气藏形成提供封挡条件；侏罗系阳霞组—克孜勒努尔组、三叠系塔里奇克组有利于形成大规模构造—岩性油气藏群。

4 勘探方向

在库车坳陷北部山前带整体具备形成大规模构造—岩性油气藏群和大面积致密油气藏有利条件的重要认识基础上，下一步有利勘探区带应该基于构造—岩性油气藏关键成藏要素（即保存条件）和致密油气藏甜点控制要素（即裂缝条件）来分析。北部山前带南北分带，可分为高陡的背斜构造带和宽缓的平缓构造带。背斜构造围斜区（包括核部东西两翼、南北两侧平缓构

造带）远离背斜核部，保存条件好，阳霞组—克孜勒努尔组、塔里奇克组上倾方向易形成砂体尖灭，东西向构造、南北向砂体匹配，是构造—岩性油气藏下步有利勘探区。平缓构造带地层平缓，水动力条件弱，保存条件好，局部具备低幅度构造背景，北侧平缓构造带靠近物源区，阿合组储层条件好，靠近山前，构造控制下的裂缝较为发育，是致密油气藏现实有利勘探区，南侧深层平缓构造带阿合组在有利沉积相带和低构造应力共同控制下的储集条件较为有利，同时低幅度构造背景下裂缝发育可控制油气富集，是致密油气藏下一步有利勘探区（图9）。

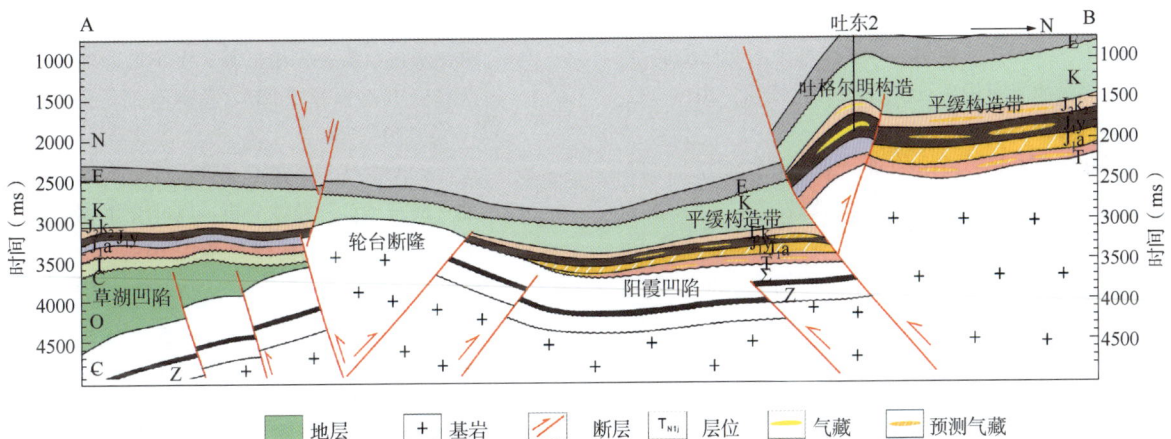

图9 库车坳陷东部中生界油气藏分布模式图

5 结论

（1）库车坳陷区域构造特征分析表明，北部山前带主要勘探对象为侏罗系—三叠系源间油气藏；已发现油气藏解剖表明，北部山前带主要勘探类型为致密油气藏和构造—岩性油气藏。

（2）成藏地质条件研究得出，北部山前带具备形成大气田的地质条件：侏罗系阿合组巨厚砂体加积叠置连片，下伏紧邻三叠系厚层优质烃源岩，源储共生，有利于发育大面积致密油气藏；侏罗系阳霞组—克孜勒努尔组、三叠系塔里奇克组中薄层砂体呈透镜状展布，源储间互、泥包砂结构有利于形成大规模构造—岩性油气藏群。

（3）背斜构造围斜区远离背斜核部，保存条件好，阳霞组—克孜勒努尔组、三叠系塔里奇克组上倾方向易形成砂体尖灭，东西向构造、南北向砂体

匹配，是构造—岩性油气藏下步有利勘探区。平缓构造带地层平缓，水动力条件弱，保存条件好，局部地区具备低幅度构造背景；北侧平缓构造带是致密油气藏现实有利勘探区，南侧深层平缓构造带是致密油气藏下一步有利勘探区。

参考文献

[1] 田军. 塔里木盆地油气勘探成果与勘探方向[J]. 新疆石油地质, 2019, 40(1)：1-11.

[2] 蔚远江, 杨涛, 郭彬程, 等. 前陆冲断带油气资源潜力、勘探领域分析与有利区带优选[J]. 中国石油勘探, 2019, 24(1)：46-59.

[3] 贾承造. 环青藏高原巨型盆山体系构造与塔里木盆地油气分布规律[J]. 大地构造与成矿学, 2009, 33(1)：1-9.

[4] 贾承造, 李本亮, 雷永良, 等. 环青藏高原盆山体系

构造与中国中西部天然气大气区[J].中国科学，2013，43（10）：1621-1631.

[5] 贾承造，杨树锋，魏国齐，等.中国环青藏高原新生代巨型盆山体系构造特征与含油气前景[J].天然气工业，2008，8（8）：1-11.

[6] 能源，漆家福，谢会文，等.塔里木盆地库车坳陷北部边缘构造特征[J].地质通报，2012，31（9）：1510-1519.

[7] 贾承造.中国中西部前陆冲断带构造特征与天然气富集规律[J].石油勘探与开发，2005，32（4）：9-15.

[8] 赵孟军，张宝民.库车前陆坳陷形成大气区的烃源岩条件[J].地质科学，2002，37（增刊）：35-44.

[9] 郭继刚，庞雄奇，刘丹丹，等.库车坳陷中、下侏罗统煤系烃源岩排烃特征及资源潜力评价[J].天然气地球科学，2012，23（2）：327-334.

[10] 梁万乐，李贤庆，魏强，等.库车坳陷北部山前带中生界烃源岩有机岩石学[J].现代地质，2018，32（6）：1137-1148.

[11] 王华超，韩登林，欧阳传湘，等.库车坳陷北部阿合组致密砂岩储层特征及主控因素[J].岩性油气藏，2019，31（2）：115-123.

[12] 詹彦，侯贵廷，孙雄伟，等.库车坳陷东部侏罗系砂岩构造裂缝定量预测[J].高校地质学报，2014，20（2）：294-302.

[13] 王鹏威，庞雄奇，姜振学，等.库车坳陷依南2"连续型"致密砂岩气藏成藏临界物性条件[J].中国地质大学学报（地球科学），2014，39（10）：1481-1490.

[14] 巩磊，高铭泽，曾联波，等.影响致密砂岩储层裂缝分布的主控因素分析：以库车前陆盆地侏罗系—新近系为例[J].天然气地球科学，2017，28（2）：199-208.

[15] 姜振学，李峰，杨海军，等.库车坳陷迪北地区侏罗系致密储层裂缝发育特征及控藏模式[J].石油学报，2015，36（增刊2）：102-111.

[16] 李谨，王超，李剑，等.库车坳陷北部迪北段致密油气来源与勘探方向[J].中国石油勘探，2019，24（4）：485-497.

[17] 范明，黄继文，陈正辅.塔里木盆地库车坳陷烃源岩热模拟实验及油气源对比[J].石油实验地质，2009，31（5）：518-521.

[18] 琚岩，孙雄伟，刘立炜，等.库车坳陷迪北致密砂岩气藏特征[J] 新疆石油地质，2014，35（3）：264-267.

[19] 王祥，魏红兴，石万忠，等.库车坳陷东部地层压力特征与油气成藏[J].地质科技情报，2016，35（1）：68-73.

[20] 年秀清，罗金海，李杰林，等.库车坳陷东部下—中侏罗统砂岩流体包裹体特征与油气成藏期次研究[J].西安石油大学学报（自然科学版），2011，26（4）：13-18.

[21] 尚晓庆，刘洛，高小跃，等.库车坳陷依奇克里克构造带油气输导体系特征及输导模式[J].大庆石油学院学报，2012，36（1）：31-40.

[22] 袁文芳，王鹏威，秦红，等.库车坳陷东部侏罗系"连续型"致密砂岩气成藏条件分析[J].东北石油大学学报，2014，38（4）：1-9.

[23] 曹少芳，李峰，张博，等.库车坳陷野云2致密砂岩气藏地质特征及成藏机制[J].东北石油大学学报，2014，38（3）：42-48.

[24] 林潼，冉启贵，曾旭，等.库车坳陷油气有序聚集规律及其勘探意义[J].新疆石油地质，2015，36（3）：270-276.

[25] 吴海，严少怀，赵孟军，等.库车前陆盆地东西部油气成藏过程差异性分析：以吐北1和迪那2构造为例[J].天然气地球科学，2019，30（7）：1027-1036.

[26] 吴海，赵孟军，卓勤功，等.库车坳陷北部单斜带油气充注史及成藏潜力分析[J].天然气地球科学，2015，26（12）：2325-2335.

[27] 芦慧，鲁雪松，范俊佳，等.裂缝对致密砂岩气成藏富集与高产的控制作用：以库车前陆盆地东部侏罗系迪北气藏为例[J].天然气地球科学，2015，26（6）：1047-1056.

[28] 孙龙德，李曰俊，宋文杰，等.塔里木盆地北部构造与油气分布规律[J].地质科学，2002，37（增刊）：1-13.

[29] 郑孟林，王毅，金之钧，等.塔里木盆地叠合演化与油气聚集[J].石油与天然气地质，2004，35（6）：925-934.

[30] 赵文智，王红军，单家增，等.库车坳陷天然气高效成藏过程分析[J].石油与天然气地质，2005，26（6）：703-710.

[31] 易立.库车坳陷前陆冲断带断源储盖组合样式及其对成藏的控制[J].中国石油勘探，2013，18（5）：10-14.

[32] 殷进垠.塔里木盆地库车坳陷盐构造与油气成藏特征[J].断块油气田，2008，15（5）：34-36.

物质平衡方程及其在缝洞型油藏中的应用

刘海龙[1]，谭 涛[2]

1 中国石化石油勘探开发研究院，北京 100083；

2 中国石化西北石油局勘探开发研究院，新疆乌鲁木齐 830000

摘 要：物质平衡方法是对所有流入、流出油藏，以及滞留在油藏中的流体的一个综合描述。物质平衡方程是质量守恒定律在油藏中的应用。物质平衡研究的是油藏地质、剩余地质储量和采出量三者之间的关系。基于质量守恒，建立了综合物质平衡方程。由于缝洞型油藏以弹性驱为主，因此将综合物质平衡方程简化为弹性驱的物质平衡方程，并从储量计算、油藏能量评价、分水量计算、辅助判断井间连通性、综合压缩系数的计算等方面进行了应用。

关键词：物质平衡；动态储量；能量；分水量；注水

Material Balance Equation and Its Application in Fracture-cavity Reservoir

Liu Hailong[1]，Tan Tao[2]

1 Research Institute of Petroleum Exploration and Production, SINOPEC, Beijing 100083, China；
2 Research Institute of Exploration and Development, Northwest Petroleum Bureau, SINOPEC, Urumqi 830000, China

Abstract：The material balance method is a comprehensive description of all fluids flowing into and out of the reservoir, as well as remaining in the reservoir. The material balance equation is the application of the law of conservation of mass in oil reservoir. Material balance studies the relationship among reservoir geology, remaining geological reserves and production. Based on the conservation of mass, the comprehensive material balance equation is established. Because the fracture-cavity reservoir is dominated by elastic flooding, the comprehensive material balance equation is simplified to the material balance equation of elastic flooding, and applied in reserve calculation, reservoir energy evaluation, water distribution calculation, auxiliary judgment of inter-well connectivity, comprehensive compression coefficient calculation and other aspects.

Key words：material balance；dynamic reserves；energy；water diversion；water injection

1 物质平衡原理

物质平衡是指在一定开采阶段后，在油藏中剩余物质的量等于油藏中原始物质的量减去由于开采引起的油藏中减少的物质的量，再加上由于注入或侵入而增加的物质的量。物质平衡方程的基本原理是质量守恒定律。而物质平衡方法就是对所有流入油藏和流出油藏及滞留在油藏中的流体的一个综合描述。

第一作者简介：刘海龙，1990 年生，男，硕士，工程师，从事油气田开发工程研究工作。

邮箱：478277608@qq.com

物质平衡方程是质量守恒定律在油藏中的应用。物质平衡研究的是油藏地质、剩余地质储量和采出量三者之间的关系。对流体而言，物质平衡是零维流动，不考虑地下流体流动的方向。同时，对于岩石、骨架、流体等成分，物质平衡也不考虑岩石、流体的性质在时间、空间上的变化。同时，物质平衡不考虑流体在多孔介质中流动的流体分异、油藏的构造、水动力学、油井的位置等因素。物质平衡仅仅对比油藏在原始状态和开发的某个阶段的状态情况，缺乏时间的动态性，将时间融入于累产和压力变化之中。基于此，物质平衡建立需要做一些假设。常见的物质平衡方程建立的假设条件如下：（1）油藏的储层物性和流体物性都是均值，各向同性；（2）相同时间内油藏各点的压力都处于平衡，并且相等和一致；（3）在整个开发过程中，地层温度保持为常数；（4）不考虑油藏内毛细管力和重力的影响；（5）油藏各部位的采出量保持均衡，且不考虑可能发生储层压实作用。

在油层的原始条件（即在原始地层压力和地层温度条件）下为：

（1）气顶区内天然气的原始地质储量（地面标准条件，0.101MPa 和 20℃）为 G，它所占有的地下体积为 GB_{gi}。

（2）含油区内原油的原始地质储量（地面标准条件）为 N，它所占有的地下体积为 NB_{oi}。

（3）气顶区的天然气地下体积与含油区的原油地下体积比为 m。

气顶内原始天然气地质储量：$G = mNB_{oi}/B_{gi}$。
所占的地层孔隙体积：$V_p = mNB_{oi}/(1 - S_{wc})$。
油藏原始地层压力 p_i，经过 t 时间后，压力下降到 p，期间油藏中累产油量 N_p、气量 G_p、水量 W_p。

根据物质平衡原理，用文字表达为：地面累计产油量[1]+地面累计产水量[2]+地面累计产气量[3] = 气顶累计体积膨胀量[4]+气顶区地层束缚水和岩石的累计弹性体积膨胀量[5]+含油区原始溶解气和地层原油的累计膨胀量[6]+含油区地层束缚水和岩石的累计弹性体积膨胀量[7]+累计天然水侵量[8]+累计人工

注水量[9]+累计人工注气量[10]。

[1]地面的累计产油量为 N_p，p 压力下的地下累计体积量为 N_pB_o。

[2]地面的累计产水量为 W_p，p 压力下的地下累计体积量为 W_pB_w。

[3]地面的累计产气量为 G_pR_p，R_p 为累计生产油气比；在 p 压力下累计产油量 N_p 的溶解气量为 N_pR_s，R_s 为压力下的溶解油气比。因此，压力由 p_i 下降到 p 时，油藏中产出的天然气地下体积量为 $N_p(R_p - R_s)B_g$。

[4]气顶累计体积膨胀量：$G(B_g - B_{gi}) = \dfrac{mNB_{oi}}{B_{gi}}(B_g - B_{gi})$。

[5]气顶区地层束缚水和岩石的累计弹性体积膨胀量：$V_p(C_wS_{wi} + C_f)\Delta p = \dfrac{mNB_{oi}}{1 - S_{wi}}(C_wS_{wi} + C_f)\Delta p$。

[6]含油区原始溶解气和地层原油累计体积膨胀量为：$N[(B_o - B_{oi}) + (R_{si} - R_s)B_g]$。

[7]含油区地层束缚水和岩石的累计弹性体积膨胀量为：$V_p(C_wS_{wi} + C_f)\Delta p = \dfrac{NB_{oi}}{1 - S_{wi}}(C_wS_{wi} + C_f)\Delta p$。

[8]累计天然水侵量为 W_eB_w。

[9]累计人工注水量为 W_iB_w。

[10]累计人工注气量为 G_iB_{ig}，B_{ig} 为在压力 p_i 下注入气体的体积系数。

将上述由油藏工程参数符号表示的分项关系，代入到前面文字表达式，并作简单整理后得到饱和油藏物质平衡方程的通式：

$$N = N_p[B_o + (R_p - R_s)B_g] - (W_i + W_e - W_p)B_w - G_iB_{ig}\} / [(B_o - B_{oi}) + (R_{si} - R_s)B_g + mB_{oi}\dfrac{B_g - B_{gi}}{B_{gi}} + (1 + m)\dfrac{B_{oi}}{1 - S_{wc}}(C_wS_{wc} + C_f)\Delta p]$$

（1）

式中　B_o、B_w——原油和地层水的体积系数；

R_{si}、R_s、R_p——原始油藏压力、目前压力

和压力 p 下对应的气体溶解系数；

W_e、W_i、W_p——水侵量、累计注水量和累计产水量；

C_w、C_f——地层水和岩石的压缩系数；

S_{wc}——束缚水饱和度；

Δp——生产压差。

若令 $B_{ti} = B_{oi}$，$N_p R_p B_g = G_p B_g$；假定 $B_{ig} = B_g$；并引入两相体积系数：$B_t = B_o + (R_{si} - R_s)B_g$。

式（1）可改写为：

$$N = \left[N_P(B_t - R_{si}B_g) - (W_i + W_e - W_p)B_w - (G_i - G_p)B_g \right] / \left[(B_t - B_{ti}) + mB_{ti}\frac{B_g - B_{gi}}{B_{gi}} + (1 + m)\frac{B_{ti}}{1 - S_{wc}}(C_w S_{wc} + C_f)\Delta p \right] \quad (2)$$

式（2）即为物质平衡方程的通式，根据油藏的不同驱动类型，可对上述的物质平衡方程式的通式进行简化，而得到其相应的特定条件下物质平衡方程式。

在油藏无边水或底水，又无气顶，且原始压力高于饱和压力时为弹性驱油藏。该类油藏在开采初期主要依靠地层压力下降引起的孔隙、岩石及其中所储集的油、水的弹性膨胀作用，将原油从地层驱替到井底。所以，这类油藏没有任何外界能量供给。

若考虑气顶区、含油区岩石和束缚水的弹性膨胀作用，综合在驱动方式下油藏的物质平衡方程的通式为：

$$N = \left\{ N_P\left[B_o + (R_P - R_s)B_g \right] - (W_e - W_p)B_w \right\} / \left\{ B_o - B_{oi} + (R_{si} - R_s)B_g + mB_{oi}\left(\frac{B_g}{B_{gi}} - 1\right) + \left[(1 + m)\left(\frac{C_w S_{wc} + C_p}{1 - S_{wc}}\right) \right]\Delta p B_{oi} \right\} \quad (3)$$

2 能量指示曲线

2.1 能量指示曲线原理

对于弹性驱动油藏而言，无边水或底水时，即

$W_e = 0$，$W_p = 0$；无气顶时，即 $m = 0$；开采过程中地层压力 $p > p_b$ 时，即 $R_{si} = R_s = R_p$。所以，式（3）可简化为：

$$N = \frac{N_P B_o}{B_o - B_{oi} + \dfrac{C_w S_{wc} + C_p}{1 - S_{wc}}B_{oi}\Delta p} \quad (4)$$

当油藏压力为 p_i 时，地层油的体积为 NB_{oi}；当油藏压力变为 p 时，地层油的体积为 NB_o。

根据原油压缩系数的公式，在压力从 p_i 下降到 p 时：

$$C_o = -\frac{1}{V_o}\frac{dV_o}{dp} = -\frac{1}{NB_{oi}}\frac{NB_{oi} - NB_o}{\Delta p} = \frac{B_o - B_{oi}}{B_{oi}\Delta p}$$

$$\Rightarrow B_o - B_{oi} = C_o B_{oi}\Delta p \quad (5)$$

将式（5）代入式（4）并整理，有：

$$N = \frac{N_P B_o}{\left(C_o + \dfrac{C_w S_{wc} + C_p}{1 - S_{wc}} \right) B_{oi}\Delta p} \quad (6)$$

定义综合压缩系数 C_t 为：$C_t = C_o + [(C_w S_{wc} + C_p)/(1 - S_{wc})]$。

则式（6）可改写为：

$$NB_{oi}C_t\Delta p = N_P B_o \quad (7)$$

式（7）即为弹性驱的物质平衡方程。

对于式（7），可以进行以下改写：

$$\Delta p = \frac{B_o}{NB_{oi}C_t}N_P$$

令：

$$k = \frac{B_o}{NB_{oi}C_t}$$

则：

$$\Delta p = kN_P \quad (8)$$

式（8）说明，压差与累计产油量为线性关系，且直线过原点（图1）。

2.2 能量指示曲线应用

2.2.1 动态地质储量计算

2.2.1.1 计算原理

对于式（8）的应用，不仅可以判断油藏的类型，而且还可以用来计算油藏的动态地质储量，动

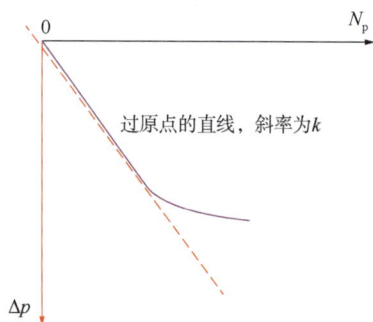

图 1　压差与累计产油量的关系曲线图

态地质储量计算为：

$$N = \frac{B_o}{kB_{oi}C_t} \quad (9)$$

同时，随着油井的生产，油藏压力的降低，开始出现曲线，弹性驱阶段结束，那么就可以开始注水，同时油井也会产水，那么此时的物质平衡方程可写为：

$$N_pB_o = NB_{oi}C_t\Delta p + W \quad (10)$$

式（10）中的 W 可以由图 2 确定，即曲线偏离初始直线段的水平距离。

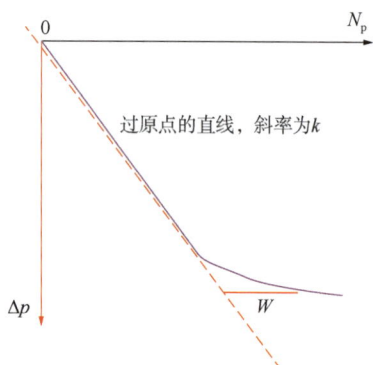

图 2　确定油藏存水量图

则，这种情况下的油藏水侵量计算公式为：

$$W_e = W - W_{inj}B_w + W_pB_w \quad (11)$$

式（11）中，如果计算出的 $W_e > 0$，则说明有水侵作用；$W_e = 0$，则说明无水侵作用；$W_e < 0$，则说明油藏无水侵作用，而且油藏流体还产生了外逸。

由能量指示曲线储量计算公式是基于"封闭型弹性驱动油藏"物质平衡方程，因此该方法计算动态储量需要满足以下条件。（1）相对封闭油藏：生产中表现明显的定容特征；（2）弹性驱动：无明显

水驱特征或者弹性驱动阶段；（3）单相流动：选择无水期阶段进行计算。

2.2.1.2　实例分析

TP153XCH 井生产期间表现为定容，累产 3.05×10^4 t 时供液能力突降，能量指示曲线显示储集体可能被分隔，后酸化恢复产能，增油 2.45×10^4 t。其油压与累计产油量关系曲线，如图 3 所示。

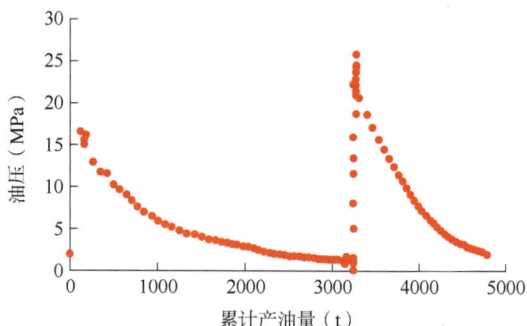

图 3　油压与累计产油关系曲线图

这里采用的是油压，而不是流压。因为现场流压监测成本大，而且不能按照生产时间进行实时监测，从理论上来说，采用油压代替流压是合理的。理由如下：

（1）基于节点分析，流体从油藏流向井筒，再从井筒流向地面，流体流动示意图如图 4 所示。

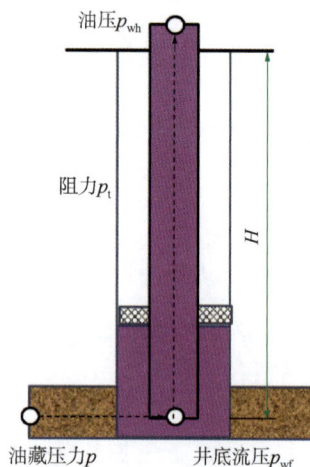

图 4　流体流动示意图

（2）根据渗流力学可知如下关系。

油藏内流动：$p = p_{wf} + \dfrac{q\mu}{2\pi Kh}\left(\ln\dfrac{r_e}{r_w} - \dfrac{3}{4}\right)$

井筒内流动：$p_{wf} = p_{wh} + \rho g H + p_t$

因此，油藏压力与油压关系为：

$$p = p_{wh} + \rho g h + p_t + \frac{q\mu}{2\pi Kh}\left(\ln\frac{r_e}{r_w} - \frac{3}{4}\right) \quad (12)$$

式中 p_{wf}、p_{wh}、p_t ——井底流压、油压和井筒阻力；

r_w、r_e ——井半径和油藏半径；

ρ ——井筒流体密度；

H、h ——井深度和油藏有效厚度；

q ——油井产量；

K、μ ——渗透率、流体黏度。

如果产量变化不大，油压同油藏压力可近似认为相差一个常量，即二者的变化规律是一致的。因此，从理论上来说，采用油压代替流压是合理的。

2.2.2 评价油藏能量

油藏能量的高低，可以采用以下指标进行评价，即：采出1%地质储量的地层压降 D_{pr}、无因次弹性产量比 N_{pr}。

两者指标的计算值，均可用来评价油藏或油井的能量。其评价标准如表1所示。

表1 能量评价标准表

级别	指标标准	
	D_{pr}	N_{pr}
天然能量充足	<0.2	>30
天然能量较充足	0.2~0.8	10~30
具有一定天然能量	0.8~2.5	2~10
天然能量不足	>2.5	<2.0

两者指标在能量指示曲线上的反应，则主要体现在压力下降的快慢。曲线形态可分为两大类三小类(图5)：强能量（Ⅰ）油井曲线压力缓慢下降，弱能量（Ⅱ）油井压力下降快。

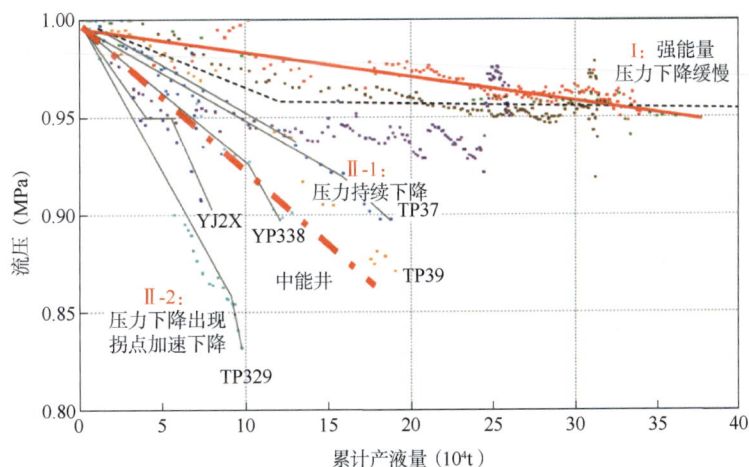

图5 能量评价实例井分析展示图

2.2.3 分水量计算

计算方法：以单位压降采油量与单位压恢耗水量的比例来分配分流量，动用储量越大，分流量越大。

$$W_f = EEI\Delta P_v \quad (13)$$

其中：

$$\Delta P_v = \frac{注水阶段累计产液量}{EEI} + 压力上升值$$

$$EEI = \frac{q}{\rho h \Delta H}$$

式中 W_f ——分水量；

ΔP_v ——补充的能量；

EEI ——单位压降产液量。

EEI 也可以从能量指示曲线上，利用斜率直接求出。以TP263井组为例进行说明，该井组的能量指示曲线如图6所示。

利用式(13)，可以计算各阶段的分水量，其计算结果如表2所示。

通过计算可以发现：在应用物质平衡原理时，可以实现分流量的准确计算，科学设计注

水强度，防止形成优势通道，提高井组水驱效率；同时，当系统不能维持平衡后，通过新增

注水井、调整注水强度、改变流线等重建新平衡，从而保证单元注水的持续高效。

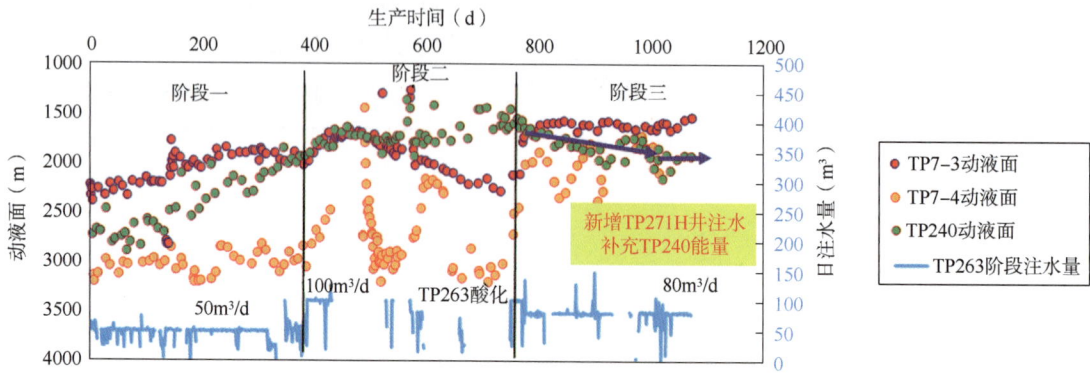

图 6　TP263 井组的能量指示曲线图

表 2　各阶段分水量计算结果表

	TP263 井注水		TP7-3			TP7-4			TP240		
阶段	日注量（m³）	周期（m³）	动液面（m）	日产液（t）	分水率（%）	动液面（m）	日产液（t）	分水率（%）	动液面（m）	日产液（t）	分水率（%）
1	50	14515	150	18	44	0	8.5	0	369	13.5	53
2	↑100	6533	284	22.5	40	340	9.4	34	344	21	26
3	100↓80	19324	171	30	69	72	12	21	−215	30	10

2.2.4　井间连通关系的辅助判断

折算相同深度压力值比较、压力变化趋势类比，判断连通状态。当单井或者单元的能量指示曲线趋势一致时，可判断这些井或者开发单元是处于同一个压力系统，从井与井之间的连通性来说，这

些井为动态连通的。

TH10303 单元共有 6 口井，各井投产时间不一样，但是各井的能量指示趋势差别不大，能量变化趋势一致(图7)。同时在结合各井投产初期和目前的折算压力(表3)，该单元 6 口井的连通性非常好。

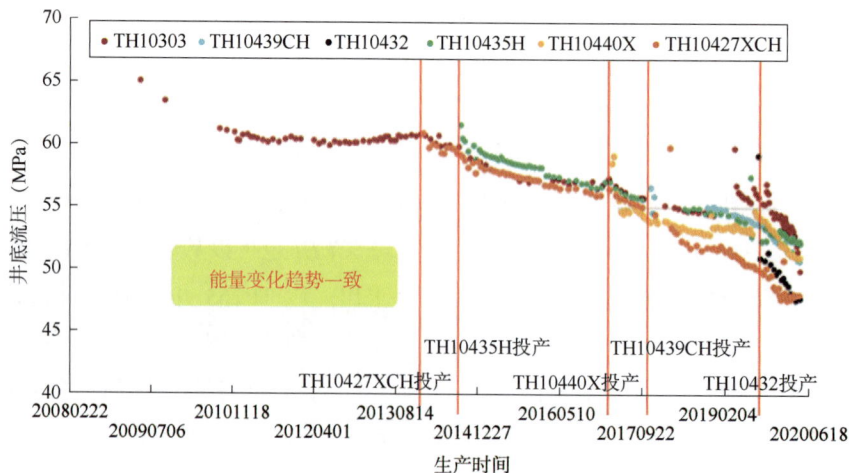

图 7　TH10303 单元能量指示曲线图

表3　TH10303单元的各井压力表　单位：MPa

井号	初期压力	当前折算压力
TH10303	65.08	50.39
TH10440X	55.97	50.23
TH10432	50.46	49.24
TH10439CH	51.5	49.45
TH10435H	61.58	50.03
TH10427XCH	60.94	48.71

2.2.5　能量指示曲线逆用——注水

2.2.5.1　计算原理

把油藏设定为一个刚性的容体，注水过程中，注入水量和压力的关系类似于弹性驱采油的反过程。由弹性驱的指示曲线可知，实际上累计注入量与压力也是一个线性关系。也可以由以下进行论证。首先设定以下几个假设条件：

（1）油藏的储层物性和流体物性都是均值的，各向同性的。

（2）相同时间内油藏各点的压力都处于平衡，并是相等和一致的。

（3）在整个开发过程中，地层温度保持为常数。

（4）不考虑油藏内毛管力和重力的影响。

（5）油藏各部位的采出量保持均衡，且不考虑可能发生储层压实作用。

模式1

注水前后，刚性洞的前后体积变化情况如图8所示。

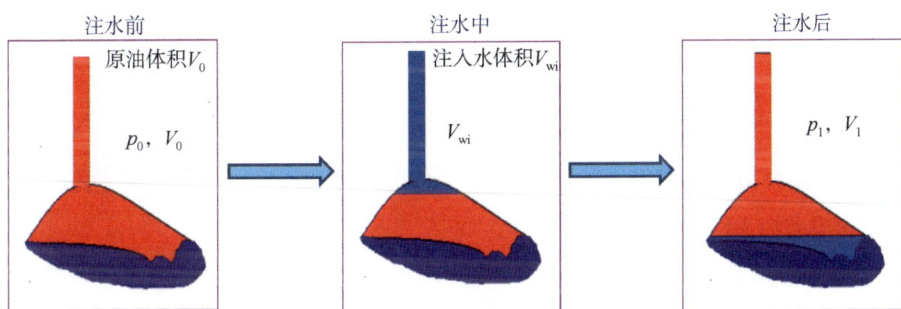

图8　注水前后油藏变化示意图

p_0、p_1—注水前、后压力

原油压缩体积 ΔV 为：

$$\Delta V = V_0 - V_1 \qquad (14)$$

式中　V_0、V_1——注水前、后原油体积。

注水前后的压力变化为：

$$\Delta p = p_1 - p_0 \qquad (15)$$

原油的压缩系数 C_o 定义为：

$$C_o = \frac{1}{V_0} \frac{\Delta V}{\Delta p} \qquad (16)$$

联立式（14）—式（16），可得：

$$p_1 = \frac{1}{C_o V_0} \Delta V + p_0 \qquad (17)$$

同样，把油藏看成刚性的容体，则注入量等于原油压缩量，即 $\Delta V = V_{wi}$，则式（17）可改写为：

$$p_1 = \frac{1}{C_o V_0} V_{wi} + p_0 \qquad (18)$$

式中　V_{wi}——注水体积。

由式（18）可知：压力与注入量成线性关系，如图9所示。

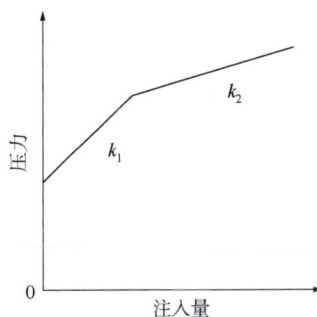

图9　压力与注入量的关系曲线图

图9是地下水的注入量与压力的关系，当然，也可以通过水的体积系数，换算到地面，即：

$$p_1 = \frac{1}{C_o N B_0} N_w B_w + p_0 \qquad (19)$$

模式 2

根据推导过程，可知：式（19）并没有考虑到水的压缩性，实际上，在水的注入过程中，地下和地面注入水在地层压力下，也会压缩，只是压缩量的大小与水本身的压缩系数有关。由砂岩的综合压缩系数计算公式可以看出：当不考虑岩石骨架的压缩性时，流体的压缩性（油和水）计算与各组分的比例有关，即如果流体全为油，则对应于油的压缩系数；反之，当流体全为水时，则对应于水的压缩系数；当两者都存在时，设水油的体积比为 R，则相应地流体的综合压缩系数为：

$$C_t = C_o + RC_w \qquad (20)$$

因此，当考虑油水定容时，压力与水的注入量关系式为：

$$p_1 = \frac{1}{NB_0(C_o + RC_w)} N_w B_w + p_0 \qquad (21)$$

模式 3

式（19）和式（21）都是只针对洞定容条件下的考虑，但是，地下情况往往比较复杂，而且一般来说，都是缝、洞相互沟通，因此在注水时，还需要考虑裂缝与洞的沟通情况，如图 10 所示。假定注水过程中，与单井连通的裂缝与洞的体积之比记为 α，裂缝的有效压缩系数为 C_{ef}，则相应地流体的综合压缩系数为：

$$C_t = \alpha C_{ef} + (1 - \alpha)(C_o + RC_w) \qquad (22)$$

因此，当考虑油水定容、裂缝弹性能时，压力与水的注入量关系式为：

$$p_1 = \frac{1}{NB_0[\alpha C_{ef} + (1 - \alpha)(C_o + RC_w)]} N_w B_w + p_0$$
$$(23)$$

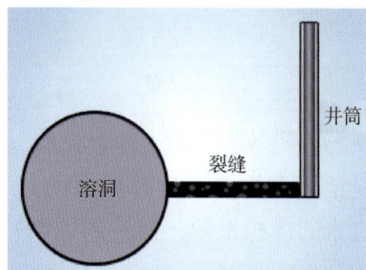

图 10　单裂缝与溶洞沟通示意图

模式 4

当然，地下缝洞的实际情况，还比较复杂，当有很多个裂缝与洞的组合时，如图 11 所示。假定每条裂缝的体积占比为 l_i，对应的有效压缩系数为 C_{efi}，相应地，每个洞的体积占比为 d_j，对应的油水体积比为 R_j，则相应地流体的综合压缩系数为：

$$C_t = \alpha \sum_i l_i C_{efi} + (1 - \alpha) \sum_j d_j (C_o + R_j C_w) \qquad (24)$$

因此，当考虑油水定容、裂缝弹性能时，多裂缝、溶洞的压力与水的注入量关系式为：

$$p_1 = \frac{1}{NB_0\left[\alpha \sum_i l_i C_{efi} + (1 - \alpha) \sum_j d_j (C_o + R_j C_w)\right]}$$
$$N_w B_w + p_0 \qquad (25)$$

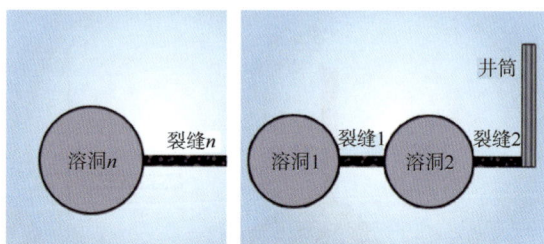

图 11　多裂缝与溶洞沟通示意图

模式 5

当一口直井连通很多溶洞时，如图 12 所示。此时注水的时候，需要优先把第一个溶洞充注完后，然后再继续充注第二个，设每个溶洞的体积为 V_i，对应于地面的注入量为 N_{wi}，每个溶洞中原油的地质储量为 N_j，整个注水过程中，总的注水量为 N_w，则由式（25）可知如下关系。

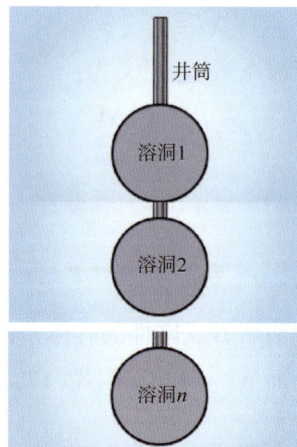

图 12　串珠状溶洞沟通示意图

（1）当 $N_w < N_{w1}$ 时，压力与水的注入量关系式为：

$$p_1 = \frac{1}{C_o N_1 B_0} N_w B_w + p_0 \qquad (26)$$

（2）当 $N_{w1} < N_w < N_{w1} + N_{w2}$ 时，压力与水的注入量关系式为：

$$p_1 = \frac{1}{C_o N_1 B_0} N_w B_w +$$
$$\frac{1}{C_o N_1 B_0 + C_o N_2 B_0}(N_w - N_{w1}) B_w + p_0 \qquad (27)$$

（3）当 $N_{w1} + N_{w2} < N_w < N_{w1} + N_{w2} + N_{w3}$ 时，压力与水的注入量关系式为：

$$p_1 = \frac{N_w}{C_o N_1 B_0} B_w + \frac{(N_w - N_{w1})}{C_o B_0 (N_1 + N_2)} B_w +$$
$$\frac{(N_w - N_{w1} - N_{w2})}{C_o B_0 (N_1 + N_2 + N_3)} B_w + p_0 \qquad (28)$$

（4）当 $\sum_{i}^{n} N_{wi} < N_w < \sum_{i}^{n+1} N_{wi}$ 时，压力与水的注入量关系式为：

$$p_1 = \frac{N_w}{C_o N_1 B_0} B_w + \frac{(N_w - N_{w1})}{C_o B_0 (N_1 + N_2)}$$
$$B_w + \frac{(N_w - N_{w1} - N_{w2})}{C_o B_0 (N_1 + N_2 + N_3)}$$
$$B_w + \cdots + \frac{(N_w - \sum_{i}^{n} N_{wi})}{C_o B_0 \sum_{j}^{n+1} N_j} B_w + p_0 \qquad (29)$$

2.2.5.2 实例分析

TH12134CH 井注水指示曲线如图 13 所示。注水受效，定容特征明显，最大弹性注入量约为 3000m³，初步判断当累计注入量达到 1200m³，开始波及第二个溶洞。

由图 13 可知：应选择双洞模式，如图 14 所示。则对应的公式为：

$$\begin{cases} \dfrac{B_w}{N_{vf} B_{oi}(\alpha C_{cf} + \beta R_1 C_w + C_o)} = 0.0037 \\[3mm] \dfrac{B_w}{N B_{oi}[\alpha C_{cf} + \beta R_1 C_w + (1 - \alpha - \beta) R_2 C_w + C_o]} = 0.0019 \end{cases} \qquad (30)$$

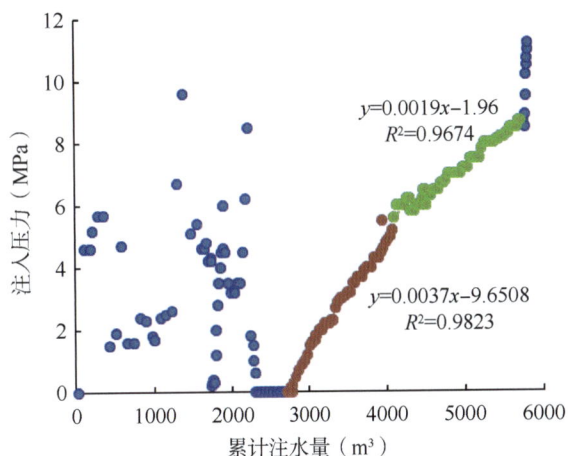

图 13　TH12134CH 井注水指示曲线图

图中标注：$y=0.0019x-1.96$　$R^2=0.9674$；$y=0.0037x-9.6508$　$R^2=0.9823$

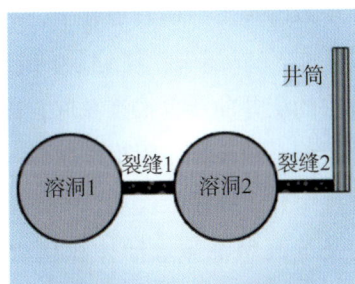

图 14　TH12134CH 井缝洞模式示意图

通过求解式（30），可得：$N_{vf} = 23.4 \times 10^4 \text{m}^3$、$N = 44.1 \times 10^4 \text{m}^3$。

通过注水指示曲线，识别出的两个溶洞大小分别为 $23.4 \times 10^4 \text{m}^3$ 和 $44.1 \times 10^4 \text{m}^3$。

2.2.5.3 注意事项

注水指示曲线建立过程中，没有考虑水的压缩性。虽然水的压缩性与油的压缩性相比，比较小，但是水还是具有一定的压缩性的。其次是岩石的压缩性，岩石的压缩性与油的压缩性相差不大，在注水过程中，由于岩石的压缩性，可导致孔隙减小，压缩孔隙中的流体，就使得注水更加困难。水与岩石的压缩性，首先必须要考虑岩石的压缩性，其次才是水的压缩性。对于一个油藏来说，不可能是刚性注水的；因此在这点上，注水指示曲线的模型，在适用性上受到了一定的限制。当一个油藏处于无水开发时，一般可以使用注水指示曲线来预测缝洞的大小；但是当油藏压力降低到饱和压力以下时，由于油藏中开始分离出气体，流体和岩石的压缩性都开始变大，注入压力慢慢升高；当注入压力大于破裂压力时，容易破坏孔隙的原有结构，在一定程度上，降低了流体的流动性能。

如何把岩石、水的压缩性考虑进来，是一个研究方向；同时，随着油藏的开采，油藏压力的降低，出现气体时，已经不再是单相压缩系数，出现两相，甚至是三相压缩系数，压缩系数的如何表达，也是一个需要解决的问题。

2.2.6 计算综合压缩系数

缝洞型油藏与其他油藏不一样，不仅非均质性极强，而且一般都具有大底水。其储量计算的关键是综合压缩系数的确定。钻井过程中，经常钻遇溶洞，钻井发生放空或漏失，使储层的岩心获取很难，而且储层的测井曲线也很难获取，因此从实验室测试综合压缩系数还比较困难。现场一般基于动态数据，进行综合压缩系数反演。

首先定义缝洞型油藏水油体积比 R：波及范围内水体体积 V_w 与含油储集体体积（油+束缚水）V_p 之比，计算公式为：$R = V_w / V_p$。

基于物质平衡，缝洞型油藏储集体开采前后，其骨架体积 V_s、束缚水体积 V_{wc}、初始油藏体积 V_{ci}、油藏孔隙体积 V_p 和缝洞结构中水体体积 V_w 等变化，如图15所示。

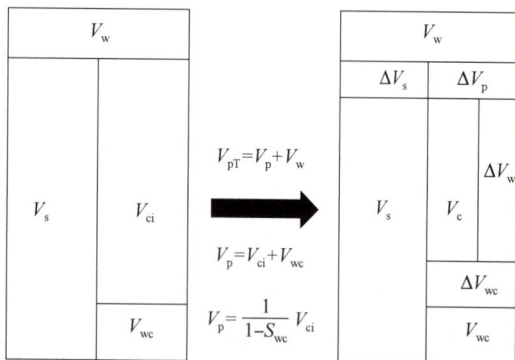

图 15 缝洞型油藏体积变化示意图

ΔV_s—骨架体积变化量；ΔV_p—油藏孔隙体积变化量；

ΔV_w—水体体积变化量；ΔV_{wc}—束缚水体积变化量；

V_{ci}—孔隙中的原油体积；S_{wc}—束缚水饱和度；

V_{pT}—流体中体积

由物质平衡原理可知：采出量等于储集体体积变化量。其中阶段的采出液量为 $N_p B_o + N_w B_w$，而储集体体积变化量 ΔV 主要由3个部分组成，即水体体积变化量 ΔV_w、孔隙体积变化量 ΔV_p 和束缚水体积变化量 ΔV_{wc}。

$$\Delta V = \Delta V_w + \Delta V_p + \Delta V_{wc}$$
$$= \left[V_p R C_w + (V_p + V_p R) C_p + V_p S_{wc} C_w \right] \Delta p$$

$$(31)$$

式中　C_w——水的压缩系数；

　　　C_p——岩石压缩系数；

　　　S_{wc}——束缚水饱和度；

　　　Δp——生产压差。

由物质平衡和原油压缩系数定义可知：

$$\begin{cases} V_c = V_{ci} - \Delta V, \quad N = \dfrac{N_p + V_c}{B_o} \\[2mm] V_{ci} = N B_{oi}, \quad C_o = \dfrac{B_o - B_{oi}}{B_{oi} \Delta p} \end{cases} \quad (32)$$

将式(32)代入式(31)，整理可得：

$$N_p B_o + N_w B_w = N B_{oi} \left(C_o + \frac{S_{wc} + R}{1 - S_{wc}} C_w + \frac{1 + R}{1 - S_{wc}} C_p \right) \Delta p$$

$$(33)$$

由综合压缩系数定义可得：

$$C_t = \left(C_o + \frac{S_{wc} + R}{1 - S_{wc}} C_w + \frac{1 + R}{1 - S_{wc}} C_p \right) \Delta p \quad (34)$$

式(34)即为缝洞型油藏综合压缩系数的计算公式。

2.2.7 其他应用

除了上述列举的物质平衡方程应用外，还有很多其他应用的方面。其他应用大都是基于物质平衡，去推导一些如产能、油水界面等计算方法。物质平衡方程是一种思想，可以通过单相或者两相，去研究物质平衡方程。

3 结论

（1）首先明确了物质平衡方程的适用界限，从质量守恒定律角度，推导了物质平衡方程。

（2）物质平衡方程的应用较多，主要集中在储量计算、油藏能量评价、分水量计算、辅助判断井间连通关系、综合压缩系数和注水指示曲线等。

（3）在应用中，物质平衡方程更多体现的是一种思想，对于油藏系统是一个质量守恒定律的过程。物质平衡方法就是对所有流入油藏、流出油藏及滞留在油藏中流体的一个综合描述。物质平衡研究的是油藏地质、剩余地质储量和采出量三者之间的关系。

参考文献

［1］ 陈元千. 现代油藏工程［M］. 北京：石油工业出版社，2004.

［2］ 马立平，李允. 缝洞型油藏物质平衡方程计算方法研究［J］. 西南石油大学学报，2007，29（5）：66-68.

［3］ Gherson Penuela, Eduardo A, Anibal Ordonez, et al. A new material-balance equation for naturally fractured reservoirs using a dual-system approach［J］. SPE 68831, 2001.

［4］ Havlena D, Odeh A S. The material balance as an equation of a straight-line［J］. JPT, 1963（8）：896-900.

［5］ 陈志海，常铁龙，刘常红. 缝洞型碳酸盐岩油藏动用储量计算新方法［J］. 石油与天然气地质，2007，28（3）：315-319.

［6］ 李柯，李允，刘明. 缝洞型碳酸盐岩油藏储量计算方法研究［J］. 石油钻采工艺，2007，29（2）：103-104.

［7］ 刘学利，焦方正，翟晓先，等. 塔河油田奥陶系缝洞型油藏储量计算方法［J］. 特种油气藏，2005，12（6）：22-24.

［8］ Aguilera R. Naturally fractured reservoirs［M］. Tulsa, Oklahoma：PennWell Books, 1995.11-12.

［9］ Aguilera R. Effect of fracture compressibility on oil recovery from stress-sensitive naturally fractured reservoirs［J］. JCPT, 2006, 45（12）：49-59.

［10］ Aguilera R. Effect of fracture compressibility on gas-in-place calculation of stress-sensitive naturally fractured reservoirs［C］. SPE 100451, 2006.

［11］ 高艳霞，万军凤，巫波. 基于流压的缝洞型油藏能量评价研究［J］. 重庆科技学院学报（自然科学版），2016，18（3）：19-22.

［12］ 李阳. 塔河油田碳酸盐岩缝洞型油藏开发理论及方法［J］. 石油学报，2013，34（1）：115-118.

［13］ 李勇，于清艳，李保柱，等. 缝洞型有水油藏动态储量及水体大小定量评价方法［J］. 中国科学（技术科学），2017，47（7）：708-717.

［14］ 李江龙，张宏方. 物质平衡方法在缝洞型碳酸盐岩油藏能量评价中的应用［J］. 石油与天然气地质，2009，30（6）：773-785.

［15］ 郑松青，崔书岳，牟雷. 缝洞型油藏物质平衡方程及驱动能量分析［J］. 特种油气藏，2018，25（1）：64-67.

基于非平面三维裂缝模型水力压裂数值模拟研究

王　臻[1,2]，杨立峰[1,2]，王　欣[1,2]，刘　哲[1,2]，

高　睿[1,2]，莫邵元[1,2]，范　濛[1,2]

1 中国石油天然气集团有限公司油气藏改造重点实验室，河北廊坊 065007；

2 中国石油勘探开发研究院，北京 100083

摘　要：传统的水力压裂数值模拟器主要采用平面三维裂缝模型模拟裂缝扩展，不能够捕捉多裂缝扩展应力干扰引起的裂缝偏转现象。本文采用非平面三维裂缝模型模拟流体驱动的裂缝扩展及支撑剂运移，非平面三维裂缝模型基于垂直缝假定，但是可以朝任意水平方向扩展。具体地采用三维位移不连续法描述裂缝变形，裂缝内流体流动通过传统的润滑理论描述，并通过有限体积法对流动方程及支撑剂运移方程进行离散，采用序贯耦合算法求解裂缝扩展的流固耦合问题，裂缝扩展方向通过最大周向应力理论判别，最终实现了直井分层压裂，水平井分段压裂模拟，以及多裂缝同步扩展应力干扰引起的裂缝偏转问题的模拟。

关键词：位移不连续法；有限体积法；非平面三维裂缝扩展；支撑剂运移；应力干扰

Numerical Analysis of Hydraulic Fracturing Using A Mon-planar 3D Fracture Model

Wang Zhen[1,2], Yang Lifeng[1,2,] Wang Xin[1,2], Liu Zhe[1,2], Gao Rui[1,2], Mo Shaoyuan[1,2], Fan Meng[1,2]

1 CNPC Key Laboratory of Oil & Gas Reservoir Stimulation, Langfang, Hebei 065007, China;
2 PetroChina Research Institute of Petroleum Exploration & Development, Beijing 100083, China

Abstract：Traditional hydraulic fracturing numerical simulators mainly use planar 3D fracture model to simulate fracture propagation. This model cannot capture the phenomenon of fracture turning caused by stress interference between multi-fractures. In this paper, a non-planar 3D fracture propagation model is used to simulate fluid-driven fracture propagation and proppant transport. To describe non-planar fracture propagation, we assume that the fractures always remain vertical, but it can extend in any horizontal direction. Specifically, the 3D displacement discontinuity method is used to describe the fracture deformation, the fluid flow in the fracture is described by the traditional lubrication theory, and the flow equation and the proppant transport equation are discretized by the finite volume method. The sequential coupling algorithm is used to solve the fluid-solid coupling equations. The direction of fracture propagation is judged by the theory of maximum circumferential stress. Our model can realize the simulation of the layered fracturing of vertical wells, multi-stage fracturing of horizontal wells, and fracture turning induced by simultaneous propagation of multi-fractures.

Key words：displacement discontinuity method; finite volume method; non-planar 3D fracture propagation; proppant transport; stress interference

第一作者简介：王臻，1986 年生，男，博士，高级工程师，主要从事储层改造数值模拟研究。

邮箱：wangzheng69@ petrochina. com. cn

传统的水力压裂数值模拟器主要采用平面三维裂缝模型模拟裂缝扩展[1]，这种算法在处理直井压裂模拟时能够取得很好的精度，但是在处理水平井分段多簇压裂模拟时，由于不考虑缝长、缝高方向的剪切位移，因此不能捕捉缝间应力干扰引起的裂缝偏转现象。本文采用非平面三维裂缝扩展模型模拟流体驱动的裂缝扩展及支撑剂运移，为了描述非平面裂缝扩展，假定裂缝总是保持垂直（在大多数的非浅层水力压裂进程中，垂向应力总是最大主应力，因此这一假定总是满足），但是可以朝任意水平方向扩展。具体地，对裂缝变形的描述采用三维位移不连续法，可以实现缝长、缝高剪切位移量及张开位移量（缝宽）的计算，通过求解裂缝扩展流固耦合方程，最终实现了直井分层压裂，水平井分段压裂模拟，以及多裂缝同步扩展应力干扰引起的裂缝偏转问题的模拟。

1　非平面三维裂缝模型

1.1　裂缝扩展模型

本文采用三维位移不连续法（3D DDM）描述裂缝变形[2]，位移不连续量的定义为：

$$D_1(x_1, x_2, 0) = \mu_1(x_1, x_2 0^-) - \mu_1(x_1, x_2, 0^+)$$
$$D_2(x_1, x_2, 0) = \mu_2(x_1, x_2 0^-) - \mu_2(x_1, x_2, 0^+)$$
$$D_3(x_1, x_2, 0) = \mu_3(x_1, x_2 0^-) - \mu_3(x_1, x_2, 0^+)$$

$$(1)$$

式中　D_1、D_2——剪切位移不连续量；

D_3——法向位移不连续量，即为缝宽 W。

将裂缝离散为一系列结构化矩形单元，主要变量（例如压力、位移不连续量）都位于单元的中心节点上。

对于单个裂缝单元来说，在恒定剪切和法向位移不连续量作用下的应力场解析解如下，此解析解为局部坐标系下的解，其公式为：

$$\sigma_{11} = C_r\{(2I_{,13} - x_3 I_{,111})D_1 + (2vI_{,23} - x_3 I_{,211})D_2 + [I_{,33} + (1-2v))I_{,22} - x_3 I_{,311}]D_3\}$$
$$\sigma_{22} = C_r\{(2vI_{,13} - x_3 I_{,122})D_1 + (2I_{,23} - x_3 I_{,222})D_2 + [I_{,33} + (1-2v))I_{,11} - x_3 I_{,322}]D_3\}$$
$$\sigma_{33} = C_r[(2vI_{,13} - x_3 I_{,122})D_1 + (2I_{,23} - x_3 I_{,222})D_2 + (I_{,33} + (1-2v))I_{,11} - x_3 I_{,322}]D_3]$$
$$\sigma_{12} = C_r\{[(1-v)I_{,23} - x_3 I_{,112}]D_1 + [(1-v)I_{,13} - x_3 I_{,212}]D_2 - [(1-2v)I_{,12} + x_3 I_{,312}]D_3\}$$
$$\sigma_{13} = C_r[(I_{33} + vI_{,22} - x_3 I_{,113})D_1 - (vI_{,12} + x_3 I_{,213})D_2 - x_3 I_{,313}D_3]$$
$$\sigma_{23} = C_r[(-vI_{,21} - x_3 I_{,123})D_1 + (I_{33} + vI_{,11} - x_3 I_{,223})D_2 - x_3 I_{,323}D_3]$$

$$(2)$$

其中：$C_r = \dfrac{G}{4\pi(1-v)}$

式中　G——剪切模量；

v——泊松比；

I——核函数（kernel analytical solution）；

下角中的逗号——偏导数。

$$I(x_1, x_2, x_3)$$
$$= \int_{-b}^{b}\int_{-a}^{a} \frac{1}{\sqrt{(x_1-\xi_1)^2 + (x_2-\xi_2)^2 + x_3^2}}\mathrm{d}\xi_1\mathrm{d}\xi_2$$
$$= [\bar{x}_1\ln(r+\bar{x}_2) + \bar{x}_2\ln(r+\bar{x}_1) - x_3\theta]\Big|_{\xi_1=a_{\xi_1}=-a|}^{\xi_2=h_1=-b}$$

$$(3)$$

其中：

$$\bar{x}_1 = x_1 - \xi_1$$
$$\bar{x}_2 = x_2 - \xi_2$$
$$\theta = \tan^{-1}\left[\frac{\bar{x}_1\bar{x}_2}{rx_3}\right]$$
$$r = \sqrt{(x_1-\xi_1)^2 + (x_2-\xi_2)^2 + x_3^2}$$

式中　x_1、x_2、x_3——以单元中心点为原点的局部坐标系；

a、b——单元的半长和半高。

公式（2）中 I 的偏导数可根据公式（3）求出。

通过应力场坐标转换及叠加原理，可得到针对所有裂缝单元建立的全局性应力—位移不连续量方程，即：

$$\sigma_{sl}^i = \sum_{j=1}^{N} K_{sl,\ sl}^{ij} D_{sl}^j + \sum_{j=1}^{N} K_{sl,\ sh}^{ij} D_{sh}^j + \sum_{j=1}^{N} K_{sl,\ nn}^{ij} D_{nn}^j$$

$$\sigma_{sh}^i = \sum_{j=1}^{N} K_{sh,\ sl}^{ij} D_{sl}^j + \sum_{j=1}^{N} K_{sh,\ sh}^{ij} D_{sh}^j + \sum_{j=1}^{N} K_{sh,\ nn}^{ij} D_{nn}^j$$

$$\sigma_{nn}^i = \sum_{j=1}^{N} K_{nn,\ sl}^{ij} D_{sl}^j + \sum_{j=1}^{N} K_{nn,\ sh}^{ij} D_{sh}^j + \sum_{j=1}^{N} K_{nn,\ nn}^{ij} D_{nn}^j$$

$$(4)$$

式中　σ_{sl}^i、σ_{sh}^i、σ_{nn}^i——单元 i 的长度、高度方向剪切应力及法向正应力；

D_{sl}^j，D_{sh}^j，D_{nn}^j——单元 j 的长度、高度剪切位移不连续量及法向位移不连续量；

i，j——单元 i 和 j；

K——影响系数。

N——单元数量。

K 包含 9 个不同的量，与单元的位置、尺寸、方向及弹性参数相关。

1.2　缝内流体流动模型

液体（携砂液）在裂缝中流动控制方程为[3]：

$$\frac{\partial w}{\partial t} = \nabla \cdot \boldsymbol{q} + q_i + q_L \quad (5)$$

其中：

$$q_i = \delta(x-x_0,\ y-y_0) Q(x,\ y),$$

$$q_L = \frac{2C_L}{\sqrt{t-\tau(x,\ y)}}$$

式中　w——缝宽，mm；

q_i——单位时间单位面积的注入体积，m/s；

q_L——滤失表征参数；

$\boldsymbol{q}$——携砂液的通量。

$$\boldsymbol{q} = -K(w)\widetilde{Q}(c,\ w)[\nabla p - \rho g] \quad (6)$$

其中：

$$K(w) = w^3/12\mu^f$$

$$\rho = (1-\phi)\rho^f + \phi\rho^p = (1-c\phi_{max})\rho^f + c\phi_{max}\rho^p$$

式中　μ^f——压裂液黏度，此处为牛顿流体；

ρ——携砂液（混合液）密度；

ρ^f——压裂液密度；

ρ^p——支撑剂密度。

函数 $\widetilde{Q}(c,\ w)$ 描述携砂液的流动，以及当支撑剂的浓度接近于最大值时，捕捉从泊肃叶流到达西流的转换，$\widetilde{Q}(c,\ w)$ 的表达式为：

$$\widetilde{Q}(c,\ w) = (1-c)^\beta + \frac{a^2}{w^2}c\widetilde{D} \quad (7)$$

其中：

$$\widetilde{D} = 8(1-\phi_{max})^a/3\phi_{max}$$

$$c = \frac{\phi}{\phi_m}$$

式中　β 取值 1.5；

c——归一化浓度；

ϕ——支撑剂浓度；

ϕ_{max}——最大支撑剂浓度，取值 0.585；

a——支撑剂颗粒半径，取值为 4.1。

1.3　支撑剂运移模型

支撑剂在裂缝中运移控制方程为[4]：

$$\frac{\partial cw}{\partial t} = \nabla \cdot \boldsymbol{q}^p + q_i^p \quad (8)$$

其中：

$$q_i^p = c\delta(x-x_0,\ y-y_0) Q(x,\ y)$$

式中　q_i^p——单位时间单位面积的支撑剂注入体积，m/s；

$\boldsymbol{q}^p$——支撑剂运移通量。

$$\boldsymbol{q}^p = B\left(\frac{w}{a}\right)\widetilde{Q}^p(c)\boldsymbol{q} + B\left(\frac{w}{a}\right)\overline{G}^p(c)\boldsymbol{q}^s \quad (9)$$

式中　$\boldsymbol{q}$——携砂液通量；

$\boldsymbol{q}^s$——滑移通量。

在求解支撑剂浓度时，$\boldsymbol{q}$ 作为已知量提供，已由方程（6）求解得到。

$$\boldsymbol{q}^s = -w \frac{a^2}{12\mu^f}(\rho^p - \rho^f)g \quad (10)$$

式中，阻隔函数 B 是用来捕捉支撑剂桥接效应，当缝宽为支撑剂粒径的几倍时就会发生桥接。为了方便计算，阻隔函数为：

$$B\left(\frac{w}{a}\right) = \frac{1}{1}H\left(\frac{w}{2a} - N\right)H\left(\frac{w_B - w}{2a}\right)$$

$$\left[1 + \cos\left(\pi\frac{w_B - w}{2a}\right)\right] + H\left(\frac{w - w_B}{2a}\right) \quad (11)$$

其中：$w_B = 2a(N+1)$

式中，N 表示"几倍"支撑剂粒径，此处选择 $N=3$；H 为 Heaviside step 函数。

方程(9)中函数 $\widetilde{Q}^P$ 表征携砂液流动引起的支撑剂运动：

$$\widetilde{Q}^P(c) = c(1-c)^{1/40} \quad (12)$$

函数 $\hat{G}^P$ 表征支撑剂的重力沉降效应，即：

$$\widetilde{G}^P(c) = 2c(1-c)^{1.7} \quad (13)$$

1.4 算法流程

裂缝扩展流固耦合方程及支撑剂运移求解流程如图1所示：描述裂缝变形的弹性方程(4)和缝内

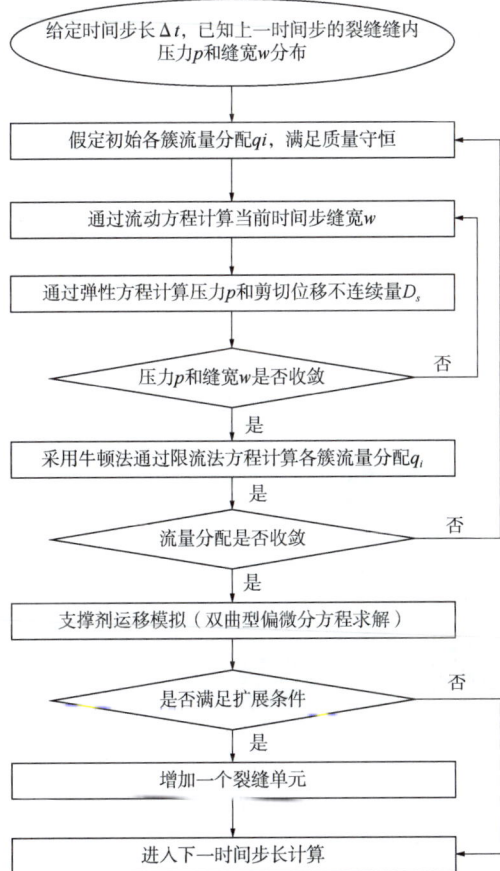

图1 裂缝扩展及支撑剂运移求解流程图

流体流动的质量守恒方程式(5)共同组成了一组以缝宽和流体压力为未知量的瞬态非线性耦合方程组。

对质量守恒方程式采用有限体积法离散，采用序贯耦合分析法求解耦合方程组：

（1）给定时间步长，并且已知上一时间步缝内流体压力和缝宽的分布，假定初始各簇分配流量（裂缝点源泵注排量）为 q_i，且满足流量体积守恒。

（2）采用流动方程式计算当前时间步缝宽，将缝宽代入弹性方程式计算压力和剪切位移不连续量。

（3）将压力和缝宽回代入流动方程重新计算缝宽，如此迭代，直至压力与缝宽收敛。

（4）通过获得的缝内压力计算各簇分配流量，并与假定的初始流量分配做比较，如收敛则结束计算；如不收敛，则重新分配各簇流量，重复(2)—(4)。

（5）分割当前时间步长为更小的时间步长，采用显式有限体积法离散求解支撑剂运移方程(8)，获得支撑剂的浓度分布。

（6）当裂缝前缘最大张应力大于岩石的抗张强度时，裂缝开始扩展。裂缝扩展方向通过应力场计算，保证局部最小主应力方向始终与裂缝扩展方向垂直。

2 算例

2.1 模型验证

以 KGD 模型为对照算例，验证非平面三维裂缝扩展模型的有效性。单缝验证的基本参数为：排量 Q 为 $5m^3/min$，流体黏度 μ 为 $5mPa \cdot s$，杨氏模量 E 为 $30 GPa$，泊松比 ν 为 0.20，断裂韧性 K_{IC} 为 $0.2MPa \cdot m^{0.5}$，滤失系数 C_1 为 0，注入时间 t 为 $10min$。径向裂缝扩展的特征时间 t_c 为[5]：

$$t_c = \left[\frac{(12\mu)^5 E^{13} Q^3}{\left(\frac{32}{\pi}\right)^9 K_{IC}^{18}(1-\nu^2)^{13}}\right]^{0.5} \quad (14)$$

当注入时间远小于 t_c 时，裂缝扩展能量消耗为以缝内流动摩阻耗散为主；当注入时间远大于 t_c 时，裂缝扩展能量消耗为以尖端破裂能量耗散为主，两者中间为过渡过程参数，计算特征时间为

$1.87 \times 10^5 \min$，注入时间 10min 远小于 t_c，因此符合黏性主导裂缝。黏性主导径向裂缝半径和裂缝入口宽度公式为：

$$r(t) = 0.6944 \left[\frac{Q^3 E t^4}{12\mu(1-v^2)} \right]^{\frac{1}{9}}$$

$$w_{in}(t) = 1.1901 \left[\frac{(12\mu)^2 (1-v^2)^2 Q^3 t}{E^2} \right]^{\frac{1}{9}} \quad (15)$$

数值解与解析解关于缝长与最大缝宽的比较，如图 2 所示，均取得较好一致性。图 3 给出了本模型模拟所得 KGD 模型的裂缝形态。

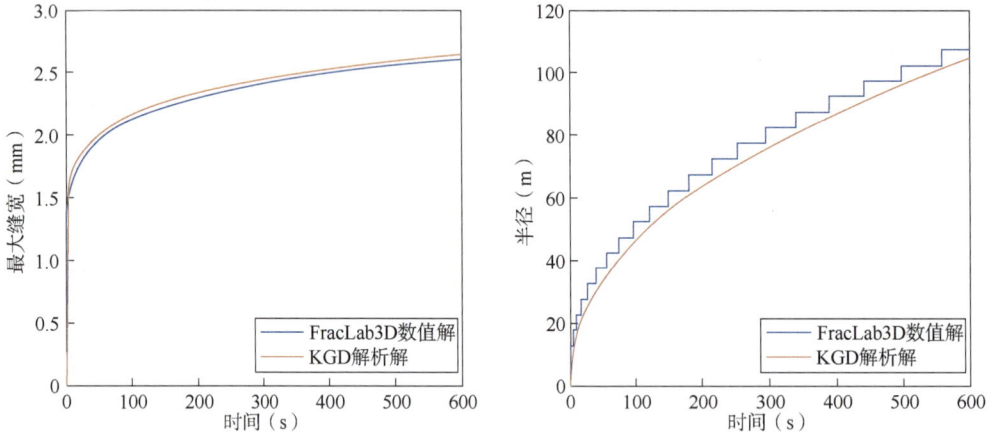

图 2　数值解与解析解关于缝宽与缝长的比较图

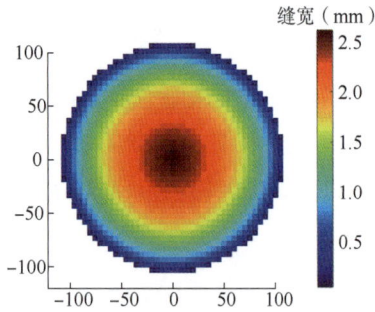

图 3　数值解裂缝形态模拟结果图

2.2　模型应用

2.2.1　直井应力分层裂缝扩展模拟

储层参数：杨氏模量 20000MPa，泊松比 0.25，滤失系数 3×10^{-4} m/s$^{0.5}$，断裂韧性 1.5MPa·m$^{0.5}$，垂向应力剖面如图 4a 所示，单位为 MPa。施工参数：液量 600m³，排量 10m³/min，液体黏度 20 mPa·s。计算参数：网格尺寸为 6m×6m。

模拟结果如图 4 所示，裂缝扩展形态与应力分布紧密相关，裂缝向低应力区扩展。

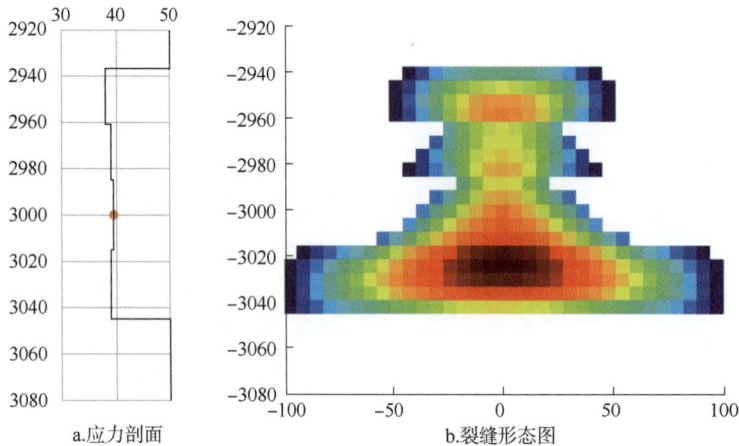

a.应力剖面　　b.裂缝形态图

图 4　直井裂缝扩展形态结果图

2.2.2 水平井分段多簇压裂模拟

储层参数：水平应力差 2MPa，杨氏模量 20000 MPa，泊松比 0.25，滤失系数 3×10^{-4} $m/s^{0.5}$，断裂韧性 1.5 $MPa \cdot m^{0.5}$。

完井参数：水平井分簇分段、2 段压裂，每段 3 簇、簇间距 10m，每簇 12 孔。

施工参数：液量 600m³，排量 10m³/min，液体黏度 2mPa·s。

计算参数：网格尺寸 6m×6m。

模拟结果如图 5 所示，由于应力干扰，裂缝发生偏转，第一段所压缝对第二段裂缝扩展形态产生了影响，靠近第一段的第二段裂缝扩展距离较短，远离第一段的裂缝扩展较长。

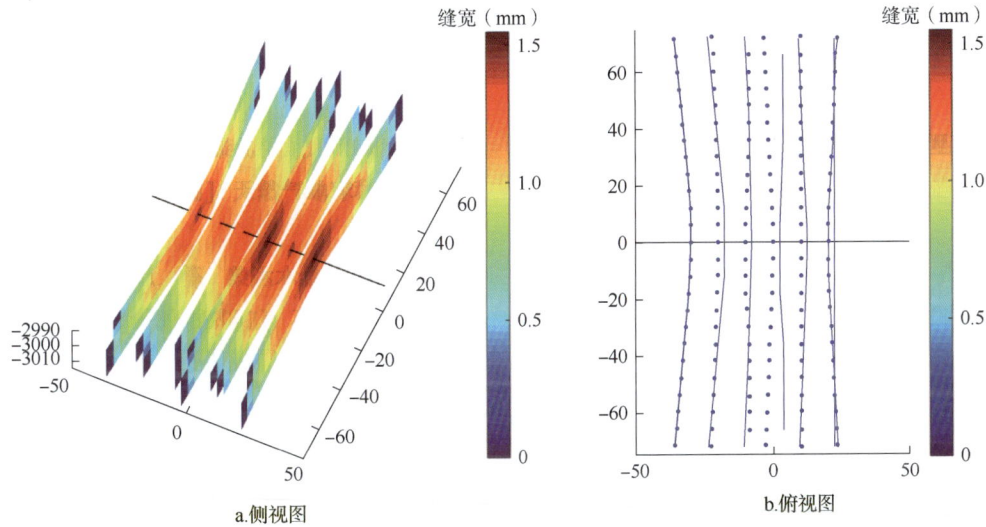

a.侧视图　　　　b.俯视图

图 5　水平井分段压裂裂缝形态图

2.2.3 支撑剂运移模拟

储层参数：水平应力差 1MPa，杨氏模量 20000 MPa，泊松比 0.25，滤失系数 2×10^{-5} $m/s^{0.5}$，断裂韧性 1.0MPa·$m^{0.5}$；完井参数：水平井分簇分段、1 段压裂，每段 4 簇、簇间距 25m，每簇 10 孔；施工参数：排量 5m³/min，注入 2min；排量 10m³/min，注入 18min，前置液阶段液体黏度 50mPa·s；排量 12m³/min，注入 10min，此时支撑剂体积分数 0.05，液体黏度 2mPa·s；计算参数：网格尺寸 10m×10m。

模拟结果如图 6、图 7 所示，多簇裂缝同步扩

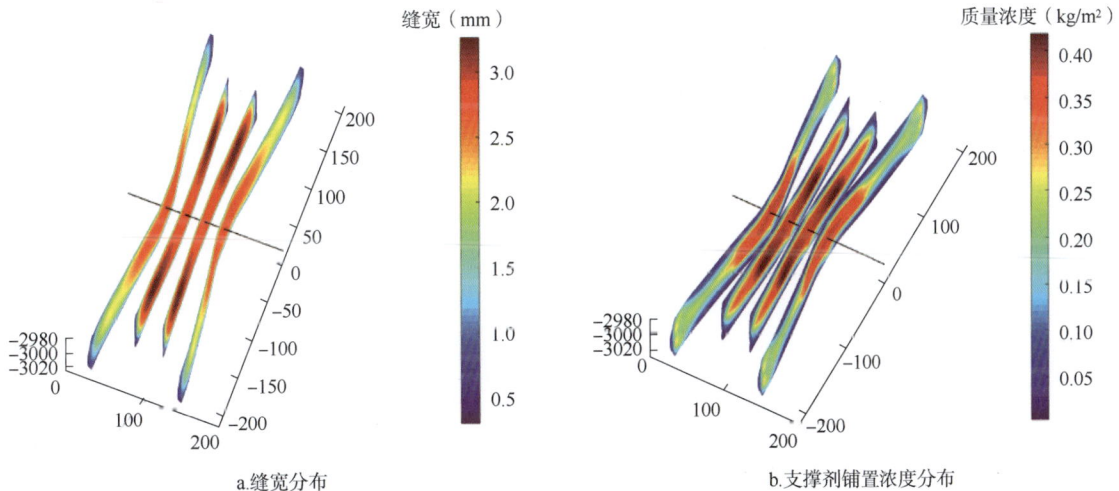

a.缝宽分布　　　　b.支撑剂铺置浓度分布

图 6　簇同步压裂裂缝缝宽及支撑剂铺置浓度分布图

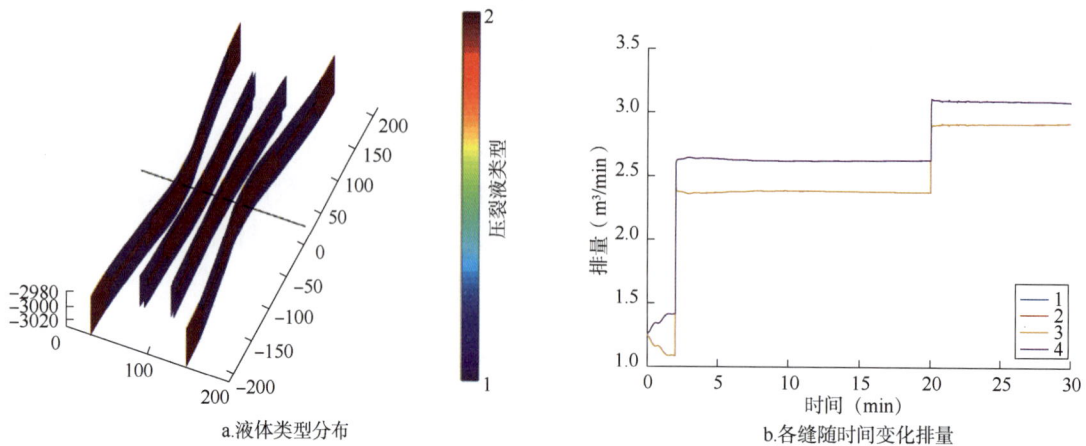

a.液体类型分布

b.各缝随时间变化排量

图 7　簇同步压裂裂缝形态图

展由于应力干扰裂缝发生偏转，同时由于应力干扰，中间两缝压裂过程中排量始终低于外侧两缝，导致注入结束时中间两缝的长度小于外侧两缝，中间缝的最大缝宽也少远离缝口，外侧缝的最大缝宽位于缝口处；支撑剂铺置浓度的分布也接近于缝宽的分布；前置液与携砂液采用了不同的液体，泵注结束时压裂液的分布如图 7a 所示，液体 2 为后注入液体，将液体 1 驱替到裂缝边缘，外侧缝也出现了"指进"的现象，液体 2 前缘超越了液体 1，将支撑剂携带到了裂缝前缘。

3　结论

本文基于非平面三维裂缝模型，采用三维位移不连续法和有限体积法求解流固耦合裂缝扩展及支撑剂运移问题，实现了直井分层压裂，水平井分段多簇压裂、缝间应力干扰、裂缝偏转、支撑剂运移及沉降、桥接等水力压裂问题的模拟，所形成的算法程序能够对水力压裂优化设计，裂缝形态分析起到指导作用。未来对物性非均质性对缝长、缝高的影响还需做进一步深入的研究。

参考文献

[1] Adachi J, Siebrits E, Peirce A, et al. Computer simulation of hydraulic fractures[J]. International Journal of Rock Mechanics and Mining Sciences, 2007, 44(5): 739-757.

[2] Shou K J, Crouch S L. A higher order displacement discontinuity method for analysis of crack problems[J]. International Journal of Rock Mechanics Mining Sciences Geomechanics Abstracts, 1995, 32(1): 49-55.

[3] Dontsov E, Peirce A. Proppant transport in hydraulic fracturing: Crack tip screen-out in KGD and P3D models[J]. International Journal of Solids and Structures, 2015, 63.

[4] Dontsov E, Peirce A. Slurry flow, gravitational settling and a proppant transport model for hydraulic fractures[J]. Journal of Fluid Mechanics, 2014, 760: 567-590.

[5] Tang H, Winterfeld P H, Wu Y S, et al. Integrated simulation of multi-stage hydraulic fracturing in unconventional reservoirs[J]. Journal of Natural Gas Science and Engineering, 2016, 36: 875-892.

高原冻土带低温条件下的水基钻井液特性与钻井液体系

赵迪斐[1,2]，关广喜[2]，张妍煜[2]，赵茂智[3]

1 中国矿业大学人工智能研究院，江苏徐州221116；

2 中国矿业大学资源与地球科学学院，江苏徐州221116；

3 中国矿业大学信控学院，江苏徐州221008

摘 要：冻土带是地理条件特殊的能源分布区，赋存有丰富的天然气水合物及其他类型油气资源。冻土带低温钻井液主要是需应对低温地层环境、保持孔壁稳定性、减少钻头做功造成的钻井液温度上升。改变黏土、无机盐类和低分子量醇类(乙二醇)剂量是目前冻土带水基钻井液的主要处理方法，抗冻、改善钻头冷却条件、减弱黏土水化作用是改进水基钻井液的主要目标；进一步研究钻井液效应和环境因素影响机理，是改进钻井液性能与优化冻土带水基钻井液添加剂方案的方向。

关键词：钻井液；天然气水合物；水基钻井液体系；低温钻进；高原冻土带

Water-based Drilling Fluild Features and Drilling Fluid System of Low Temperature in Plateau Permafrost

Zhao Difei[1,2], Guan Guangxi[2], Zhang Yanyu[2], Zhao Maozhi[3]

1 Institute of Artificial Intelligence, China University of Mining and Technology, Xuzhou, Jiangsu 221116, China;
2 School of Resources and Geosciences, China University of Mining and Technology, Xuzhou, Jiangsu 221116, China;
3 School of Information and Control Engineering, China University of Mining and Technology, Xuzhou, Jiangsu 221008, China

Abstract：The permafrost zone is an energy distribution area with special geographical conditions in China, rich in natural gas hydrate and other types of oil and gas resources. The particularity of low-temperature drilling fluid in permafrost zone is mainly to deal with the low- temperature formation environment in permafrost zone, maintain the stability of well wall and reduce the temperature rise of drilling fluid. Clay, inorganic salts and low molecular weight alcohols (glycol) are the main treatment agents in the drilling water-based drilling fluid in permafrost zone at present. To resist freezing, improve the cooling condition of bit and weaken the hydration of clay are the main goals of improving water-based drilling fluid, and further study on the mechanism of mud effect and environmental factors is the demand of improving the performance of drilling fluid and the scheme of additives for natural gas hydrate drilling fluid in permafrost.

Key words：drilling fluid; natural gas hydrate; water based drilling fluid system; low-temperature drilling; plateau permafrost

---

第一作者简介：赵迪斐，1991年生，男，讲师，研究方向为非常规油气地质。邮箱：diffidiffi@126.com

冻土带是重要的化石能源分布环境之一，我国已经在高原冻土带发现并获取了天然气水合物及其他类型油气资源[1]。高原冻土带内进行勘探与钻探工作，给勘探开发方式与钻井设计提出了新的要求；加上天然气水合物等特殊资源具有特殊的地理位置、地层特征和赋存特征，勘探工作与钻井作业要具备低温条件下施工的能力，因此，开发适合低温条件的钻井液体系成为我国高原冻土带进行勘探开发工作的迫切需要[1-2]。

我国冻土带主要分布在西部高原区，在高原冻土带已发现蕴含有丰富的天然气水合物及其他油气资源类型，在对潜在的天然气水合物资源进行评价、勘探、开发时，低温钻井液及孔壁稳定性是钻孔施工的重要命题[1-2]。目前，国内外低温钻探中使用的钻井液可以划分为水基钻井液和油基钻井液两大类型，已经在天然气水合物等钻探中进行了工程实践，取得了良好的效果，煤油、柴油等燃料、醇类流体、卵磷脂试剂等是目前进行钻井工程应用的低温钻井液类型[3-6]。在工程实践中使用最为普遍的水基钻井液抗低温处理剂主要是乙二醇或乙二醇衍生物，防冻剂以氯化钾、氯化钠等盐类为主[6]。开展冻土带低温钻井对钻井液温度的要求及低温钻井液添加剂配置方案研究，可以为冻土带低温钻井提供科学依据。

1 冻土带低温钻井液的特性

冻土带钻遇地层主要为冻结岩层，因此钻井液要具有在低温条件下进行工作的能力，环境温度一般介于 $-5\sim0℃$，最低可达 $-10℃$[7]。此外，冻土带钻井液性质会随环境条件改变，主要是发生黏度和剪切特性等的改变；因此，钻进时需要对黏度、切力等进行相应调节，有效避免钻孔损毁。钻井液黏度过高会导致钻速降低，从而增大孔壁均热时间、增长孔壁浸润时间，可能影响孔壁的稳定性。钻井液与地层温度相近有利于孔壁稳定性的保持，加入添加剂形成低冰点钻井液，可以保证钻进的正常运行。

钻进过程中，由于钻头对破碎岩石做功，井底钻井液温度上升，影响正常钻进。因此，应加快钻井液冲洗、降低井底钻进生热、提高破碎岩石效率。因此，除钻井液低温工作的需求外，还要改进冻结岩石条件下钻井的碎岩工具和钻井工艺，提高碎岩效率。

综合来看，在冻土带进行钻进，需要钻井液体系在高压、低温的状况下具有良好的流变性能。对于水基钻井液，压力对其性能的影响相对较弱，主要需要改进低温下的流变特性。钻井液的流变特性主要包括地层条件下的钻井液表观/塑性黏度、流体动/静切力和触变性质等[8]。除温度、压力等环境条件以外，钻井液的性能还受到地层中黏土矿物水化作用的影响，黏土矿物具有较大的比表面积，可以吸附水分子，在表面形成水化膜层，造成黏土矿物晶间距增大，黏土矿物集合体膨胀、离散。在冻土带进行钻进时，通过添加剂改性钻井液需要重点考虑如何获得较好的黏度、剪切力和滤失性能（图1）。

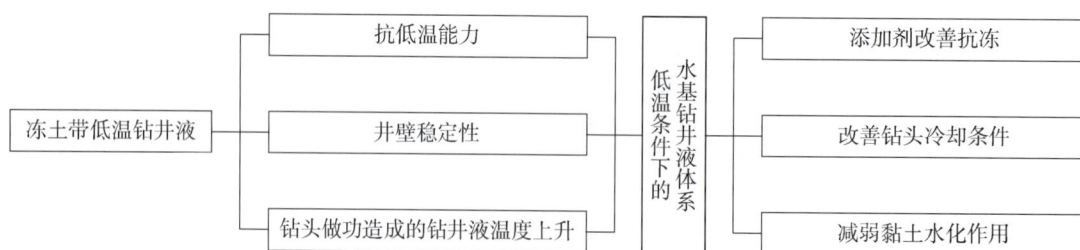

图 1　冻土带钻井液特性与钻井液体系图

2 冻土带主要处理剂对钻井液性能影响

黏土、无机盐类和低分子量醇类（乙二醇）是目前冻土带钻探水基钻井液中的主要处理剂。冻土带需要钻井液体系在地层条件下仍然具有较好的流变性能，即需要适应相对较高压力与较低温度的影响。黏土水化是钻井液的重要改性反应，可以改变钻井液的黏度等性能，影响孔壁的稳定性。冻土带天然气水合物等钻探中，主要应对的特殊条件是低温，其对黏土水化作用的影响主要是改变钻井液黏度、静切力等性能。

黏度是钻井液性能的核心参数。在低温条件下钻进，黏土矿物颗粒分散度减弱，黏土矿物颗粒间摩擦增多，使钻井液的黏度相应升高[9-10]。同时，黏土颗粒分散度降低、水化膜变薄，黏土颗粒间距减小、颗粒间吸引力升高，黏土矿物形成网状构架，引起钻井液静切力等性能的升高[9-10]。

加入适量 NaCl 等无机盐类能有效地降低钻井液体系的冰点、改善钻头的冷却条件；也可以对水合物的形成具有抑制作用。钻井液体系中阳离子的增多可以中和黏土颗粒电性，减薄黏土矿物表面水化膜，使黏土矿间的吸引力增强，容易发育出网状构架，使钻井液黏度等性能增强；钻井液体系中配合适量的高分子聚合物，可以进一步改善体系流变性能。低分子量醇类与其他处理剂具有较好的相容性，具有良好的抗冻性。乙二醇的加入对钻井液的流变性影响较小，一定程度上可提高钻井液体系黏度，同时降低失水量，也有助于改善钻进防塌性。

3 冻土带水基钻井液添加剂方案

前人对冻土带天然气水合物钻井液中添加无机盐类和醇类的论述较多，且对钻井液体系的分析多基于分解抑制法。孙涛[8]等基于钻井液体系对流变性能和稳定性的分析，认为天然气水合物勘探应用的低温钻井液中，使用有机高分子聚合物和无机盐可以改善钻井液流变性能和井壁的稳定性。陈礼仪[4]等通过对高原冻土天然气水合物的赋存环境特性和钻井取心工艺技术特点的分析，针对卤盐、甲酸盐、有机醇 3 类基础液的低温凝固和流变特性进行了实验研究。王胜等[5]通过实验研究对比，研制了一种植物胶类无固相低温钻井液，并研发了一种新型高聚物钻井液处理剂，可解决高原冻土带低温带来的钻井液问题。冯哲[6]对乙二醇复合聚合物钻井液进行了实验研究，确定了乙二醇及钻井液中其他聚合物的加量；所确定的乙二醇复合聚合物钻井液体系具有较强的抗低温能力、良好的流变性和防塌能力。

加入盐类可以有效降低钻井液冰点，常用的无机盐类有 NaCl、CaCl₂、NaBr、KCl 等，但在低温条件下所加盐类剂量会受到其溶解度及与钻井液体系相容性的限制，且盐类含量过高会对钻井液的流变性产生影响，需要进一步调节[11]。在醇类中，甲醇和乙二醇是应用最广的醇类水合物抑制剂，均属于热力学抑制剂，具有很好的抑制效果。其中乙二醇无毒、蒸发损失较小，与水具有良好的相容性，但醇类抑制剂用量大，且某些醇类对环境有危害。

钻井液在乙二醇、NaCl 和常规有机处理剂的共同作用下，具有良好的抗低温能力[12]。冻土带勘探中钻井液的使用及钻进工艺的调整将影响低温钻井孔壁稳定性；钻井液效应和温度等环境因素在钻井过程对天然气水合物稳定性的影响，是进一步优选冻土带天然气水合物钻井液添加剂方案的研究方向。进一步明确冻土带的地层环境条件、地层岩石学特征，也可以为冻土带勘探提供科学依据[13-14]。

4 结语

今后冻土带天然气水合物钻探中，需要针对钻进过程中孔壁易失稳和孔内事故易发的问题，检验评价钻井液体系；同时需要针对天然气水合物赋存特性、形成理论进行深入研究，更好地指导钻井液处理剂的选择，从而设计出性能更优、更加环保的耐低温处理剂及水合物抑制剂。

参考文献

[1] 岳嘉, 赵迪斐, 潘颖, 等. 美国页岩气革命对我国页岩气发展的启示[J]. 能源技术与管理, 2019, 44(5): 24-26.

[2] 师庆民, 赵迪斐, 高杨. 21世纪中国能源发展趋势展望[J]. 能源与节能, 2011(8): 3-4, 83.

[3] Sloan E D. Introductory overview: Hydrate knowledge development[J]. American Mineralogist, 2004, 89(8-9): 1155-1161.

[4] 陈礼仪, 王胜, 张永勤. 高原冻土天然气水合物钻探低温泥浆基础液研究[J]. 地球科学发展, 2008, 23(5): 469-473.

[5] 王胜, 陈礼仪, 张永勤. 无固相低温钻井液的研制—用于青藏高原永冻层天然气水合物的钻探[J]. 天然气工业, 2009, 29(6): 59-61.

[6] 冯哲. 抗低温钻井液性能的试验研究[D]. 长春: 吉林大学, 2008.

[7] 丁付利. 冻土地层低温钻井液体系研究[D]. 北京: 中国地质大学(北京), 2014.

[8] 孙涛, 陈礼仪, 朱宗培. 天然气水合物钻探钻井液低温特性的研究[J]. 探矿工程(岩土钻掘工程), 2003(3): 35-37.

[9] 邢希金. 中国天然气水合物钻井液研究进展[J]. 非常规油气, 2015, 2(6): 82-86.

[10] 孙涛, 陈礼仪, 邱存家, 等. 天然气水合物勘探低温钻井液体系与性能研究[J]. 天然气工业, 2004, 24(2): 61-63, 7-8.

[11] 涂运中. 海洋天然气水合物地层钻井的钻井液研究[D]. 北京: 中国地质大学, 2010.

[12] 展嘉佳. 不分散低固相聚合物钻井泥浆抗低温试验研究及地表冷却系统设计[D]. 长春: 吉林大学, 2009.

[13] 杨葳, 杨阳, 徐会文. 冻土区天然气水合物勘探低温钻井液理论与试验[J]. 探矿工程(岩土钻掘工程), 2011, 38(7): 29-31, 56.

[14] 赵迪斐, 马素萍, 王玉杰, 等. 我国沉积学热点问题与研究趋势: 基于《沉积学报》的文献计量学分析[J]. 沉积学报, 2020, 38(3): 463-475.

重复压裂裂缝扩展规律数值模拟研究

何增军，宋成立，徐太双

中国石油吉林油田分公司扶余采油厂，吉林松原138000

摘 要：以扶余油田老井为主要研究对象，在前期现场压裂试验及室内理论研究的基础上，结合扶余油田已压裂井参数的拟合与分析，开展数值模拟研究，分析老井重复压裂裂缝延伸规律。采用ABAQUS有限元扩展软件建立二维水力压裂裂缝扩展数值模型，模拟不同施工条件及地质条件下的裂缝扩展规律。结果显示，影响裂缝偏转角及裂缝转向半径的因素由大到小依次是：水平应力差、射孔方位角、注入排量。影响裂缝长度和宽度的因素由大到小依次是：注入排量、压裂液黏度、射孔方位角、水平应力差。重复压裂后裂缝宽度减小，裂缝半长增加、裂缝偏转角度和裂缝转向半径增加。裂缝形态由"短、宽"缝转为"细、长"缝，裂缝转向与天然裂缝及人工裂缝连通形成复杂缝网，扩大裂缝波及体积，有利于动用更多剩余油，提高采收率。

关键词：扶余油田；ABAQUS；数值模拟；裂缝扩展规律

Numerical Simulation Study on Refracturing Fracture Propagation Law

He Zengjun, Song Chengli, Xu Taishuang

Fuyu Oil Production Plant, PetroChina Jilin Oilfield Company, Songyuan, Jilin 138000, China

Abstract：Taking the old wells of Fuyu Oilfield as the main research object, based on the field fracturing test and laboratory theoretical research in the early stage, combined with the fitting and analysis of the parameters of the fractured wells in Fuyu Oilfield, the numerical simulation research is carried out to analyze the fracture extension law of the old wells with refracturing. The finite element expansion software ABAQUS was used to establish a two-dimensional hydraulic fracturing fracture propagation numerical model to simulate the fracture propagation law under different construction conditions and geological conditions. The results show that the factors that affect the deflection angle and radius of fractures are horizontal stress difference, perforation azimuth and injection displacement in descending order. The factors that affect the length and width of fracture are, in descending order, injection rate, fracturing fluid viscosity, perforation azimuth and horizontal stress difference. After refracturing, the fracture width decreases, the fracture half-length increases, the fracture deflection angle and the fracture turning radius increase. The fracture morphology changes from "short and wide" fractures to "thin and long" fractures, and the fractures turn to connect with natural fractures and artificial fractures to form a complex fracture network, which expands the spread volume of fractures and is conducive to the use of more remaining oil and the enhancement of oil recovery.

Key words：Fuyu Oilfield；ABAQUS；numerical simulation；fracture propagation law

第一作者简介：何增军，1980年生，男，高级工程师，现主要从事措施方案管理工作。邮箱：691001654@qq.com

1 研究背景

扶余油田新井产能及补孔潜力越来越小，制约着扶余油田稳产，加之高含水开采阶段的井老裂缝控制原油已接近全部采出，且部分老裂缝由于各种原因已失效，必须实施压开新缝的改向重复压裂，才能有效开采出老裂缝控制区以外的油气，提高油气产量和最终采收率。明确一次压裂及重复压裂后裂缝延伸扩展规律迫在眉睫。

2 裂缝扩展规律影响因素研究

2.1 模型建立

建立带有天然裂缝的水力压裂计算二维模型，模型尺寸为50m×50m，x方向为最小水平主应力方向，y方向为垂向主应力方向，z方向为最大水平主应力方向，射孔沿着x方向。水力压裂模拟过程分为两步：第一步为模拟地应力平衡阶段，时长为1s，目的是对模型施加初始孔隙压力和初始地应力，形成平衡应力场；第二步为水力压裂裂缝扩展模拟阶段，时长为60s，在保持边界条件不变的情况下注入一定黏度的压裂液，模拟不同时刻裂缝的缝高、缝长变化情况（表1）。

表1 理想模型基础参数表

参　数	单　位	目标层段
弹性模量	GPa	8.7
泊松比	—	0.32
渗透率	mD	10
滤失系数	$m^2 \cdot s/kg$	1×10^{-14}
抗拉强度	MPa	6
垂向主应力	MPa	11
最大水平主应力	MPa	12
最小水平主应力	MPa	10
孔隙压力	MPa	5
孔隙比	—	0.1

2.2 各因素对裂缝扩展及转向规律的影响

2.2.1 模拟方法

2.2.1.1 水平应力差

利用ABAQUS软件中的载荷模块，改变其中预定义场中最大水平主应力和最小水平主应力的值来实现水平应力差的变化。

2.2.1.2 射孔方位角

利用ABAQUS软件中的装配模块，改变预置裂缝与Y轴的夹角来实现射孔方位角的变化，预置裂缝与Y轴的夹角为0°、15°、30°、45°、60°、75°。地层水平应力差为2MPa，压裂运行时间为60s，压裂液排量为2.5m³/min。

2.2.1.3 注入排量

通过修改ABAQUS软件中inp文件，在模型关键字中增加注液条件设置，注入排量Q分别为1.0m³/min、1.5m³/min、2.0m³/min、2.5m³/min、3.0m³/min、3.5m³/min，设置的水平应力差为2MPa，射孔方位角为45°，压裂运行时间为60s。

2.2.1.4 压裂液黏度

利用ABAQUS软件中的属性模块，改变裂隙流黏度来实现压裂液黏度的变化，设置压裂液黏度μ为25mPa·s、50mPa·s、75mPa·s、100mPa·s、125mPa·s、150mPa·s。地层的水平应力差为2MPa，射孔方位角为45°，压裂运行时间为60s，压裂液排量为2.5m³/min。

2.2.2 模拟结果

2.2.2.1 水平应力差

（1）对裂缝扩展规律的影响。水平应力差$\Delta\sigma$越小，裂缝呈"短、宽、对称分布"的形态；水平应力差$\Delta\sigma$越大，裂缝呈"长、直、窄、非对称分布"的形态。井筒附近裂缝宽度随水平应力差的增大不断减小，并且下降幅度最大。水平应力差增加，即X轴最小水平主应力的减小会降低裂缝扩展的能量，使裂缝更容易向前"突进"，形成长裂缝。

（2）对裂缝转向规律的影响。水平应力差对裂缝偏转程度及裂缝转向半径影响显著，当水平应力差大于 0 时，裂缝在射孔方向起裂，并沿着射孔方向扩展，在射孔端部裂缝方向发生偏转，转向最大水平主应力方向，裂缝转向半径为无穷大。当水平应力差在 0~4MPa 范围内时，裂缝偏转角随水平应力差的增大而增大，且增大幅度较快，同时裂缝转向半径随应力差的增大而减小，且减小幅度较快；当水平应力差高于 4MPa 时，水平应力差的增加对裂缝偏转角及裂缝转向半径的影响程度基本不变；当水平应力差趋于无限大时，裂缝偏转角将无限趋于射孔方位角。

2.2.2.2 射孔方位角

（1）对裂缝扩展规律的影响。随着射孔方位角 θ 由 0°增加到 75°，裂缝呈非平面扩展，裂缝形态愈来愈复杂。针对各个射孔方位角下的单条裂缝而言，压裂初期近井筒裂缝宽度由于裂缝半长增加而迅速增大。在实际低渗透储层中，射孔角度越大，越偏离最大水平主应力方向，裂缝向前延伸难度越大，因此裂缝内的孔隙压力也逐渐增大，导致裂缝宽度增加。由于平面裂缝不考虑裂缝高度问题，因此压裂液在相同体积注入时，裂缝宽度增加，裂缝长度必然减小。

（2）对裂缝转向规律的影响。射孔方位角对裂缝偏转程度及转向半径影响显著，裂缝偏转角及转向半径随射孔方位角的增大而增大，与射孔方位角呈线性递增关系。

2.2.2.3 注入排量

（1）对裂缝扩展规律的影响。随着压裂液排量的增大，水力压裂裂缝的长度增大，但增大的幅度越来越小。排量越大，裂缝越趋于"长、平、宽"形态。排量增大，裂缝内压力上升较快，致使裂缝延伸较远。随着注入排量变化，裂缝宽度和裂缝长度变化趋势几乎相同。注入压裂液体积越大，裂缝长度和宽度越大，裂缝宽度的增大幅度略大于缝长，这是由于地层深处应力场较为复杂，裂缝长度较裂缝宽度延伸难度略大。

（2）对裂缝转向规律的影响。注入排量对裂缝偏转角及转向半径影响显著，随着压裂液的注入，水力裂缝沿射孔方向起裂延伸，在射孔端部发生转向，裂缝偏转角随注入排量的增大而减小。这是由于注入排量的增加对裂缝的初始转向产生了影响，随注入排量的增加，裂缝初始转向变大，不在射孔端部转向，而是沿着射孔方向延伸后发生转向。

2.2.2.4 压裂液黏度

（1）对裂缝扩展规律的影响。水力裂缝扩展长度随压裂液黏度增加不断减小，裂缝转向角和转向距离稍有变化，但幅度平缓。首先，随着压裂液黏度的变化，裂缝稳定扩展压力变化不大；其次，裂缝宽度随压裂液黏度的增加总体上呈递增关系，即裂缝宽度随压裂液黏度的增大而增大；最后，缝长随压裂液黏度变大呈递减趋势，即裂缝长度随射孔方位角的增大而减小。

（2）对裂缝转向规律的影响。通过对裂缝偏转角及裂缝转向半径的提取与整理得到模拟结果，结果显示压裂液黏度对裂缝转向角度及裂缝转向半径影响不大。

在矿场压裂施工过程中，压裂液黏度必须进一步进行优化验证，这主要包括裂缝长度优化、裂缝闭合程度优化等，需要经过充分验证才能选出合适的压裂液黏度，以指导生产实践。

3 数据灰色关联分析

在上述研究基础上，采用灰色关联法分析各个参数对裂缝宽度、裂缝长度、裂缝偏转角及裂缝转向半径的影响程度，从而确定水力压裂中影响裂缝扩展形态的主导因素。分别以水平应力差、射孔方位角、注入排量、压裂液黏度为研究对象，进行灰色关联标准化分析。

3.1 灰色关联理论方法

灰色关联计算表达式如下。

（1）数据的初始化处理。

设原始数列为：

$$X(0) = \{X(0)_{(1)}, X(0)_{(2)}, X(0)_{(3)}, \cdots, X(0)_{(n)}\}$$

初始化后数列为：

$$Y(0) = \{Y(0)_{(1)}, Y(0)_{(2)}, Y(0)_{(3)}, \cdots, Y(0)_{(n)}\}$$

（2）求差序列：

$$\Delta_{0i(k)} = |Y_0^{(0)}(k) - Y_i^{(0)}(k)|, \quad k = 1, 2, 3, \cdots, n$$

（3）求两级最大差与最小差：

$$\Delta_{max} = \overset{maxmax}{i \ k} |Y_0^{(0)}(k) - Y_i^{(0)}(k)|$$

$$\Delta_{min} = \overset{minmin}{i \ k} |Y_0^{(0)}(k) - Y_i^{(0)}(k)|$$

（4）计算关联系数：

$$\xi_{0i} = \frac{\Delta_{min} + \rho \Delta_{max}}{\Delta_{0i}(k) + \rho \Delta_{max}}$$

（5）计算关联度：

$$r_{0i} = \frac{1}{n} \sum_{k=1}^{n} \xi_{0i}(k)$$

3.2 灰色关联结果分析

结果表明(表2)，影响裂缝偏转角及裂缝转向半径的因素按关联度由大到小依次是：水平应力差、射孔方位角、注入排量。

水平应力差对裂缝偏转角的影响最大，因此在水平应力差较小的条件下，为形成复杂缝网，应调整射孔方向，使射孔方向偏离最大水平主应力方向，从而获得较大的裂缝偏转角及转向半径，使重复压裂产生的新裂缝波及体积更大，动用更多的剩余油。

表2 灰色关联分析结果表

关联度 因子	水平 应力差	射孔 方位角	注入 排量	压裂液 黏度
裂缝偏转角	0.788	0.769	0.681	—
裂缝转向半径	0.743	0.718	0.673	—
裂缝长度	0.636	0.792	0.835	0.824
裂缝宽度	0.602	0.641	0.858	0.846

注入排量对裂缝偏转角有一定影响但影响不大，在压裂设备许可的情况下，提高压裂液排量能够减小裂缝偏转角，获得较大的转向半径，使裂缝沿射孔方向延伸距离更长，裂缝扩展更加平稳。压裂液黏度对裂缝偏转角无影响。

影响裂缝长度和宽度的因素按关联度由大到小依次是：注入排量、压裂液黏度、射孔方位角、水平应力差。注入排量对裂缝宽度的影响最大，压裂液黏度次之。根据现场施工要求，想要获得"短、宽"缝，应减小注入排量，增大压裂液黏度，想要获得"细、长"缝，应该增大注入排量，减小压裂液黏度。

3.3 裂缝转向评价图版

在上述研究的基础上，对数据进行分析整理，得到不同射孔角度条件下裂缝转向能力评价图版(图1、图2)。

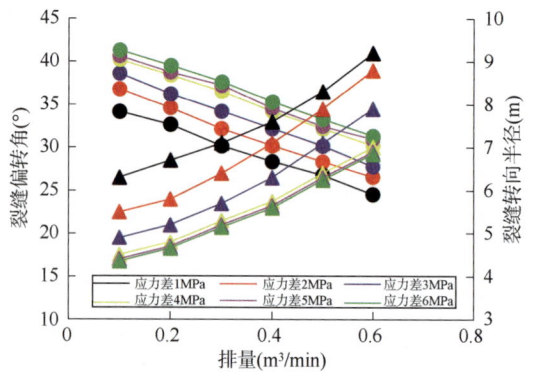

图1 射孔角度为45°时裂缝转向评价图版

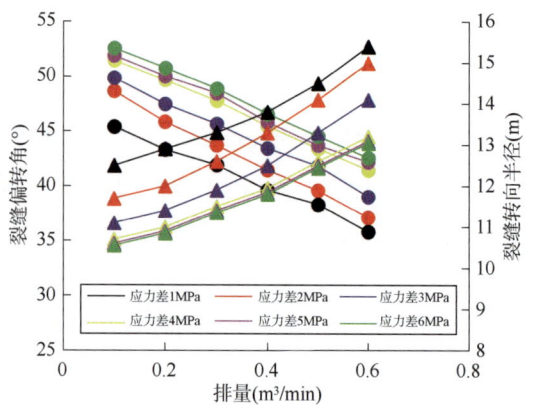

图2 射孔角度为60°时裂缝转向评价图版

4 重复压裂前后裂缝扩展规律对比

在重复压裂前应力场分析的基础上，结合对裂缝扩展规律影响因素的分析，对重复压裂前后裂缝形态进行对比，重复压裂前后模型基础参数如表3所示。

表3 重复压裂前后模型基础参数表

参　数	重复压裂前	重复压裂后
弹性模量（GPa）	8.7	8.7
泊松比	0.25	0.25
抗拉强度（MPa）	6	6
射孔方位角（°）	45	60
垂向主应力（MPa）	7.3	7.3
最大水平地应力（MPa）	10.9	8.2
最小水平地应力（MPa）	8.3	6.5
孔隙压力（MPa）	5	5
压裂液黏度（mPa·s）	75	75
注入排量（m³/min）	2.5	0.1

利用 ABAQUS 数值模拟软件对重复压裂前后裂缝形态进行模拟，得到重复压裂前后裂缝扩展形态（图3）；重复压裂前裂缝长度、宽度、裂缝偏转角、裂缝转向半径的变化情况如表4所示。

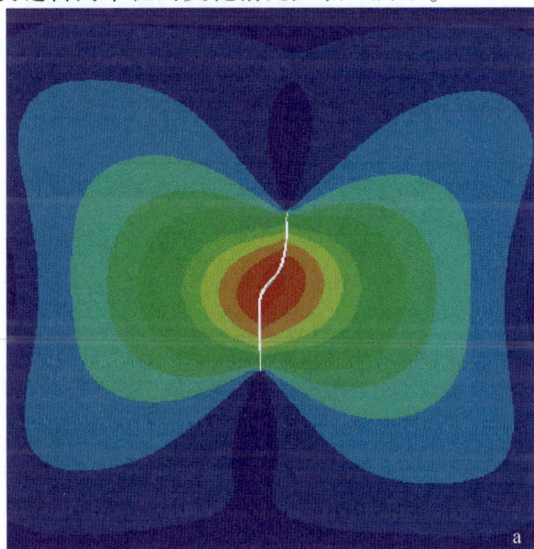

表4 重复压裂前后裂缝扩展规律对比表

参　数	压裂前	压裂后
裂缝宽度（m）	0.012	0.0085
裂缝半长（m）	12.2203	15.325
破裂压力（MPa）	56.0739	31.2148
延伸压力（MPa）	10.2203	7.87605
裂缝偏转角（°）	22.85	40.73
转向半径（m）	6.37	8.62

4.1 缝内净压力对比

重复压裂前后地层破裂压力和裂缝稳定扩展压力均减小。重复压裂后地层破裂压力的减小有利于降低对注入液能量的消耗，使注入液能量更多地用于扩展裂缝，有利于地面施工，减小安全隐患。

4.2 裂缝宽度与长度对比

重复压裂后裂缝宽度减小，裂缝半长增加。重复压裂裂缝形态由"短、宽"缝转为"细、长"缝，有利于动用较远位置的剩余油，提高采收率。

4.3 裂缝偏转角与转向半径对比

重复压裂前后裂缝偏转角与裂缝转向半径均增大。重复压裂后裂缝偏转角和裂缝转向半径的增加

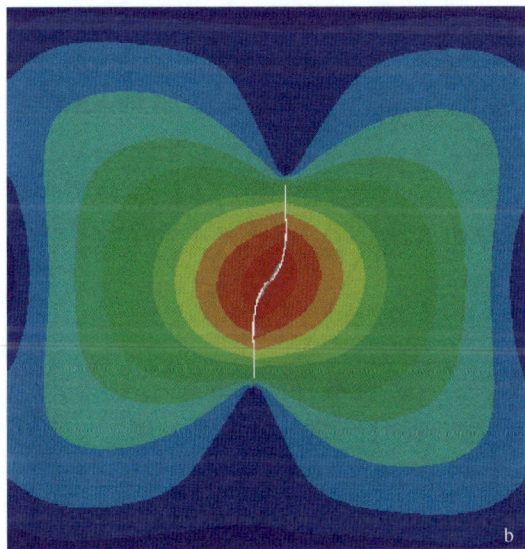

图3 重复压裂前（左）后（右）裂缝扩展及变形云图

有利于裂缝转向与天然裂缝及人工裂缝连通形成复杂缝网，扩大裂缝的波及体积，动用更多的剩余油，提高采收率。

5 小结

（1）随着水平应力差不断增大，裂缝起裂压力与延伸压力均减小；裂缝宽度减小，裂缝长度增加；裂缝偏转角先增大后保持不变，裂缝转向半径先减小后保持不变。

（2）随着射孔方位与最大水平主应力夹角的不断增大，裂缝起裂压力增大，裂缝延伸压力变化不大；裂缝宽度逐渐增大，裂缝长度逐渐减小；裂缝偏转角与裂缝转向半径均逐渐增大。

（3）随着压裂液注入排量不断增大，裂缝的起裂压力与延伸压力均增大，但总体变化幅度不大；裂缝长度和宽度均增大；裂缝偏转角减小，裂缝转向半径增大。

（4）随着注入压裂液黏度的不断增大，裂缝的起裂压力与延伸压力均保持不变；裂缝宽度增加，长度减小；裂缝偏转角与裂缝转向半径均变化不大。总体上看，压裂液黏度对裂缝扩展与裂缝转向影响不大。

（5）影响裂缝偏转角及裂缝转向半径的因素按关联度由大到小依次为：水平应力差→射孔方位角→注入排量；影响裂缝长度和宽度的因素按关联度由大到小依次为：注入排量→压裂液黏度→射孔方位角→水平应力差。

（6）重复压裂前后，裂缝破裂压力与裂缝延伸压力均减小；裂缝宽度减小，长度增大；裂缝转向半径与裂缝偏转角均增大。

参考文献

[1] 张春辉，李琳，王金友，等. 水平井压裂防喷装置的研制及应用[G]//大庆油田有限责任公司采油工程研究院. 采油工程文集2017年第1辑，北京：石油工业出版社，2017：21-24.

[2] 何增军. 扶余油田东17块稠油降黏措施浅析[J]. 特种油气藏，2011，18（6）：100-102.

[3] 安永生. 特低渗透油藏压裂水平井流入动态研究[J]. 特种油气藏，2012，19（3）：90-92.

[4] 赵小龙，刘向君，刘洪，等. 压裂酸化井层模糊综合评价模型的改进与应用[J]. 特种油气藏，2012，19（3）：128-131.

[5] 尹洪军，刘宇，付春权. 低渗透油藏压裂井产能分析[J]. 特种油气藏，2005，12（2）：55-56.

基层科研管理提效办法初步探索

冯　迪，胡　兰，谢　宇，吴若楠，乔　韵

中国石油勘探开发研究院，北京 100083

摘　要：随着国家对科技的重视和投入加大，对新时期的科研管理提出了更高要求。要求推进管理职能向创新服务转变，营造良好的科研环境，充分发挥科研人员的积极性和创造性，增强科技对经济社会发展的支撑引领作用。从基层科研单位的科研管理梗阻问题出发，按照"提质增效"持续工程的整体目标，以创新的思维方式、方法，探索解决基层研究目前面临的项目列支渠道多、项目管理松散和项目运行中被动应对突发事务的现状，确立统筹一体化思路。提出精准调研科研管理需求、管理制度化和制度流程化、定期跟踪科研项目管理、基层管理功能集成开发等管理提效办法，提高基层治理效能。推进数字化转型，智能化发展，提升保障智能措施。

关键词：科研管理；提质增效；管理创新；项目管理

Preliminary Study on the Methods for Improving Efficiency of Grass-roots Scientific Research Management

Feng Di, Hu Lan, Xie Yu, Wu Ruonan, Qiao Yun

PetroChina Research Institute of Petroleum Exploration & Development，Beijing 100083，China

Abstract：As China pays more attention and invests in science and technology, higher requirements are needed for scientific research management in the new era. It is required to promote the transformation of management functions to innovative services, create a good scientific research environment, give full play to the enthusiasm and creativity of scientific researchers, and strengthen the supporting and leading role of science and technology in economic and social development. Starting from the obstruction of scientific research management in grass-roots scientific research units, in accordance with the overall goal of "improving quality and efficiency" continuous engineering, with innovative ways of thinking and methods, explore and solve the current problems of grass-roots research with multiple channels for project funding, loose project management and projects. Passively respond to the current situation of emergencies in operation, and establish an overall plan for integration. Put forward management efficiency measures such as precise investigation of scientific research management needs, management institutionalization and system flow, regular tracking of scientific research project management, and integrated development of grassroots management functions to improve the effectiveness of grassroots governance. Promote digital transformation, intelligent development, and upgrade measures to ensure intelligence.

第一作者简介：冯迪，1984 年生，女，从事项目管理工作。邮箱：Fengdi69@ petrochina.com

通信作者简介：胡兰，1968 年生，女，从事财务总监工作。邮箱：hl22269@ petrochina.com

Key words：scientific research management；improving quality and efficiency；management innovation；project management

2021 年初，习近平总书记主持召开中央政治局会议，审议通过《关于加强基层治理体系和治理能力现代化建设的意见》，强调要构建网格化管理、精细化服务、信息化支撑、开放共享的基层治理平台，解决好基层人员的操心事、烦心事和揪心事，持续减轻基层负担，形成推进基层治理现代化建设的整体合力。在《中共中央关于制定国民经济和社会发展第十四个五年规划和二零三五年远景目标的建议》中，"创新"一词在不同内容板块中被着重提及 15 次。在谋划"十四五"时期发展路径时，把"创新"放在首位来强调。创新不仅体现在科研技术方面，管理创新更是发展的内在动力。为了更好地总结"十三五"、开局"十四五"，配合国家的"十四五"发展目标，科研管理基层单位适应形势持续创新，管理逐步由粗犷型向集约型转变，从综合管理向科学管理、现代化管理迈进，从单纯的行政命令形式管理向多种管理方法结合方向转变，在未来可持续发展中尤为关键。

1 科研管理现状

科研管理是指研究项目从申请、立项论证、组织实施、检查评估、验收鉴定、成果申报、科技推广、档案入卷的全程管理[1]，是一项贯穿整个项目进程的系统性工程。目的是使科研管理制度化和科学化，保证科研计划圆满完成，出成果、出人才、出效益，提高竞争力[2]。

科研管理方法和理论随现代管理科学的发展也发生了很大变化。现代科研管理已经超越了传统的管理模式向着创新的方向发展[3]。通过创新管理，向精细要效率，向管理要效益，提质增效，是企业保持竞争优势的重要支撑，是促进企业发展的内生动力[4]。

2 科研管理现状问题

2.1 科技投入加大使基层科研管理压力增加

近年来，中国石油不断加大科技投入，中国石油勘探开发研究院的集团公司项目和股份公司项目等逐年增加科研费用，科研管理压力增大。以中国石油勘探开发研究院压裂酸化技术中心为例，2020 年在两地（北京、廊坊）共有 6 个责任中心，96 个项目同步运行；存在多地办公、人员分散、油田现场施工需求迫切、技术难度增大、现场施工与室内研究并行等一系列问题，迫切需要进一步提升科研管理效率。

2.2 常规科研管理平台无法满足基层单位需求

现有的科研管理平台主要围绕上级和管理部门的需求设计，平台列支按下拨渠道只划分到基层（即中国石油二级承担单位），每个单位只有一名科研秘书进行管理，无法反映到具体执行的科室、核算责任中心、责任人。相关政策、流程、审批、管理的传达也仅到二级承担单位，解读、操作对科研人员都是难点，科研项目全生命周期管控与科研管理的深入和落地成了工作推进的梗阻。近年来，基层单位的办公室管理人员忙于联系上级总部、机关及所内各个科室，为了改变工作现状，需要借助创新的智能系统，把上级的要求与所级的管理无缝对接，建立以科研人员为主的管理模式，确保提质增效工作落到实处。

2.3　科研管理支撑生产需求迫切

科研人员不具备专业的财务和管理能力，遇到具体问题才对科研项目、财务、合同跟踪等相关制度文件进行询问和沟通，由于沟通理解差异还经常造成业务工作的反复。但科研管理过程中检查、验收、审计等工作往往突发性强，没有有效的规划，被动应对成了科研人员工作的常态。所以实时的管理制度、流程支撑和及时的项目管理动态提醒是科研人员的迫切需求。

2.4　科研运行管理事务繁杂

二级科研单位的科研运行管理包括用车、用章的审批，出国、会议等工作的办理，单位业绩考核指标的分解，员工个人的业绩考核等多项事务，事情繁杂、操作流程节点多，时间办理不受掌控。且办公室管理人员日益缩减，在对接办公室、党群、人事、财务、法规、安全等各机关部门时，事务流程性较强，需要借助智能系统把上级的要求与下级的管理无缝对接，建立科研人员为主的管理模式，确保提质增效落到实处。

3　科研管理现状提效办法

3.1　精准调研科研管理需求

在目前传统科研管理模式上，调研实施单位和具体责任人科研工作中存在的不畅及需求，探索搭建便于实施单位与科研人员沟通的新通道。实时的待办事项与反馈功能使科研人员与项目结合更加紧密，让工作前置有序，达到科研项目管理精准落地的效果。

3.2　管理制度化、制度流程化

梳理近两年相关在行制度、在用科研管理平台功能，顺应政策变化，精细项目过程管理，建立有效运行机制，提高预算可执行性、可验收性，提升项目验收质量，减少审计检查风险，推进可持续发展。归集并贯彻科研项目管理、财务管理、合同管理、招投标管理、档案管理等制度；整合科研运行需求及项目全生命周期管理，剖析近年来审计、检查出的共性问题，制作实施流程，利用平台导出、导入功能，共享项目数据，把"帮助（易发问题提醒）"植入到工作的每一个环节，避免重复工作。

3.3　定期跟踪科研管理

定期跟踪科研管理，了解进度需求及相关风险。定期跟踪国家重大专项，以及纵向、横向项目，更新开题项目，标注结题项目，关注财务收支情况，并分析存在的问题，建立月报制和半年分析；人工提示项目进度需求，根据各项目进度通知开题、中期阶段检查、结题验收等节点所需的相关材料，以及需要关注的工作及风险提示；按照上级通知定期清理横向项目，及时沟通各科室，确定应付、未付及后续支出，为科研项目后期研究提供保障。通过一系列对科研管理的定期、定点跟踪，科研单位预算大盘点及相关的风险提示等工作能给科研人员提供科研管理的保障。

3.4　基层管理功能集成开发

针对手工操作层面的常规工作，对基层单位的管理进行分类。把业绩分解、员工业绩考核、国际合作、招投标及合同管理、重点实验室管理、内部用章、用车审批等工作进行整合，满足多地系统审批，电子签名应用，提升管理服务效率。针对基层需求，以科研人员为中心，按照工作制度化、制度标准化、标准流程化、流程信息化要求，整合需求功能，开发完成"基层科研管理多平台一体化系统"，打造科研人员适用的"掌上科研办事通"，给科研人员打造一款便捷、实用的随身项目管理平台，共享现有系统数据，增加个性化功能，加强科研工作组织运行，打通科研高效管理"最后一公里"。

4 结论与认识

精细化科研管理、提升管理手段是目前基层科研单位的迫切需要，可解决科研人员的后顾之忧，做好管理支持、保障支撑。提高基层科研单位管理水平，创新管理手段与提升管理效率，满足基层办公室对固有管理工作的精准掌控，实现科研全纵深共管理的模式。通过科研提效办法的整合，不仅为基层科研单位和科研人员的业务工作搭建一座新桥梁，而且还能为管理人员提供一个新平台，为切实做好科研工作提质增效提供一个新环境。随着数字化转型、智能化发展，科研管理向精细化推进，提质增效无止境，管理提效未来的路还很长。

参考文献

[1] 侯艳萍．科技项目的特点及其管理的对策分析[J]．中国科技信息，2011(21)：7．

[2] 韩召．科研项目全过程管理探讨[J]．电子世界，2013(14)：185-187．

[3] 刘进学，叶志伟．项目管理在科研项目管理中的应用[J]．科技资讯，2009(2)：252-253．

[4] 潘正军．加强精细化管理促进企业提质增效[J]．学习与研究，2016(8)：23-24．

中国石油关联交易封闭结算平台的
基层应用优化建议

王　培，吴若楠，谢　宇，王小勇，冯　迪

中国石油勘探开发研究院，北京100083

摘　要：中国石油天然气集团公司作为上市央企，业务类型纷繁多样，已经形成了总部企业对其各有侧重、分工合作的组织架构。需要加强分类型、分层次的资金管理，开展了关联交易封闭结算平台业务，强化关联交易时效，提高总部资金存量，减少整体在途资金占用，有效提高资金结算运行效率。但仍然存在年底关联方公司识别困难，签认工作开展不顺利；以及挂账环节缺乏强制填单机制，年底关账工作出现梗阻；还有缺乏流程提醒机制，导致内部结算反复等问题。针对问题，提出了优化关联交易封闭结算平台提醒机制，建立基层关联交易封闭结算流程；增加平台细小操作部件，提升使用效率；加强关联方信息在平台中的管理，拉近制度和人员的连接等建议和措施。持续优化关联交易封闭结算平台在基层中的应用水平。

关键词：关联交易；封闭结算；关联方

Suggestions on Application Optimizations of Closed Settlement Platform of CNPC Related Transactions at Grass-roots Level

Wang Pei, Wu Ruonan, Xie Yu, Wang Xiaoyong, Feng Di

PetroChina Research Institute of Petroleum Exploration & Development, Langfang, Beijing 100083, China

Abstract：As a listed central enterprise, China National Petroleum Corporation（CNPC）has diversified business types, and has formed the organizational structure between the Head Office and each enterprise with their own priorities, labor division and cooperation. In order to strengthen the different types and levels of fund management, it is carried out closed settlement platform service for related transactions to intensify the related transaction's time-efficiency, improve financial savings of Head Office and reduce the overall occupation of fund in transit, which has effectively improved the efficiency of fund settlement. However, it still suffers difficulties such as hard recognition of related parties caused unsmooth endorsement service at the end of the year, lack of compulsory bill filling mechanism in credit link hindered the year-end account closing work, and lack of process reminding mechanism resulted in repeated internal settlement and other problems. Aiming at aforesaid problems, this paper proposes to optimize reminding mechanism for related transaction closed settlement platform, establish closed settlement process for related transaction at the grass-roots level, add fine operating parts of the platform to improve use efficiency and strengthen management of related parties' information on the platform, and shorten connections between system and personnel. In that way, it

---

第一作者简介：王培，1990年生，女，主要从事于往来管理、交易平台管理等工作。

邮箱：wppei006@petrochina.com.cn

aims to optimize application level of closed settlement platform for related transaction in the grass-roots level.

Key words：related transaction；closed settlement；related party

1999 年，中国石油天然气集团公司(简称集团公司)依托中油财务公司和工商银行，开始着手建立货款封闭结算网络，并在当年正式开展封闭结算业务。2008 年 7 月，股份交易平台业务逐步成熟。随着业务量增加，两者签订了《关联交易封闭结算协议》，开展关联交易封闭结算平台业务，采用全封闭式的资金结算流程，保证了资金的高度集中。实施关联交易封闭结算后，可将原来游离于集团公司集中管理之外的资金纳入集团公司资金池，提高了总部资金存量，减少了整体在途资金占用，有效提高了资金结算的运行效率[1]。

关联交易封闭结算平台是集团公司内部企业之间减少拖欠货款、加快资金回笼、提高往来效率、控制风险管理的一种手段。集团公司相继发布了《中国石油天然气股份有限公司应收账款管理办法》、《关于下达 2018 年"两金"考核指标的通知》，目的是加强对内部应收账款的管理，控制清欠风险，实现集团公司开源节流、降本增效的目的。按照"内外有别""内部严于外部"的原则，关联交易封闭结算平台应需而生。

1 日常操作过程中存在的问题

中国石油天然气集团公司根据内部结算业务中出现的新问题、新情况，修订了《中国石油天然气集团有限公司内部结算管理办法》，积极协调化解各种关联交易矛盾和问题。从制度上，集团公司和相关部门加大了对关联交易封闭结算平台的管理，但从实际操作的效果来看，关联交易还存在一些问题。

1.1 缺乏流程提醒机制，导致内部结算反复

关联交易封闭结算平台系统没有与合同系统同步链接，无法按照合同相关信息判断结算的及时性

和准确性。对已经达到结算条件或已逾期的结算款项，在缺乏催款提醒下，到年底可能无法如期收回账款，年底集中结算量激增，影响下一年应收账款的目标值。集团公司在平台系统运行中发现，内部封闭结算账款在超过规定时间后，付款方未确认或未提出异议的，财务公司视于同意付款，会强制记账，付款方不能再进行复核审核处理。故月底结算中会出现计划外的强制收款，致使已完成的报表需要重新核对。在基层结算中如果出现一个数据的错误就无法将数据往上反映，造成关联交易工作的反复。

1.2 挂账环节缺乏强制填单机制，年底关账工作出现梗阻

根据《中国石油天然气股份有限公司应收账款管理办法》规定：股份公司内部单位之间往来应保持挂账一致，及时对账，及时结算。股份公司与集团公司及其所属单位之间发生的业务往来根据营改增后开具的技术服务费发票税务方面的具体要求，当月开具增值税专用发票当月必须确认收入，如果不确认收入挂账的也需要抵扣税额，做挂账处理。但是在实际操作中，在开具发票的前提下，无法准确掌握付款方汇款手续进度，若出现付款方没有及时送到财务或因当月付款方无法确认收入而收款方已经进行挂账处理，付款方没有挂账又无法付款的情况，在月底 FMIS 财务系统"地区公司签认模块"对账的时候，就会发现双方存在挂账金额差异，集团公司结算金额披露的准确性就有待商榷，年底关账也受到阻碍。

1.3 年底关联方公司识别困难，签认工作开展不顺利

关联方业务往来单位性质的识别是年底签认工

作的基础，企业会计准则中为判定关联方提供了准确的判断依据，但由于集团公司中总部、企业关系繁杂，二级、三级甚至四级单位级次较长，管理形式随重组整合关联交易主体发生了变化，平台无法准确识别关联范畴。若经办人对关联交易单位不熟知，做账时会忽略应付应收关联交易，年底结账在 FMIS 账务系统筛查时很容易疏漏不签认。双方都没有签认的情况下，有一方自行在年底填报集团公司内部购销和劳务互供明细表及债权债务明细表时，年底不可关账，业务闭环受阻[2]。

2　基础操作优化建议

2.1　优化关联交易封闭结算平台提醒机制，建立基层关联交易封闭结算流程

设置业务流程提醒机制，在重要节点进行催办提醒。考虑到各往来业务单位各自内部管理形成结账时间上的差异和需求，在信息保密的前提下，归集整理各单位每月即将产生的封闭结算强制收款费用，统一在月初或月中进行提示，标明结算时间。在关联交易平台的操作流程中设置双向提醒，既提醒关联方流程进度，也为平台经办人做出待办事项统计，为年底业务办理做好前置准备。为确保在基础环节做好结算业务，首先梳理关联交易封闭结算实施细节，收集整理基层操作应遵循的规范，建立符合基层操作的固有流程，最终形成对整个交易流程的跟踪提醒。在交易运行过程中会有平台流程提示，如发现问题及时与业务主管部门进行沟通，推进结算进度，加快清欠结算工作。

2.2　增加平台细小操作程序，提升使用效率

集团公司封闭结算资金管理在操作中可借鉴股份公司关联交易管理模式，简化平台流程及设置。建议开通封闭结算"挂账业务"和"委托收款"业务，增加强制挂账机制。系统可以实时追踪到付款方回款手续进度，进入挂账环节，双方必须都挂账，杜绝恶意拖欠款项。任何一个中间环节的停滞和不顺

畅都会影响整个业务结算的进度，增加便于业务人员操作的小部件，灵活运用流程机制，有效推动结算周期，保证资金的归集和高效循环利用。

2.3　加强关联方信息在平台中的管理，拉近制度和人员的连接

在关联方及关联方范围的界定方面，指派管理部门对业务往来单位在固定时间集中梳理并公布。根据上市规则和股份公司结构实时变化同步更新关联方名录，为识别关联交易做好事前准备。在关联交易封闭结算平台基础流程的建立后，组织相关业务人员开展流程运行培训，熟知各个节点应办理的手续，及时沟通、及时处理，保证结算工作畅通，实现年底的交易签认工作提前到交易发生环节，减少年底签认工作量，加速资金结算效率。同时也可以强化日常的关联交易管理工作，培养责任意识[3]。

3　结论

（1）关联交易封闭结算系统理顺了平台结算的流程，以结算为切入点，层层追溯，带动相关业务的联动，增强集团公司整体实力。

（2）为使该平台更好地服务于业务，其优势，应加强人机对话设置，实现操作人性化，增强各相关单位的沟通，相互配合，才能实现完美关账，智慧结算落地。

参考文献

[1]　吕江萍. 浅谈中国石油集团的关联交易封闭结算[J]. 北京：中国总会计师杂志社，2009(5)：90-91.

[2]　姬智霞，李忠，华山，等. 企业集团信息披露视角下提升关联交易管理水平的思考[J]. 商业会计出版社，2014(20)：54-55.

[3]　中国石油天然气集团公司. 中国石油天然气集团公司统编培训教材财务分册[M]. 北京：石油工业出版社，2011.